건축가가 찾아간
중국정원

건축가가 찾아간 중국정원
강남 원림건축 26곳

초판발행 · 2008. 05. 31.
초판 2쇄 · 2009. 06. 20.
지은이 · 최부득
펴낸이 · 지미정
편집 & 교정 · 유미아 · 서미현 · 이원휘
bookdesign · f205
홍보 & 마케팅 · 이나나
펴낸곳 · 미술문화
서울시 마포구 합정동 204-3, 201호
전화 (02)335-2964
팩시밀리 (02)335-2965
등록번호 제10-956호
등록일 1994. 3. 30

ISBN 978-89-91847-55-2

값 22,000원

www.misulmun.co.kr

건축가가 찾아간
중국정원
강남 원림건축 26곳

中國江南園林建築

미술문화

차례

강남원림 지도　　　　　　　　　6
책을 내며　　　　　　　　　　　9
중국원림건축의 특징　　　　　　13

1. 졸정원 拙政園　　　　　　28
2. 사자림 獅子林　　　　　　50
3. 우원 耦園　　　　　　　　64
4. 망사원 網師園　　　　　　76
5. 창랑정 滄浪亭　　　　　　88
6. 환수산장 環秀山莊　　　　102
7. 예포 藝圃　　　　　　　　110
8. 유원 留園　　　　　　　　120
9. 퇴사원 退思園　　　　　　134
10. 첨원 瞻園　　　　　　　　144
11. 후원 煦園　　　　　　　　154
12. 편석산방 片石山房　　　　162
13. 기소산장 寄嘯山莊　　　　168

14.	개원 個園	178
15.	평산당서원 平山堂西園	190
16.	기창원 寄暢園	198
17.	추하포 秋霞圃	210
18.	고의원 古猗園	220
19.	예원 豫園	228
20.	곡수원 曲水園	240
21.	취백지 醉白池	250
22.	소련장 小蓮莊	260
23.	기원 綺園	270
24.	곽장 郭莊	278
25.	서령인사 西泠印社	286
26.	난정 蘭亭	294

정원을 나서며   304

부록

건축공간유기론 개설	309
한·중·일 원림 비교	317
인명 해설	332
용어 해설	334
참고문헌	338
인명 색인	339
사항 색인	342
중국역사 연대표	344

● 강남원림 지도

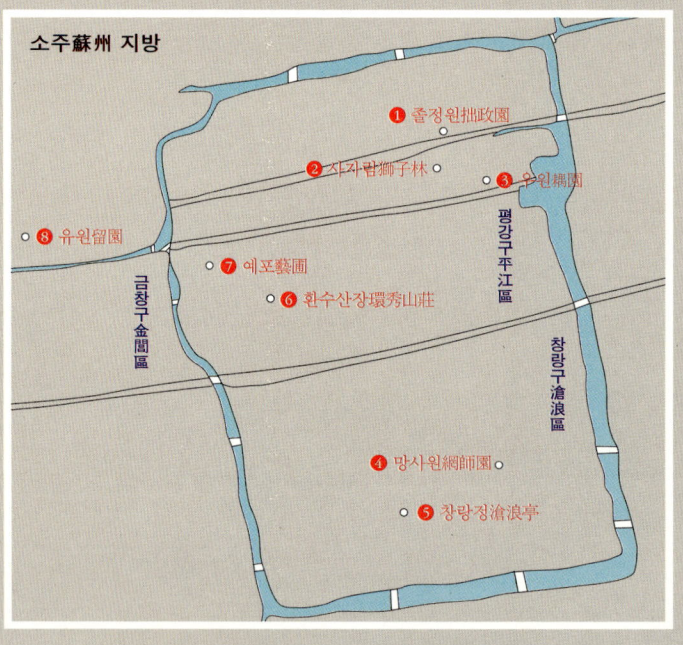
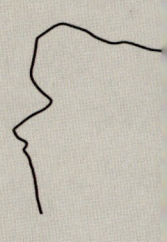

태호석太湖石으로 만든 소주 사자림의 가산

책을 내며

중국에 와서 느지막이 건축공부를 하던 중, 필자는 언제부터인가 중국 강남 지역의 원림건축, 즉 중국정원건축에 빠져들기 시작하였다. 중국건축 중에서 원림건축만큼 풍부한 건축공간적 요소가 담겨 있는 분야가 없기 때문이지만, 무엇보다도 원림건축 답사에서 얻는 색다르고 묘한 느낌들 때문이다. 때때로 정원의 어떤 장소와 그 분위기가 나를 유혹하여, 무심결에 자꾸 그곳에 가고 싶게 만든다. 물론 방문자들을 안내하기 위해서 다녀오는 경우도 적지 않지만, 그럴 경우에는 내 발길 닿는 대로 가기보다는 동반자에게 초점을 맞추어야 하기 때문에 대개는 일반적인 흐름을 따르게 된다. 그러나 문득 나를 부르는 원림 속 풍경이 있어 일부러 찾아 나설 경우에는, 필자의 마음이 가는 대로 흐름을 조절하게 되니 참된 감상이 되며, 깨우침에도 깊이를 가지게 된다. 때로는 관람객 물결에 밀려 조용한 감상이 어렵지만, 관람시간이 끝났음을 알리는 관리자의 목소리가 나를 일깨울 때까지 그 피안의 세상 같은 원 안에서 함께 흔들리며 넋을 잃고 일체가 되는 한낮의 짧은 몽상은, 느껴보지 않은 이에게는 말로 설명할 수 없는 무아의 경지이다.

중국 강남 지역의 대표적 정원 중 하나인 소주蘇州 사자림獅子林의 인공바위산을 탐험하면 몇 겹으로 이어지는 동굴길이 마치 뫼비우스의 띠처럼 교묘히 얽혀 있어, 그 반복해서 휘돌아치는 강제적 순환체계가 지겨울 정도이다. 그러나 몇 번 유사한 경험을 하고 나면 희한하게도 그 놀음에 빠져 드는 자신을 발견하게 된다.

중국정원을 처음 맞는 한국인들은 대체로 너무 복잡하고 인공적이라는 반응을 보인다. 나 역시 중국에 본격적으로 자리 잡기 전만 해도 서양의 정원에 비해서 중국정원을 잘 모르고 있었다. 오히려 희소한 정보와 반半전문가들의 편견에 찬 글들을 적지 않게 본지라, 첩석가산疊石假山을 비롯하여 너무 인위적인 정원 구성에 대한 반감마저 가지고 있었다. 물론 이곳의 정원을 처음 접했을 때도 너무 복잡하고 산만하기까지 한 시각대상들이 겹쳐서 크게 관심을 갖지는 않았으며, 다만 참 많은 노력을 기울였구나 하는 생각은 지워버릴 수가 없었다. 이제는 이러한 정원의 형식에 제법 익숙해지기도 했거니와 그 이해가 깊어질수록 중국정원 감상의 재미를 새록새록 깨닫고 있다. 구석구석을 내버려 두지 않는 세심한 배려는 감탄할 만한 경지이며, 곳곳에 산재해 있는 건축적 창조성은 중국정원만 가지고 건축론을 펼쳐도 손색이 없을 만큼 풍부하고 격이 높다. 눈에 비치는 '자연스럽지 않은 자연스러움'은 비록 우리 정서에는 맞지 않지만, 우리 정원의 '그대로 내버려 둠'의 경지와는 또 다른 조화로움이 있다.

서구 고전 정원은 18세기 이후의 영국과 유럽 일부 지역의 전원풍(일명 픽처레스크picturesque 정원)을 제외하고 대체로 기하학적인 양식이다. 더구나 수목은 사정없이 전제剪除되어 본래의 모습은 간 데 없다. 18세기 이후 잠시 동양, 특히 중국과 일본 정원의 영향을 받아 영국뿐만 아니라 전 유럽에 자연 풍경식 정원이 유행하다시피 하였다. 그리고 오늘날 세계의 정원은 자연스러운 형식과 기하학적인 형식이 공존하고 있다.

크게 황실정원과 사가私家정원으로 대별되는 중국의 정원 가운데 이 책에서는 강남 지역의 사가정원 위주로 글을 쓴다. 아무래도 강남 지역 정원이 중국정원의 대표라 할 수 있기 때문이다. 강남 지역이라 하면 장강長江 이남의 강소성江蘇省 일부, 절강성浙江省 일부, 상해 지역 등을 말하는데 양주揚州 등의 장강과 가까운 장강 북쪽도 함께 가리킨다. 강남 지역은 물산이 풍부한 데다 전통적인 상업 지역으로, 부상富商과 문인 및 은퇴관료들이 많이 거주했던 곳이다. 특히 소주蘇州 지역은 명대 이후 성립된 중국정원의 발상지와 같은 곳으로, 현재 남아 있는 정원 중에서도 대표적인 정원들이 있는 곳이다. 이미 소주 정원들은 단체로 세계문화유산에 등록되어 있다.

북경 주변에 있는 황실정원은 이궁離宮 역할도 하였으므로 규모부터 엄청나다. 승덕承德의 피서산장避暑山莊은 청대에 건립한 여름용 이궁이며, 중국황실정원의 대표적 사례이다. 그러므로 주변 지역을 아우르는 거대한 구역으로 이루어져 있어, 마치 멀리 산 능선을 포함하는 우리의 자연 발생적 정원과 그 개념이 유사하다. 중국 강남지방의 정원은 물은 풍부하나 거의 산 없이 대부분 평지로 이루어진 지형으로 인해 산과 물이 중심이 되는 가경假景을 만들어 독특한 형식이 되었다. 만약 경제적으로 부유한 강남 지역이 풍부한 산세를 취하고 있었다면, 우리 나라처럼 풍경이 좋은 곳에 자리 잡는 것을 최우선으로 하는 '자리 잡기식' 정원이 많이 발달했을 것이다. 북경의 산자락에 있는 일부 정원과 예의 피서산장이나 무석無錫의 기창원寄暢園 등을 보더라도 작은 언덕이라도 기댈 데가 있으면, 가산을 만드는 일이 줄어듦을 알 수 있다. 무엇보다도 중국의 산수화에서 익히 볼 수 있는 정원들은 아름다운 자연을 해치지 않고 그 속에 자연스레 앉아 있다. 그 자연을 살고 있는 곳으로 끌어오는 방법은 자연을 닮은 가경을 만드는 것이다.

중국원림건축은 중국문화의 보고이다. 원의 이름은 주인의 심성을 닮았지만 그 의미와 연유는 옛 이야기와 철학을 내포한다. 산재해 있는 건축들의 내외에 붙은 편액과 대련, 시와 글을 새긴 석판들은 오늘날로 치면 살아있는 미술관이고 박물관이며 도서관이다. 뿐만 아니라 원림은 당대 최고 수준의 문인들이 시를 지어 읊고 음악을 들으며, 때로는 한바탕 극을 펼치기도 한 종합 공연장이기도 하였다. 원림에서 노닐던 명사들은 당대의 문화뿐만 아니라 정치와 경제를 주도했던 인물들이다. 그러므로 원림건축을 제대로 다루기 위해서는 중국의 역사, 철학, 문화예술 및 정치경제에도 정통해야 하지만 부족한 대로 용감하게 이 책을 쓰게 된 것은 한국에서 이 분야의 기초적인 지식조차 왜곡되거나 잘못 전달되고 있는 현실 때문이다. 저자도 물론 그런 잘못을 범할 우려가 있기 때문에 기존의 중국자료를 참고하여 객관성을 유지하고자 하였다. 이 책은 『강남명원지남江南名園指南』(주우휘朱宇暉, 상해과학기술출판사, 2002)을 기초로 하고 부록에 첨부한 자료들을 참고하였으며, 수 차례의 현장답사를 통해서 느낀 바를 정리하고 공간 해석 부분은 건축공간유기론의 관점에서 쓴 것이다. 본문에 소개한 한시와 한문 글귀의 해석은 안영길 선생님의 도움이 컸다. 깊은 감사를 드린다.

이 책의 주요 독자는 따로 상정하지 않았다. 몇몇 번역서 외에 본격적인 서적이 부족한 우리 나라 중국정원 연구의 현실을 감안하여 초보적인 전문지식을 담았지만, 엄격히 얘기하면 일반 대중들의 시각을 넓히기 위한 책이다. 또한 우리 나라 관광객들이 많이 다녀가고 있음에도 중국원림건축에 대한 기본 자료가 전무한 것에 대한 배려이기도 하다.

부록에는 '공간 해석'의 토대가 되는 건축공간유기론建築空間流氣論을 소개하고 한국, 중국, 일본의 정원을 비교한 글을 실어 동아시아 정원의 특성을 이해하는 데 도움이 되도록 하였다. 7여년 전의 저자처럼 가까운 중국 정원을 유럽 정원보다 더 모르고 있는 사람들에게 이 책을 권한다.

우리 아이들을 보러 상하이에 오셔서 죽음의 골짜기에 이르셨다가 건강을 회복하신 아흔 고개에도 참 고우신 장모님, 머리 하얀 필자를 아직도 아이처럼 걱정하시고 기도로서 격려하시는 팔순의 어머님, 두 분께 이 책을 경건하게 바칩니다.

상하이 풍아송 지락재風雅訟 至樂齋에서

중국원림건축의 특징

정원, 원림, 원림건축

정원을 중국에서는 원림園林이라 부르며, 다른 지역과 달리 정원 속에 건축물이 많이 있는 편이므로 통칭 원림건축園林建築으로 분리하여, 우리 나라의 건축에 부설된 정원이나 공공조경과 구분한다. 이 책에서는 건축과 구분된 정원은 원림이라 칭하고, 건축을 포함하고 있는 정원 전체는 원림건축이라 지칭하기로 한다. 여기서 원림건축이라 하면 주로 중국의 정원 형식을 말하며, 정원으로 표현하는 것은 모든 정원 형식을 통칭하는 것으로 본다.

중국의 정원건축은 서양에 비해서 주 건축군에서 독립되어 있다. 정원 형식만이 아니라 내용 역시 그러하다. 그곳은 생활에서 한 걸음 벗어나 소요하는 곳이고, 생각하는 곳이며, 휴식을 취하는 곳이다. 중국의 건축들이 주로 유교적 위계질서에 구속되어 있다면, 원림은 도가의 원리인 자연으로 들어가는 중요한 방편인 것이다.

그러나 중국의 원림이 일상생활과 구분되는 휴식을 위한 것만은 결코 아니었다. 역사적인 수많은 인물들이 크고 작은 원림 속에서 생활을 영위하고, 그 속에서 글을 쓰고, 그 속에서 중요한 일을 보았다. 예를 들자면 청국의 황제는 일 년 중 십 개월을 원림에서 정사를 보았다. 중국의 원림건축은 당시 사람들이 꿈꾸는 이상향의 축소판이며 현실화인 셈이다. 그러므로 원림

유원의 주인인 서태시가 유원을 구상하는 모습. 원림의 주인은 대부분 문인이었으므로 설계구상의 주체가 되었다.

자체가 이미 무목적성에서 출발하여 관조의 세계나, 유희의 공간 또는 소요의 장소가 된다. 그런 이유로 인해 원림건축은 건축 중에서 가장 예술적인 성격을 갖는다 할 것이다. 건축예술이 끝을 찾다가 다다른 곳이 원림건축이며, 세상 너머의 이상향을 찾다가 세상 속에 이상적인 자리를 만든 것이 원림건축이다. 현실로 만났거나 전해 들은 아름다운 자연을 연상시키는 축소된 자연, 즉 가경假景은 당연하게 자연 속의 오르내림, 휘어짐, 막힘과 트임 등과 같이, 자연의 현상을 받아들인 천인합일天人合一, 즉 자연과 건축과 사람이 일치를 이루는 것으로 마감한다.

중국원림건축 설계의 순서

일반적으로 중국원림건축 설계의 순서는 배치, 첩산疊山, 이수理水, 건축, 포지鋪地이다. 배치는 전체 원의 배치계획이며, 첩산은 주로 기묘한 돌을 이용한 가산 만들기이고, 이수는 물을 어떻게 도입하고 어떤 모양과 느낌의 물 공간을 만드느냐 하는 것이며, 건축은 각 관망지점의 건축적 처리나 연결회랑 등의 건축 만들기이며, 포지는 외부공간 길의 디자인과 재료 사용에 관한 것이다.

중국원림건축은 다른 나라의 정원에 비해서 비교적 많은 건축을 포함하고 있다. 그러므로 어디에서나 건축은 자연소재들과 함께 보이며, 소주 지역 원림의 경우에는 과도할 정도로 많은 건축이 보이므로 원림이 원래 의도하였던 의경산수意境山水가 무색할 지경이다. 그러나 원림의 원래 중심은 나무, 물, 바위와 같은 자연소재이므로 계절적인 변화에 민감하다. 따라서 강남의 원림건축에서도 계절 이름이 붙은 '원'과 '건축'들이 많으며, 눈이 거의 오지 않는 지방임에도 불구하고 설경을 연상하게 하는 이름도 있다.

중국의 산수화는 실물산수를 화폭에 담은 것이고, 원림 내의 경관은 실물산수를 재현한 것이다. 그러므로 원림은 입체적인 산수화라 할 수 있다. 그러므로 당대唐代의 염립본, 염립덕 등과 같은 화가들은 원림계획가 역할도

중국원림건축의 원은 우리의 마당과 다르게 대부분 돌이나 벽돌로 포장되어 있다.

하였다. 청 초清初 화단의 거장인 석도 역시 양주 편석산방片石山房의 가산假山을 만들기도 하였다. 그러므로 회화 사상과 원림조형 사상은 근본적으로 일치한다. 잘 조성된 원림은 다시 선비들의 소재가 되어 모방의 모방이 일어난다. 명대明代의 문징명은 〈졸정원도삼십일경도拙政園圖三十一景圖〉를 그린 바 있고 졸정원의 실질적인 설계구상자로 알려져 있다. 또 사사표는 〈사자림도경獅子林圖景〉을 그린 바 있다. 청대 조설근의 『홍루몽紅樓夢』의 주요 배경인 '대관원大觀園'은 당시 존재했던 원림건축의 객관적인 사례이다. 『홍루몽』에 나와 있는 '대관원'에 대한 묘사는 사실상 원림건축 이론의 설명과 다를 바 없다. 특히 제17회편에 나오는 주인공 가보옥과 부친 가정이 사람들을 대동하여 원을 둘러보면서 각 건축물의 편액을 정하는 장면에는, 대관원의 각 부분들에 대한 묘사가 세세하게 되어 있으며, 이는 당시의 대규모 원림건축에 대한 설명이라 할 수 있다.

    원림의 기원은 과원果園, 수원獸園인데, 『설문해자說文解字』에 의하면 과원은 과일을 심는 원園과 채소를 심는 포圃를 포함한다. 명대 구영의 〈춘야연도리원春夜宴桃李園〉에서 보는 것처럼 고대의 원園은 노동과 놀이를 동시에 행하는 곳이기도 하였다.

원림의 역사

    중국에서 제일 오래된 원림은 『시경詩經』, 「대아大雅」, 《영대靈臺》편에 기록되어 있는 주周 문왕 때의 영대靈臺, 영유靈囿, 영소靈沼라 할 수 있으며, 『맹자孟子』, 「양혜왕하梁惠王下」에는 주 문왕의 영유가 사방 70리의 크기라고 기술되어 있다. 영대는 하늘에 제사 지내는 기능이 있었고, 영소는 생명의 근원인 물에 대한 숭배와 관련이 있으며, 영유에서는 사슴과 같은 희귀한 동물들을 길렀다. 『맹자』에는 이곳에서 일반 백성들도 함께 어울려 놀았다고 기술되었으니 오늘날로 치면 영적인 제사기능이 있는 시민공원과 같은 것이었다. 그것은 중국의 도시에 오늘날까지 남아 있는 사묘와 원림이 결합한 형태의 원형이라고 할 수 있다.

한漢의 무제는 '곤명지昆明池'를 조성하여 해군을 훈련시키기도 하였으며, 이후 청 건륭 황제도 이화원頤和園 서해를 '곤명호'로 바꾸고 수군을 훈련시켰다. 한의 무제 때는 주로 강을 이용한 전쟁이 벌어졌으므로 인공호수에서도 훈련을 할 수 있었지만, 건륭 때는 이미 해전이 중심이었는데 얕은 인공호에서 훈련을 했다는 것은 어딘가 건륭의 명성에 어울리지 않는 발상이다.

명대 말 1634년 계성은 원림조성법을 정리한 『원야園冶』를 저술했는데, 이후 이 책은 중국원림 조성의 중요한 규범이 되었다. 이 책에서 원림을 조성하는 데 가장 큰 영향을 미치는 것은 주인과 설계자의 생각이라고 하였다.

원명삼원園明三園과 열하행궁熱河行宮(피서산장)은 청 강희 때 건립되었는데, 피서산장은 이화원의 세 배 규모이며, 원명삼원은 주위가 70리에 달한다. 또한 건륭은 삼산, 삼해를 중건하는 계획을 세웠고, 삼산, 즉 향산香山, 옥천산玉泉山, 만수산萬壽山에 정의원靜宜園, 정명원靜明園, 청의원淸漪園(이화원의 전신)을 만들었다. 청 역대 황제들은 대체로 원림건축의 애호가라 할 수 있는데, 서태후(자희慈禧)는 내외의 전란 중에도 이화원을 두 차례나 중수한다.

소주에서 발달한 원림

소주 지역에서 원림이 발달한 이유는 다음과 같이 몇 가지로 정리할 수 있다.

첫째 원림 조성을 위한 자연조건이 잘 갖추어져 있는 편이다. 소주는 동으로는 상해를 거쳐 바다로 연결되고, 북으로는 중국 중부 이남의 젖줄인 장강에 접하며, 남으로는 작은 호수와 물길들이 넓게 펴져 있는 들판 지역이고, 서로는 바다같이 넓은 호수인 태호太湖에 면하여 있다. 특히 태호 지역은 고대부터 호수와 조화로운 72봉우리의 작은 산들이 호수 가장자리를 따라 있거나 호수 가운데 섬이 되어 산재해 있어 시인 묵객들의 좋은 소재가 되었다. 이러한 자연은 원림의 모방요소가 되기도 하고, 바위나 나무 등

조원재료의 채취장소가 되기도 하였다. 그러나 반대로 주요 도시 부근은 대체로 평지여서 인공적으로 자연을 만들지 않으면 안 되었던 것이 원림이 발달한 가장 큰 자연적 요인이라 할 수 있다. 원림의 주요 요소는 연못과 산인데, 물은 풍부하였으므로 외부의 물을 끌어들이든지 있는 물을 이용하면 되었지만 산은 완전히 새로 만들어야 했으므로 그에 따른 창조적 작업이 필요했던 것이다.

둘째는 풍부한 경제적 배경이라 할 수 있다. 원래 심산유곡에서 찾는 도피적 원림이란 특별히 돈이 많이 필요한 것은 아니었지만, 도시적 원림은 그 터에서 나무 한 그루까지 마련해야 하므로 그를 뒷받침할 경제적 배경은 필수적인 것이었다. 소주 지역은 예로부터 어미지향魚米之鄕, 즉 쌀과 물고기의 고향으로 불렸을 만큼 농수산물이 풍부하였고, 비단 및 차의 집산지였으므로 중국 전역에서도 제일 부유한 지역이었다. 예나 지금이나 경제적 부유는 정치적 권력 및 문화적 향수와도 연결되니 유명 문인들과 정치인들이 다투어 원림을 조성하게 된다.

셋째는 심후한 문화적 기반이라 할 것이다. 원림의 예술적 가치는 원림 주창자의 문화적 소양과 매우 밀접한 관계가 있다. 현재까지 남아서 높은 평가를 받는 소주 지역의 유명한 원림은 이를 경영했던 정치인들의 문화예술적 안목에서 만들어졌다. 경제적 부가 바탕이 되어 대대로 이어진 문사적 전통이 이처럼 걸출한 문인적 원림을 남긴 것이다. 통계에 의하면, 청대 문과 장원 114명 중 소주 출신이 26명으로 23%에 달했다는 사실은 소주가 인재의 보고였음을 대변한다. 물론 이 때문에 다른 지역의 인물들도 쉼 없이 소주를 찾아와서 역사에 남는 명원 만들기에 동참하게 된다.

가산과 산동山洞

『원야』에서 원림의 가장 중요한 요소는 연못이며, 전체 원림의 절반은 물이고, 2/6는 수목과 화초이며, 1/6은 건축으로 구성된다고 하였다. 물의 중요성은 주 문왕의 '영소'에서 유래하며, 한漢의 미앙궁未央宮 창지滄池, 건장궁建章宮 태액지太液池, 중지中池, 상림원上林苑 곤명지昆明池, 수隨의 흥경궁興慶宮 용지龍池, 당唐의 대명궁大明宮 태액지太液池로 이어진다. 다른 동아시아 국가에 비해서 중국원림에는 기묘한 모양의 돌들로 조합된 가산과 가산 속 동굴인 산동이 많이 이용되는데, 육조六朝 이후에 이런 돌들을 애호하는 풍조가 성행하여 좋은 돌은 예술품으로 취급받았다. 이 돌 중에 제일 높게 평가된 것은 강소성 태호에서 채취된 태호석太湖石이다. 당대唐代 백거이의 산문집 『장경집長慶集』에는 "돌에도 족보가 있으니, 태호석이 최고이며, 나부석羅浮石과 천축석天竺石이 다음이다."라는 글이 있다. 송宋 휘종이 변경卞京의 황실원림 간악艮嶽을 조성할 때 특별히 수송대를 조직하여 태호에 보내 운반해 온 것이 화석강花石綱이며, 후에 금金나라 때 북경의 가산에 사용되었다. 원림에 따로 설치하는 기묘한 돌은 서양 정원의 조각상과 유사한 성격을 갖는데, 반인공적인 것과 인공적인 것 및 추상적인 것과 구상적인 것의 차이가 있다.

중국 강남의 원림은, 가급적 인공을 배제한 우리 나라의 정원과는 발상이 전혀 다르다. 사실상 자연을 모방하여 원림을 구성한다는 것은 다분히 중국적인 해석이며, 인공적인 것과 함께 어울리는 자연을 관망 대상으로 하는 것이다.

완급을 조절하며 둘러보는 풍경과 변화, 회유식 원림

중국원림건축은 결코 빨리 움직이도록 만들어져 있지 않다. 다리는 굽이굽이 꺾여 있고, 회랑은 휘어지거나 구부러져 있어 원림의 풍경을 천천히 즐길 수 있도록 되어 있다. 원림의 건축들은 대체로 양면 이상 열려 있으며, 시선이 마주치는 끝점을 고려하여 평면과 열린 부분들은 변화한다.

'경물추구景物追求'는 원림의 가장 중요한 목적인데, 사람이 그 속에서 시각적·심리적 미감을 느끼는 것을 중시하는 것이다. 한마디로 원림건축은 중국건축예술의 최고 경지라 할 수 있다. 강남의 개인원림건축은 대부분 회유식 원림이다. 곳곳에 좋은 관망점이 되는 곳을 다양한 방법으로 만들어, 원림건축을 한 바퀴 도는 중 쉬었다 가게 한다. 관망처는 주로 길이 꺾이는 곳으로 돌출부, 정자, 누, 대, 혹은 트여진 창문이 있는 곳이다. 원림의 회유는 거의 계속 변화하며 진행되는데 막힘과 트임, 딱딱함과 부드러움, 어두움과 밝음, 인공과 자연, 빛과 그림자 등 대조적 감각들이 교차되며 발생한다. 특히 최초의 출입은 어둠이나 막힘에서 암시로, 암시의 확장에서 극적인 트임으로 관자를 유도하여 한 편의 영화처럼 드라마틱하기까지 하다. 물론 연극이나 영화처럼 아차 하면 놓쳐버릴 것 같은 긴장감은 없다. 그 영화를 돌리는 사람은 관람자 자신이므로 스스로 완급을 조절하기만 하면 된다. 그러므로 자신의 감성이 지극히 닿는 곳에서 세월을 잠깐 잊어버릴 수도 있다. 물론 오늘날 강남의 원림은 관광객들이 그치지 않으므로 원 계획자의 의도처럼 조용한 관망은 불가능하다.

회유식 원림은 현대인들이 좋아하는 골프와 비교할 수 있다. 일순한다는 개념이 흡사하고, 곳곳에 쉼터를 두어서 경치를 감상하며 대화를 나눈다는 점도 그러하며, 이러한 과정에서 정치나 사업이나 관련 분야의 교류가 이루어진다는 점도 그러하다. 그러나 크게 다른 점은 원림에는 문인적 정취가 가득한 반면 골프장에서는 문사의 정취는커녕 작은 예술적 향기조차 찾을 수 없다는 것이다.

원림 내 꺾어지거나 돌출한 곳은 다양한 성격을 지닌 관망 장소인데, 아주 가볍게 선 채로 잠깐 느끼고 지나치는 곳, 작은 의자에 걸터앉아 차 한 잔 하며 경치를 즐기고 담소하는 곳, 조금은 긴 시간 동안 시도 읊고 노래도 들으며 일막의 연회를 즐기는 제법 큰 건축이 있는 곳 등이 있다. 주 건축은 주인의 주요 거처가 되며, 늘상 펼쳐지는 연회의 주 무대가 된다. 그러므로 원림건축의 주요 관망점은 주건축 내 주인과 주객의 자리이다. 그러나 주 관망점의 경관은 기본적인 풍경을 담다 보니 특성이 부족하게 마련이다. 그래서 각 원림건축의 특색이 있는 관망장소는 부차적인 곳에 존재할 때가 많으며, 때로는 전혀 예상하지 않았던 곳에서 발견된다. 특히 중국인들과 다른 정서를 가진 필자의 눈에는 엉뚱한 구석 후미진 곳의 다소 부족한 공간이 매력적으로 다가오는 경우가 많다. 그런 곳에 사진기를 대고 기록해 놓은 모습은 후일 꺼내보아도 기분이 특별하다. 또 이상한 것은 혹 중국 건축가와 그 장소를 함께 가서 볼 경우에도 그들이 필자의 의견에 적극 찬동한다는 것이다. 언제 다시 다른 시각에서 혹은 새삼 발견한 숨겨진 곳에서 새로운 표정을 읽을지 모르므로 원림건축의 매력은 도저히 그 끝을 예견할 수 없을 만큼 무궁무진하다 할 것이다.

차경借景 — 누창, 개구부, 도화창

원림건축에서 가장 많이 활용하는 기법은 차경이다. 차경은 대체로 외부공간을 더 중요시하는 동아시아건축의 보편적 기법이기도 하다. 그러나 크고 작은 차경수법을 가장 많이 발견할 수 있는 곳은 단연 중국원림건축이다. 아니 중국원림건축에서 차경수법을 제외하면 현재와 같은 원림건축이 존재할 수 없을 정도로 차경은 원림건축의 핵심이므로 차경수법을 빼고는 원림건축을 제대로 설명할 수 없을 것이다. 크고 작은 창살이 갖가지 모양으로 디자인되어 있는 누창漏窓을 통해 보는 반半가림형 차경에서부터 제한된 개구부를 통해서 보는 것, 건축 내부를 통과하거나 건축 사이를 통해서 보는 것, 담장 너머의 먼 산이나 탑을 가리듯 살짝 보이게 하는 것 등의 차경수법은 의도적인 연출 없이는 불가능한 것이다. 우리 건축에서는 쉽게 그 의도를 파악하기 어려우나 중국원림건축에서는 평면자료를 일견하는 것만으로도 상당 부분 파악할 수 있으니 매우 계획적이었다는 것을 의미한다.

원림건축 속의 담장과 격벽을 서로 통하게 하는 창과 문은 다양한 모양을 하고 있는데, 이것은 그림의 액자처럼 사이로 보이는 풍경을 둘러싸고 있어 도화창圖畵窓이라 부른다. 특히 원 중 원과의 사이에 있는 담장에는 다

차경借景 중국정원에서 가장 많이 사용하는 수법은 차경이다. 기둥과 기둥 사이나 건축과 건축 사이에도 차경은 있지만, 창과 문을 통하는 차경이 대부분이다. 차경을 위한 창과 문은 매우 다양하지만, 가장 흔한 형태는 원형으로 월문 혹은 월량문이라 부른다.

회랑의 한쪽을 막고 각각 다른 모양의 창을 연속해서 만들어, 움직이면서 다른 틀을 통해서 풍경을 볼 수 있도록 한 도화창도 적지 않은데, 북경의 황실정원인 이화원(맨아래 사진)에서도 볼 수 있다.

누창漏窓 구상적인 그림에서부터 기하학적인 반복무늬까지, 누창의 모양은 그야말로 가지각색이다. 시선과 기교류를 완전히 막지 않으면서 공간을 구분하는 가림막 구실을 한다.

보름달 모양의 월량문 월량문이 겹쳐 보이면 잠시 안으로 들어왔다가 밖으로 나가게 하여 새로운 공간관계를 만들어내는 색다른 묘미를 읽을 수 있다.

양한 모양의 개구부가 있어 통과할 때 그 모양에 따라 색다른 느낌을 받는다. 문 중에 가장 많이 사용되는, 문짝이 달리지 않은 보름달 모양의 월량문月亮門은 달나라를 연상하게 하는 등, 상상 속의 선경을 이끌어낸다.

건축 용어 풀이

정亭: 원림 중에 가장 다양한 형식으로 산재하는 건축이다. 기둥만 있고 사방이 열린 구조가 일반적이다. 벽에 기대어 한쪽으로만 열린 경우도 있다.

청廳: 원림의 주 건축으로서, 규모가 크고 주 원을 향해서 자리한다. 주택에서의 청은 주인의 거실이며, 주요 모임, 손님 접대, 연회 등을 치루는 곳이다.

당堂: 청과 같이 원림의 주 건축으로서, 건축 형식이 청과 특별히 구분되는 것은 아니다. 그러므로 청당이라 부르기도 한다. 중국에서는 청은 방형 단면의 보를 사용하고, 당은 원형 단면의 보를 사용하는 것으로 알려져 있다.

누樓: 이층 이상의 건축을 말한다.

각閣: 누와 같이 사용되어 누각으로 부르기도 한다. 그러나 원래는 누가 사람이 사용하는 것임에 비해서 각은 물건 저장용이었다. 또한 현재의 원림 중에는 단층 형식의 각도 적지 않다.

헌軒: 원림에서 비교적 소규모 건축이며, 부속 건축이다. 강남원림에서는 주 청당 전면에 돌출하여 부가된 부분이 주 청당과 별도로 '헌'이 되기도 한다.

사榭: 높은 노대 위의 개방된 건축이다. 원림에서는 화원 중 물가나 혹은 연못 중에 위치하는 경우가 많으며, 물가의 '사'는 수사水榭라 부른다.

낭廊: 낭은 건축과 건축을 연결하는 복도로 기능하며, 기둥과 지붕만 있는 형식과 벽을 따라 원을 향하는 쪽만 트이는 형식이 일반적이나, 그 외에도 매우 다양한 형식이 있다. 낭은 중국원림건축에서 매우 중요한 요소이다. 주로 구불거리며 이어지는 낭을 통해서 전체 원을 회유하므로 원의 외곽 경계가 되며 원의 풍부한 변화를 이끌어낸다.

건축가가 찾아간

중 국 정 원

拙政園 졸정원

소창랑에서 보는 소비홍과 득진정

문징명 같은 재사도 권력과 재력 앞에서 쉽게 흔들리던 시절, 졸렬했던 정원이 오랜 세월이 흘러 화려하고 풍부한 세계적 정원이 되었다. 이러한 과정을 통해서 이곳에서 이루어진 정치가 예사롭지 않았음을 알 수 있다.

졸정원은 세계문화유산에 등록된 소주蘇州 원림건축[1]의 대표라 할 수 있다. 명대 1509~13년, 왕헌신이 건립하기 시작하였다. 왕헌신은 1493년에 진사가 되어 감찰어사의 직위까지 이르렀으나, 성품이 강직하여 두 차례에 걸쳐 귀양을 가기도 했으며, 부친이 세상을 떠난 후 관리를 그만두고 회향하여 이 원림을 조성하였다. 왕헌신은 당시 조선에 사신으로도 다녀온 적이 있는 것으로 기록에 남아 있다.

이 일대는 원래 삼국시대 오나라 욱림郁林(오늘날의 광서장족 자치구 계평桂平) 태수 육적과 당나라 시인 육구몽의 저택이 있던 곳이며, 북송 때에는 호직언이 오류당五柳堂을 세웠고 그의 아들 호역은 여촌如村을 건립하였다. 원대 말에는 장사성의 사위 반원소의 부마부 소속이었다.

왕헌신은 진晉나라 반악의 《한거부閑居賦》 중 "부귀를 뜬구름처럼 여기는 뜻을 품고서 집을 짓고 나무를 심어 자유로이 거닐고자 한다. 못에서는 고기를 낚을 수 있고 (다른 이에게) 대신 밭 갈게 해도 세금은 낼 만하다. …… 정원에 물을 대 채소를 가꾸면 아침저녁의 반찬이 된다. …… 이 또한 재주 없는 어리석은 자가 다스릴 만한 것이다. 庶浮云之志, 築室種樹, 逍遙自得, 池沼足以漁釣, 稅足以代耕 …… 灌園鬻蔬, 以供朝夕之膳 …… 此亦拙者之爲政也."에서 그 뜻

---

[1] 소주 지역의 원림건축들은 두 차례에 걸쳐 세계문화유산에 단체로 등록되었는데, 1997년에는 졸정원, 유원, 망사원, 환수산장이, 2000년에는 창랑정, 사자림, 예포, 우원, 퇴사원이 등록되었다.

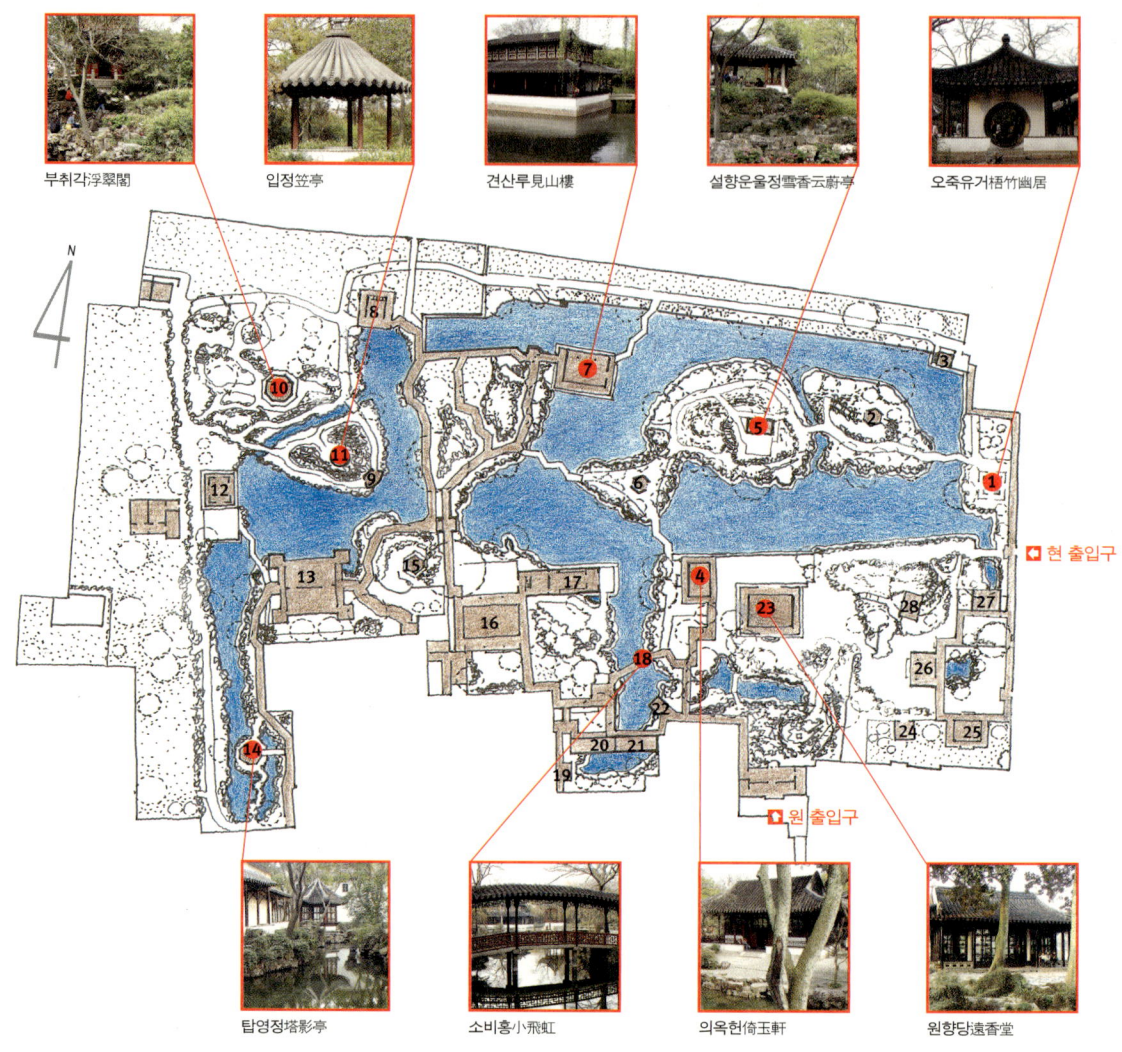

1.오죽유거梧竹幽居 2.대상정待霜亭 3.녹의정綠漪亭 4.의옥헌倚玉軒 5.설향운울정雪香云蔚亭
6.하풍사면정荷風四面亭 7.견산루見山樓 8.도영루倒影樓 9.선면정扇面亭 10.부취각浮翠閣 11.입정笠亭
12.유청각留聽閣 13.삼십육원앙관三十六鴛鴦館 14.탑영정塔影亭 15.의양정宜兩亭 16.옥란당玉蘭堂
17.향주香洲 18.소비홍小飛虹 19.정심정靜深亭 20.지청의志淸意遠 21.소창랑小滄浪 22.송풍정松風亭
23.원향당遠香堂 24.가실정嘉實亭 25.청우헌廳雨軒 26.영롱관玲瓏館 27.해당춘오海棠春塢 28.수기정綉綺亭

졸정원拙政園 | 강소성 소주시 동북가 178호 江蘇省 蘇州市 東北街 178号

을 빌어 '졸정원'이라 명명했다.

전체 면적은 약 51,570m²이며, 대부분의 다른 강남 원림건축처럼 원의 중심을 관통하여 연못이 있고, 그 둘레를 회유하게 되어 있다. 그러나 연못 속의 섬들과 연못을 가로지르는 다리들 및 회유용 회랑廻遊用廻廊 등이 많고, 단순하지 않기 때문에 전체가 한눈에 들어오지 않는다. 모두 관람하기 위해서는 적어도 세 바퀴는 돌아야 할 것이다. 오문화파 문징명은 1533년『왕씨 졸정원기王氏拙政園記』를 썼고, 31폭의 원경인 〈졸정원도〉를 그렸으며, 오늘날까지 전해져서 초창기 졸정원의 면모를 파악할 수 있다. 그런 연고로 문징명은 사실상 원림의 조성설계에도 깊이 관여한 것으로 알려져 있다.

왕헌신이 죽은 후 그의 아들은 도박으로 원을 서가의 손에 넘기고 만다. 그토록 고매하던 왕헌신이지만 중요한 자식농사는 망쳐버린 것이다. 왕헌신이 부유하지 않았다면 어찌 아들이 도박에 빠졌겠는가. 졸정원은 1653년 유원의 주인 서태시의 손자사위인 호부상서 진지린에게 넘어가기 전까지 약 110년간 서씨 집안의 소유가 된다.

진지린은 명 말의 고관이었는데, 명이 청에 항복한 후 청에서도 중요한 벼슬을 하였으며, 당시 새 정권으로부터 은근한 압력을 받던 서씨 집안에서

1, 2 원래 주 경이었던 졸정원의 중부는 가운데 기다란 섬이 있는 연못이나 남·북쪽의 연못이 거의 분할되어 별도로 인식된다. 그러므로 남쪽의 연못과 그 주변의 건축들이 주 공간이며, 동서로 길게 열려 있어 멀리 북사탑이 보이는 이 전망은 대체로 내향적인 소주의 원림건축에서는 매우 독특하다.

는 궁여지책으로 인척관계인 진지린에게 판매하는 형식으로 원을 넘긴다. 그러나 진지린은 10여 년 동안 북경에서 벼슬을 하다가 당파를 만들어 사욕을 채운다는 죄명으로 요동으로 귀향을 가서 객사했으며, 결국 졸정원에서는 하루도 살지 못했으므로 명대 원의 역사에서 명목상 주인으로만 남았다. 어차피 지조 없이 조국을 배신한 그가 졸정원이라는 이름에 기대어 살기는 어려웠을 것이다.

반면 원의 주인이 아니었던 청 초의 명사인 전겸익은 1647~48년 이곳에 일종의 소음악당이라 할 곡방曲房을 만들어 금능金陵(현재의 난징)의 명기 류여시를 데려다 놓고 인생을 즐겼으니 주인보다 원을 더 애용한 셈이다.

졸정원은 그 후에도 여러 차례 주인이 바뀌며 그 때마다 크고 작은 변화가 따랐다. 18세기 초에는 『홍루몽』의 저자 조설근의 조부 조인이 소유하였고, 조인 이후에는 조설근의 조모의 친정에서 소유하였으므로 졸정원은 『홍루몽』에 나오는 중국정원들의 묘사에 큰 영향을 미쳤다. 건륭 초, 원의 동부는 장계에게, 서부는 엽사관에게 귀속되는데, 복원復園이라고 불린 장계의 원에서는 당시의 유명 문인들의 풍류놀이가 이어졌다. 그 중 시인 심덕잠은 『난설당원기蘭雪堂園記』에서 원의 아름다움을 찬양하였다. 장계의 노비 상산자는 독학으로 못 읊는 시가 없고 글과 그림에 능하여 학문이 주인을 능가할 정도가 되었으며, 당시의 명사인 원매가 《상산자가商山子歌》를 지어 찬양하였다고 전해진다. 1863년에는 태평군 충왕부忠王府가 주둔하며, 태평천국군 진압의 공을 세운 장지방의 거소가 되기도 한다. 1877년 부상인 장이겸이 소유하는 동안 원을 사치스럽고 화려하게 꾸미면서 명대의 소박하고 한산한 풍모가 많이 손상되었다. 현재 남아 있는 건축물들은 대부분 만청晩淸 시대의 것이다.

명대 1631년에 시랑侍郎 벼슬의 왕심일이 원래 졸정원 동쪽 황무지를 또 다른 원림으로 만드는데 오늘날의 동원 지역이다. 그 역시 강직한 선비로서 당시 권력가인 위충현에게 탄핵당한 후 굴복하지 않았는데, 음풍농월吟風弄

月의 한정閑情을 달래기 위해서 전원생활을 꿈꾸지만, 감히 전원생활까지는 가지 못하고, 첩산의 명수 진사운의 협조를 받아 하나의 새로운 자연을 만들어낸다. 그는 도연명의 《귀원전거歸園田居》에 의거하여 원의 이름을 '귀전원거歸田園居'라 짓는다. 두 원은 1938년 합쳐질 때까지 별도의 원이었다.

졸정원이나 귀전원거나 강직하고 청렴결백한 선비와 어울리는 이름이지만 현재 원의 규모와 화려함으로 볼 때 당시의 청렴결백의 기준은 무엇이었는지 의문스럽다. 졸정원의 원 풍모는 매우 소박하여 자연풍경을 많이 유지하고 있었는데, 후대로 갈수록 고졸한 분위기는 사라지고 오늘날처럼 비교적 호방하고 전아典雅한 모습이 되었다. 초기의 모습을 알 수 있는 문징명의 〈졸정원도〉에서 의옥헌을 보면, 오히려 한국의 정원이나 일본의 다실 정원과 유사하다. 아마도 당시의 원은 〈졸정원도〉에서 볼 수 있는 것처럼 지금보다는 훨씬 소박하지 않았을까 짐작된다.

3 왕심일의 귀전원거였던 동원의 현재 모습

원향당遠香堂

주요 건축인 원향당은 주거 부분에서 진입하여 제일 먼저 접하게 되는데, 이에 면하여 주요 물 공간이 펼쳐진다. 동서로 멀리까지 뻗은 연못에 연꽃이 한창일 때는 그 향기가 당 내에 전해 오는 듯하다. 물 공간의 중앙에는 삼신산을 상징하는 세 개의 산을 조성하였고 산 위에는 각각 정자들을 배치하였다. 결국 원향당과 설향운울정雪香雲蔚亭, 대상정待霜亭 및 하풍사면정荷風四面亭이 물을 사이에 두고 마주보는 꼴인데, 이런 풍경의 모임이 강남원림의 기본 틀이다. 설향은 백매白梅를 말하며, 운울은 산간수목이 무성한 것을 뜻하니, 설향운울정 주변에는 백매의 향기가 바람

4 원래의 입구에서 나오면 가산을 마주하고 산 앞에서 좌우로 갈라진 길을 통해 원향당에 이른다.

5 산에서 보는 원향당. 주 건축답게 제법 넓은 방형 월대가 있으며 물에서 떨어져 있다.

6 대상정(오른쪽)과 설향운울정(왼쪽). 세 개의 산은 연결되어 있으며, 각각 다른 모양의 정자가 있어 서로 다른 독특한 풍광을 담는다.

7 의옥헌 쪽에서 돌다리를 건너면 하풍사면정에 닿는다. 하풍사면정 위는 버들잎에 가려지고 아래는 사방에서 불어오는 연꽃 향기에 잠긴다.

끝에 따라오고, 울창한 숲은 야산을 방불케 하는 풍경이어야 한다. 백매를 아름답게 표현한 시 한 수가 있다. "꽃 밖에서 보면 해맑은 눈이요, 꽃 안에서 들을라치면 향기로운 바람일세. 花外見晴雪 花里聞香風."

동쪽 조금 낮은 섬에 있는 대상정은 글자 그대로 서리를 기다리는 정자인데, 서리가 내려야 주위에 심은 귤이 빨갛게 익어 주위 경관이 볼 만하기 때문이다. 이름을 따온 시의 원뜻은 서리가 내려야 잘 익은 귤을 먹을 수 있어 서리를 기다린다는 다소 미식가풍의 서정시이다. 더 나아가, 어머니가 좋아하시는 귤을 서리가 내려야 따다 드릴 수 있으므로 서리를 기다린다는 효에 대한 의미도 있다.

서쪽 물가에 낮게 내려와 있는 하풍사면정에서는 사방으로부터 연꽃잎이 날아오는 듯 오각이 온통 연꽃과 연잎 속에 묻혔으니, 여름 한나절 그곳에 앉으면 연꽃의 청아함을 속속들이 느낄 수 있다.

의옥헌倚玉軒과 소창랑小滄浪

원향당의 서쪽 시야를 막아선 의옥헌은 아름다운 대나무와 바위에 의지한다는 뜻을 담고 있으며, 서쪽 연못 건너 떠가지 못하는 배인 향주香洲와 마주하는데, 여기서 '향香'은 물론 연꽃향을 말한다. 원향당과 의옥헌은 소창랑까지 남쪽으로 깊숙이 꺾어져 들어간 연못으로 이루어진 공간의 경계를 형성하고 있다. 이 독특한 공간 조합은 졸정원에서 중요한 원림건축 공간요소 중 하나인데, 몇 곳의 교묘한 꺾어짐은 전체 공간에 다양한 변화를 일으킨다. 그 중 비스듬히 연못을 가로지르는 소비홍小飛虹[11,12]은 변화의 주역으로 등장하며, 중간 부분이 살짝 올라간 무지개형이다. 물에 다리가 비치면 한 쌍의 무지개가 되어 주변을 압도하며 어느 방향에서 보든지 다른 건축들을 배경으로 삼으며 몽환적인 풍경을 끌어낸다. 회랑의 모서리에 꺾어져 돌출한 송풍수각松風水閣, 연못 위에 걸터앉은 소창랑[13,14], 소비홍 및 서쪽 끝의 득진정得眞亭이 한데 연결되어 이루는 작은 공간은 수십 장의 사진으로도 다 소화하지 못할 만큼 무궁무진한 감각적 공간의 세계이다. 지청의원志淸意遠[15,16]의 소정원은 단정하고, 남쪽 구석에 숨어 있어 일반관광객들의 발길이 잘 닿지 않는 정심정靜深亭 지역[17]은 다듬지 않은 순수함으로 오히려 고요하고 은은한 기품이 있다.

8 의옥헌은 주 방향을 서쪽으로 하여 원향당과 직교한다. 북쪽은 물에 면하여 수랑 분위기이며, 중부 졸정원의 공간을 가르는 역할을 한다.
9 의옥헌과 마주하는 향주는 늘 떠날 준비를 하고 있는 배 모양이다.

10 향주 내부에서 바라본 의옥헌. 이상향으로 나아가는 배의 주 경관이 물이 아니고 의옥헌이다.

11 소창랑에서 보는 소비홍과 득진정

12 소비홍은 빈 채로 물을 비스듬히 가로지르며 창조적인 공간을 만든다.

13 소비홍 주 공간의 남쪽을 막아서는 소창랑. 아쉬운 듯 공간은 지붕을 넘고 물은 건축 아래로 통한다.

14 소창랑 내부. 차를 마시며 조용한 대화를 나누기 위한 자리에서는 언뜻언뜻 틈새로 풍경을 볼 수 있지만 빛과 바람의 움직임이 고요한 정적 공간이다.

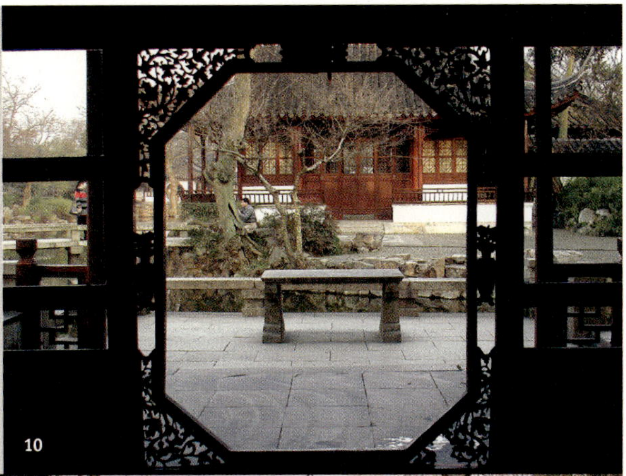
10

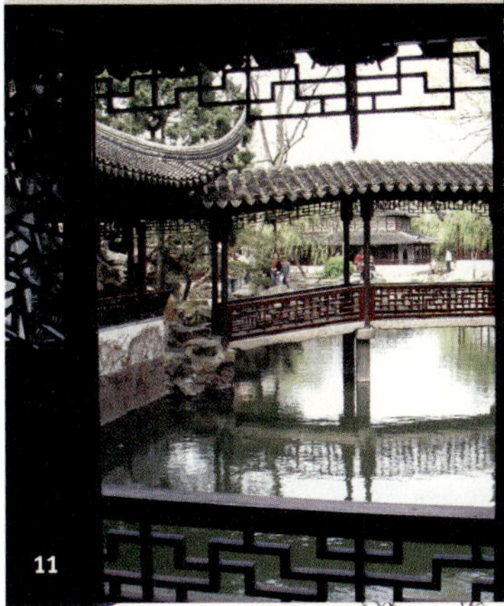
11

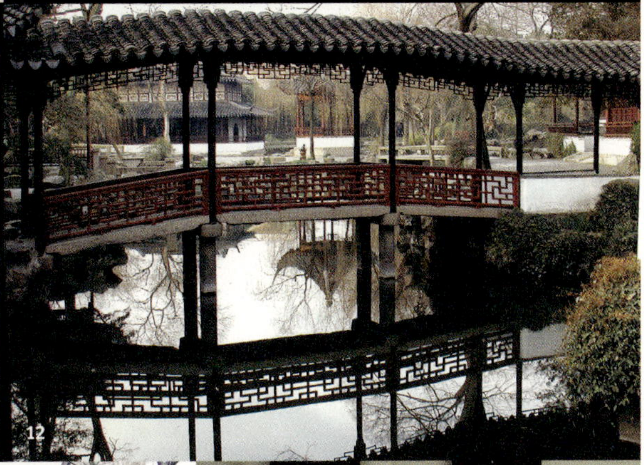
12

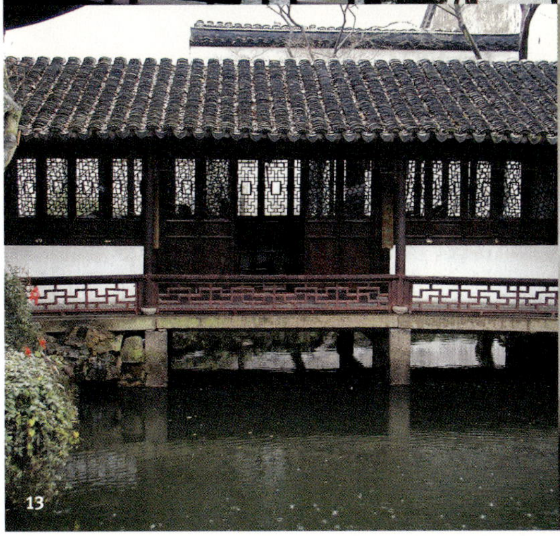
13

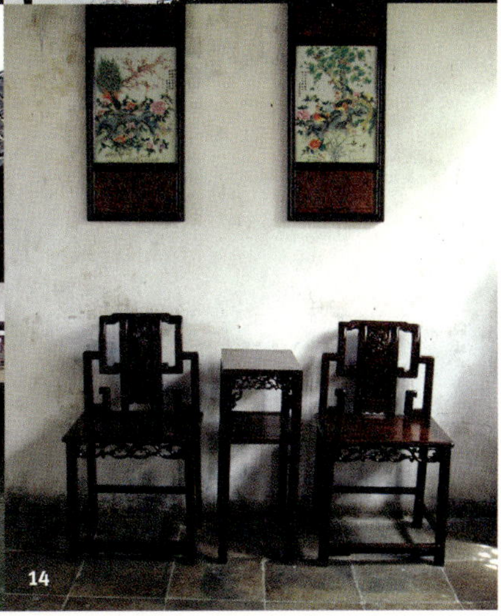
14

15 지청의원의 소정원은 열린 주 외부공간으로부터 점점 닫혀가는 외부공간으로의 흐름 끝자락에 있다. 이동에 따른 외부공간의 대조적 변화는 원림건축군의 특성 중 하나이다.

16 지청의원과 외벽 사이에는 나무 한 그루 외로이 있는 아주 작은 원이 있다. 풍부하고 다양한 외부공간의 조합인 졸정원에서 이같은 자투리 공간의 존재는 경이적이다.

17 정심정은 일부러 찾아가야 할 만큼 숨어 있는 원이다. 소창랑을 가로질러 들어온 물길이 고요하다. 별 장식도 없이 버려진 듯한 공간에서 마음을 비울 수 있으니 더 의미 있는 자리가 되었다.

오죽유거梧竹幽居

　동북쪽의 정자 '오죽유거'는 단순 명쾌하고, 사방으로 뚫린 둥근 개구부(월량문)를 통해서 섬 속의 산들과 가까운 수목 특히 오동과 대나무를 보는 맛이 특별하다. 오동이 아니면 봉황이 깃들지 않는다 하여 예로부터 선비 집안에는 오동을 심었고, 외유내강한 충절의 상징으로 대나무를 심었다. 한국의 대표적 선비정원인 소쇄원에도 계곡 위 초가정자 옆에 오동나무 한 그루 심어 봉황을 기다리고, 아래쪽에는 기개의 상징으로 대나무숲이 울창하다.

　성스럽고 고결한 나무의 이미지인 오동과 대나무를 향하여 둥글게 열린 깔끔하고 작은 정자 오죽유거는 회유의 동쪽 끝마무리를 담당하기에 매우 적절하다. 늦가을에 이곳을 방문한다면 그 정자 안 돌의자에 앉아보길 권한다. 오동잎이 휘적거리며 떨어져 내리고, 바람 한 번 일렁이면 댓잎 또한 우수수 펄럭이며 허공을 날아 내린다. 그 뒤쪽 연못가에 버들잎도 따라 하늘하늘 내리고, 사무친 사연이 남아 있다면 그 마음도 거울 같은 연못 위로 흘러내릴 것이다.

18 오죽유거라는 이름을 가진 이 정자는 한 마리 학처럼 날아갈 듯한 지붕을 가졌다. 가운데 돌탁자만 덩그러니 있고 사방으로 월량문이 뚫려 있는 단순한 형식이다. 그러나 그 작은 공간의 안과 밖은 풍부한 시각과 다양한 공간적 감각을 형성한다.
19 오죽유거 내에서 주 연못을 바라본 모습. 연못을 가리고 한편으로 비켜선 고목과 뚫린 월량문의 위치는 의도적인 것이다.
20 북쪽의 대나무숲은 작지만 또 다른 운치가 있다.
21 지금은 주 입구로 사용하여 번잡해졌지만, 해당춘오의 담장을 배경으로 하는 남쪽 부분은 뚫린 구멍으로 보면 독립된 작은 원이 된다.

영롱관玲瓏館

동쪽의 원 중 원인 영롱관 일대는 크고 작은 다섯 채의 건축과 회랑 및 담장으로 구성되어 있으며, 비교적 정적인 편이다. 주 연못의 남동쪽 황석가산黃石假山 위에 있는 수기정綉綺亭은 이 영역에 속하기도 하지만 주 연못과 섬을 내려보는 것이 주 경관이다. 영롱관은 소순흠의 《창랑회관지滄浪懷貫之》 가운데, "가을 단풍도 숲 속에선 붉은 빛 옅어지지만, 햇빛이 대숲 뚫고 들어오면 푸른 빛 영롱하다네. 秋色入林紅黯淡, 日光穿竹翠玲瓏."에서 그 이름을 취하였다. 그러나 원 내의 대나무 숲은 이 시의 정취를 느끼기에는 너무 왜소하다.

22 영롱관이 주 건축인 비파원枇杷園은 동남쪽에 자리 잡은 원 중의 원이다. 주 원에서 월량문을 통해서 연결되며, 안쪽에 보이는 건축은 가실정嘉實亭이다.
23 비파원 내부에서는 약간 비스듬하게 조금 가려진 상태로 산을 보게 담장과 문이 배치되었다.

선면정扇面亭

중부 지역에서 월량문인 별유동천別有洞天을 지나 서부 지역으로 들어서면, 연못 건너편에 선면정이 보인다. 이는 사람들이 흔히 부르는 이름으로 그 모양이 부채처럼 펼쳐진 데 유래한다. 정식 명칭 '여수동좌헌與誰同坐軒'은 소동파의 유명한 시구, "누구와 함께 앉을 것인가. 밝은 달, 맑은 바람 그리고 나. 與誰同坐, 明月, 淸風, 我."에서 따온 것이다. 정자가 '묻는' 사람과 같이 앉아 관망할 만한 곳이다. 하지만 연못에 일렁이는 탑 그림자를 홀로 보기에도 제격이다. 우리 나라 창덕궁 후원에 있는 관람정觀纜亭도 연못에 면해 있으면서 모양도 이와 거의 비슷하다.

24 별유동천은 중부 지역과 서부 지역을 연결하는 문이다. 동으로는 연못을 관통하는 열린 시야를 제공한다.

25 별유동천을 지나 서부 지역으로 들어서면 마주치는 선면정의 뒷벽에는 정자의 평면형인 부채꼴 모양의 창이 나 있다. 뒤로는 서부 지역 주 산 위에 위치한 부취각浮翠閣이 보인다.

삼십육원앙관三十六鴛鴦館, 탑영정塔影亭, 유청각留聽閣

서부 지역 역시 주요 건축이 물에 면하여 산을 대하는 기본 형식을 취한다. 핵심건축은 '삼십육원앙관'이며, 그에 면하는 연못에는 이름에 걸맞게 늘상 원앙들이 쌍쌍이 헤엄치고 있다. 실내공간은 남북으로 분리되어 남쪽은 '십팔만다라화관十八曼陀羅花館'으로 불리는데, 여기서 만다라화란 산다화山茶花를 말하고, 원에 열여덟 주의 산다화나무가 있어 붙여진 이름이다. 남쪽은 햇빛을 많이 받을 수 있으므로 겨울용, 북쪽은 깊은 그늘이 항상 있으므로 여름용이다. 또한 남쪽은 주로 거주용이며 북쪽은 주로 오락용이다. 네 모서리에 있는 출입문에는 방풍실이 있어 비바람을 차단하고, 이 작은 방들은 일종의 부속공간이기도 하여, 음식 준비실, 출연자 대기실, 혹은 연회 시 배경 음악 연주실로도 활용되었다. 내부의 창은 단순한 남색과 백색의 유리로 조합되어 기품이 엿보이고, 남북의 편액은 소주의 양대 장원壯元으로 알려진 홍균, 육윤상의 글이다.

서쪽 물을 따라 최남단에 위치한 '탑영정'[28]은 좁은 물길의 중간에 위치하여 물에 비칠 때 마치 탑과 같다 하여 이름 붙여졌다. 짙은 남색 하늘과 밝게 빛나는 햇빛과 울창한 수목의 녹빛이 탑영정 그림자와 어울려 수면에 펼쳐진다. 원래는 탑영정 남쪽으로 장택張宅에서 보원으로 연결되었는데, 현재는 폐쇄되어 사람이 잘 찾지 않는 으슥한 공간이 되었으며 담장 너머에는 새로운 소주박물관이 자리 잡았다.

서쪽의 '유청각'은 물 위에 떠 있는 배를 상징한다. 방형의 건축은 선체를 의미하며 앞으로 노출된 노대는 뱃머리를 의미하고, 내부의 모습도 선실을 모사한 것이다. '유청각'이라는 이름은 당대唐代 이상은의 시 《숙락씨정기회최옹최곤宿駱氏亭寄懷崔雍崔袞》, "가을 구름 짙은 가운데

26 삼십육원앙관의 색유리창을 통해서 보는 입정笠亭.
27 삼십육원앙관에서 보는 서부 지역 주 산과 부취각.

28 탑영정의 그림자는 계곡처럼 좁고 길게 남으로 혀를 내민 연못 끝에 자리한다. 그 담장 너머에는 근래에 세워진 소주박물관이 자리 잡았다. 이오 밍 페이는 사자림의 후손으로 그의 일생에서 거의 최후작품으로 소주박물관을 남겼다.

저녁 노을 멀어지고, 남아 있던 메마른 연잎 위로 빗소리 들리네. 秋陰不散霞飛晚, 留得枯荷聽雨聲."에서 나왔다. 유청각의 '유청'은 음울한 이미지이다. 그 집 안에 혼자 앉아 듣는 빗소리가 왜 슬프지 않겠는가.

도영루倒影樓

　　삼십육원앙관에서 북쪽 '도영루'로 연결되는 수랑水廊(물가를 따라 연결된 회랑)[29]은 만곡이 심하고 기복도 적지 않다. 도영루는 그림자가 되어 연못에 빠진 누각이라는 뜻이니, 어찌 누각만 빠졌겠는가? 만물이 모두 연못에 빠져 작은 바람에도 흔들리는 모습은 상상만 해도 청아하며, 누 아래에서 열린 창을 통해 남쪽으로 볼 때 깊이감이 있다. 이와 같은 길이로 보게 한 곳이 졸정원에는 이곳 말고도 유청각에서 남쪽으로, 오죽유거에서 서쪽으로 보는 경우인데, 다른 강남원림에서도 가끔 볼 수 있는 수법이다. 회랑을 타고 천천히 걸으면 풍경 변화가 다양하여 '회유를 위한 낭의 최고의 경지遊廊極則'라는 말을 들을 만하다. 이 회랑은 중부 북쪽에 자리 잡은 유일한 청당廳堂인 견산루와 연결된다. 유랑의 북쪽으로 마치 도시 속 물길 같은 연못은 건너 제방에서 볼 때 독특한데 특히 비가 내리는 풍경이 일품이다. 막힌 유랑 벽을 타고 오르는 담쟁이와 빗방울이 그리는 겹친 동심원들에 매료되어 필자는 한참이나 넋을 잃고 바라보았다.

29 붉은색의 도영루와 만곡되어 휘돌아치는 수랑.
30 도영루와 견산루 사이를 연결하는 회랑벽으로 조성된 북단의 물 공간.

견산루見山樓

서북쪽의 견산루는 일반적인 '서쪽에 높은 누가 있는 형세西北有高樓'[2]를 대신하면서 서남쪽의 가산을 바라보기 위해, 다른 주요 건축이 주 청인 원향당과 평행하게 있는 것과 달리 조금 틀어져 있다. 태호석과 황석을 함께 이용한 섬의 첩석가산 수법은 전형적인 소주 지방의 형식이 아니고, 원래의 산세가 아름다운 편인 절강성浙江省의 풍미[3]를 띠고 있다.

견산루 쪽으로는 산을 타고 오르다 다시 내려가게 되어 있는데, 산 위에서는 견산루의 이층과 통하지만 늘 폐쇄되어 있어, 그 위에서 펼쳐질 원의 풍광을 볼 수 없어 아쉽다. 하지만 장난스레 뚫어놓은 작은 창들을 통해 정리된 풍경을 볼 수 있다. 33,34

31, 32 견산루의 정면은 산을 보지 않고 물을 본다. 동쪽의 월량문을 통해서 산을 볼 수 있다.

2) 일반적인 강남원림의 구성은 동남쪽은 낮고 서북쪽은 높아지는 형세인데, 특히 서북쪽의 높은 곳에는 누각이나 정자를 두어 원 전체를 관망할 수 있게 한다.

3) 절강성 풍미: 절강성 지방은 이미 자연적인 산과 구릉지가 많으므로 첩석가산이 과도하지 않고, 보다 자연스러워 우리 정원과 많이 닮았다.

33 견산루 이층과 연결된 회랑 끝에서는 특이한 모양의 문을 통해서 원림을 내려다볼 수 있다.
34 견산루 이층과 연결된 회랑 끝의 작은 원형창은 마치 살아 있는 액자같이 변화하는 풍경을 담는다.

공간 해석

송대 이격비는 『낙양명원기洛陽名園記』에서 "뛰어난 원림이라도 겸비할 수 없는 것 여섯 가지가 있다. 크고 웅장한 것에 힘쓰면 그윽하고 깊은 맛이 떨어지고, 장인들의 기교와 힘에 치중하면 고색창연한 느낌이 부족하며, 물길과 샘이 많으면 좋은 조망을 얻기 어렵다. 園圃之勝不能相兼者六 務宏大者少幽邃 人力勝者少蒼古 多水泉者難眺望."라고 했는데, 결국 모든 것을 다 갖춘 원림은 찾아보기 어렵다는 뜻이다. 그러나 졸정원은 이 모든 것을 다 갖추었다고 할 수 있다.

졸정원은 전체적인 배치가 적절하게 조화되어 있고 물 공간의 이용이 극대화되어 있으며, 전아한 부분이 있으면서 야취野趣도 맛볼 수 있도록 배합되어 있고, 많은 작은 정원을 서로 삼투시켜서 전체 원을 확장시키는 등 소주원림의 중요한 특징들을 비교적 잘 소화하고 있다. 또한 부분적으로 공간을 숨기고 노출시키는 허와 실의 대비효과, 공간을 꺾어주거나 휘게 하여 경관을 숨기거나 튀어나오게 하는 상승효과 등도 풍부한 경관을 취하는 소주원림의 전형적인 방법이다.

북쪽 연못 경계는 도시 물길의 둑처럼 직선이며 변화가 거의 없고, 단순하게 식물만 밀식하여 연못의 배경역할만 하도록 조성되어 있지만, 다른 부분이 워낙 복잡하고 변화가 심하므로 오히려 대조되어 색다른 맛이 있다.

서쪽의 원림과 동쪽의 원림은 그 풍모가 사뭇 다르다. 동원은 자연과 더 가깝고 건축물이 매우 적은 편이다. 1960년대에 중·서원의 입구는 폐쇄되고, 동원의 입구로 통합되어 세 개의 원이 하나가 되었다. 때문에 원래의 출입방법에 의한 회유동선이 변경되었으므로 관점도 달라져 있는 셈이다. 그러나 졸정원은 워낙 방대하므로 다른 원림에 비해 일순회유의 의미가 덜 중요하다 할 수 있다. 동원은 원래대로 복원된 것이 아니므로 짜임새가 부족하나, 우리의 시각으로는 조작의 냄새가 적어 오히려 친근하게 느껴질지 모른다. 새 대문의 입구에 '입승入勝', '통유通幽'라고 쓰여 있듯이 들어갈수록

35 연못 가운데 가산에서 남쪽을 향해 보면 연못에 나란하여 펼쳐지는 건축들을 볼 수 있다. 중앙의 큰 건축이 주 건축물인 원향당이다.

아름다운 곳이 많고 그윽함은 짙어진다.

졸정원의 묘미는 중부에 위치한 원래의 졸정원이다. 이곳의 기본 골격은 최초의 공간 개념을 유지하고 있는데, 그것은 물이 원의 중심에 자리하는 것이다. 졸정원은 처음보다 물의 공간이 많이 줄어들었음에도 불구하고, 연못이 전체 원림 면적의 삼분의 일을 차지하며, 더군다나 물의 모양이 길게 연결되어 있어 시야에 물이 걸리지 않는 곳이 없다. 원향당 남쪽에 있는 본래의 정문에 들어서면 바로 앞에 가산이 막아서 원림의 전모를 볼 수 없고 산을 우회하여 북쪽으로 좀 더 나아가면 시선이 트이면서 산수가 어울리는 공간이 전개된다.

당대 최고의 화가 문징명이 건설에 관여했다지만, 현재의 시설들은 이미 그 풍모가 많이 변하였다. 그러나 규모가 커서 시야가 열려 있고, 자유곡선형 연못의 비중이 매우 높으며 첩석가산의 비중이 적은 편이므로, 다른 강남원림건축에 비해서는 인공적인 냄새가 덜하다. 중부 지역 동쪽 해당춘오의 작은 원[36]은 삼중으로 겹친 원 중의 원으로서 졸정원의 지극히 일부분에 불과하지만, 그 단순함에 비해 주 원에 버금갈 만한 건축공간적 가치가 있다. 닫힌 방을 위주로 보면, 방 하나를 위한 세 개의 외부공간과 회랑은 결국 이 모든 것이 하나로 이루어지는 건축공간이라는 의미를 강하게 내포하고 있다. 건축공간의 조합 면에서 보면, 어떤 공간이 결코 다른 공간을 위한 것이 아니라 서로 일체가 되어 함께 커다란 하나의 공간군을 만들어내는 것이다.

그 특징이 다르지만 그에 못지않은 공간들인 소창랑, 여수동좌헌, 도영루, 오죽유거 부분도 나름대로 독특한 성격을 가진다. 이 공간들은 주 공간과 서로 삼투하여 기를 살아서 흐르게 한다. 그 결과는 시각적으로도 인식이 가능하지만, 실제로 체험함으로써 확실히 느끼게 된다. 시간과 계절에 따라 자연현상은 그 공간들과 함께 머물고, 일체화된 구성원으로서 인간은 그 공간 속에 충만한 에너지가 있음을 체득한다. 그것은 사실 인공적인 건축공간, 원초의 자연, 인간이 이루는 원상복귀일 뿐이다. 그런 의미에서 원림건축은 건축공간의 궁극적 목표 실현에서 상위 단계에 도달한 셈이다. 그러므로 외부공간 사이의 흐름을 조정하는 건축적 행위는 원림건축의 중요한 목적이며, 졸정원의 공간구성은 그 기 흐름의 미묘한 변화를 공간 사이의 건축적 장치로 재구성하고, 사람이 그 공간 내의 기 흐름 속으로 쉽게 이입하게 만든다.

36 해당춘오의 모퉁이에 있는 아주 작은 원. 담장 밖의 화려하고 풍성한 원림과 대조되는 이곳에서 고요한 기와의 숨결을 느낄 수 있다.
37 해당춘오의 가산은 상대적으로 초라할 정도이지만 장식 없는 건축 공간이 정적 평화를 준다.

사자림은 다른 원림에 비해서 화려한 가산이 주 요소이다.

나무가 울창하니 한여름에도 가을 같았고, 기강을 세우기보다 영성적인 것을 추구하던 선종사원이었다.

사자림은 다른 원과 달리 처음에는 사찰원림으로 건립되었다. 그러므로 사자림은 사가원림의 특색과 사찰원림의 문화적 특색이 함께 존재한다. 원대元代 1342년 무여선사無如禪師 유칙이 처음 건립하였는데, 북쪽으로 졸정원을 바라보는 위치에 있다. 무여선사의 은사인 중봉화상中峰和尙(명본선사明本禪師로 불리었고, 보응국사普應國師로 책봉되었다)을 기리며, 은사가 거처하던 절강성浙江省 천목산天目山 사자암獅子岩에서 이름을 취하여, '사자림' 건립을 발원하고 사자림獅子林 보리정종사菩提正宗寺라 하였다. 즉 사자림은 사찰의 원림을 말하는 것이지만 후에는 사찰을 포함한 전체를 사자림으로 부르게 되었으며 원은 스님들의 수도처가 되었다.

많은 사람들이 조력한 것으로 전해지며, 중부 지역에는 퇴첩오봉堆疊五峰의 가산을 만들었으니 중앙의 사자봉과 함휘含暉, 토월吐月, 입옥立玉, 앙소昻소의 다섯 봉우리이다.

북부의 낮은 부분에는 대나무를 촘촘히 심어 '취곡翠谷'이라 불렀으며, 선와禪窩, 입설당立雪堂, 와운실臥雲室, 소비홍小飛虹, 옥감지玉鑒池 등으로 구성되어 있었다.

사찰 내의 선방들이 여기저기 있었으나 승려는 적었으며, 나무가 울창하니 한여름에도 가을 같은 분위기였고, 기강을 세우기보다 영성적인 것을 추구하는 초기 선종사원이었다.

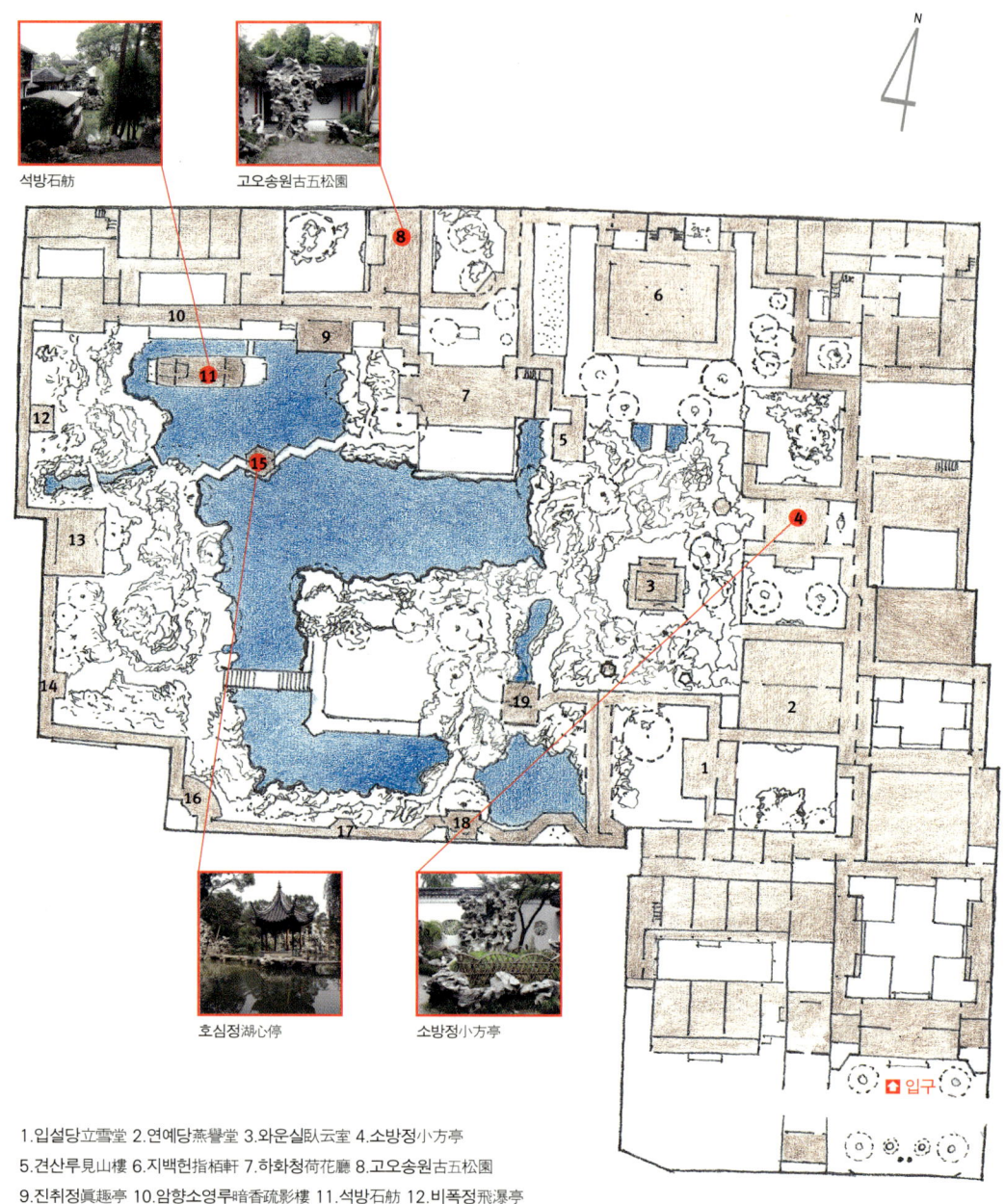

1.입설당立雪堂 2.연예당燕譽堂 3.와운실臥云室 4.소방정小方亭
5.견산루見山樓 6.지백헌指栢軒 7.하화청荷花廳 8.고오송원古五松園
9.진취정眞趣亭 10.암향소영루暗香疏影樓 11.석방석舫 12.비폭정飛瀑亭
13. 문매각問梅閣 14.쌍향선관雙香仙館 15.호심정湖心停 16.선자정扇子亭
17.문천상 시비정文天祥 詩碑亭 18.어비정御碑亭 19.수죽각修竹閣

사자림獅子林 | 강소성 소주시 원림로 23호 江蘇省 蘇州市 園林路 23号

완성 후에는 일군의 문인들의 모임터가 되어 주덕윤, 예원진(호 운림자雲林子), 조원선, 서유문 등 당대의 문사들이 원경園景을 그리기도 하였다.

16세기 말 장주현령 강영과가 주도하여 피폐해진 원을 수복하여 '사자림성은사聖恩寺'로 불리다가, 1662~1722년간 장문취와 그의 아들 장사준이 주인일 때, 사찰 부분과 원림 부분을 명확히 구분하면서 사가원림으로 독립하였다. 장씨 부자는 원림조성에 일가견이 있었는지, 부근의 광복光福 사산查山에 별장으로 육부각六浮閣이란 명원을 함께 경영하였다. 강희, 건륭 두 황제가 원을 다녀갔으며, 강희가 남순南巡했을 때는 '사자림'이라는 편액을 남겼다. 강희는 이곳을 모방하여 북경 장춘원과 승덕 피서산장承德避署山庄에 사자림을 만들기도 하였다. 1736~95년간에는 형주지부衡州知府 휴령인休寧人 황흥조에 의해 섭원涉園으로 개칭되었고, 원 안에 큰 소나무 다섯 그루가 있어 오송원五松園으로도 불렸으며, 장원급제를 한 두 아들 황등달, 황헌에게로 이어지면서 문인원文人園으로 면모를 갖추게 된다.

1918년 안료거상 패인원이 9,900은원銀元을 주고 원을 구입한 후 주택, 사당 등을 9년 동안 증축하여 거대 사가원림건축으로서 체계를 갖추게 된다. 이원怡園의 고씨顧氏와 함께 패씨는 신귀족으로서 청廳, 당堂, 헌軒, 관館 등과 같이 원대의 명칭을 사용하였는데, 이는 다시 옛 문채풍류文采風流를 살리고자 하는 의도였다. 그러나 청 말 상하이 지역에는 이미 서양풍의 원림이 출현하였으므로 그 영향을 받지 않을 수 없었다. 사자림 또한 전통 소주 원림이 주류인 문인원이나 적지 않은 해외원림의 특징이 곳곳에 스며 있다. 이것은 신흥시민계급의 심미취미와 가치를 반영하는 것인데, 화가 유임천이 중건 당시 구체적인 계획자였지만, "삼할은 장인, 칠할은 주인三分匠, 七分主人"이라는 말처럼 상당 부분은 주인 패씨의 생각에 의한 것이라 할 수 있다.

원 동부 지역과 사당 사이의 남북축 선상에 연예당燕譽堂, 소방근小方斤이 있는데, 이는 주요한 원 내의 생활 공간이며 사祠와 원園 사이의 과도 공간이다. 중부 지역의 하화청荷花廳은 격수면산隔水面山하고 원의 남쪽 어비정

1. 수죽각은 이미 대나무에만 의지하고 있지는 않다. 황석과 태호석이 스스럼없이 어울리며, 연꽃향과 계향이 때를 달리하며 주위를 맴돌고, 아래를 관통하는 물길과 각의 기 흐름이 이미 자연의 주체가 되어버린 높고 낮은 수목과 함께 생명찬미의 혼성합창을 한다.
2. 선자정은 덜 펼친 부채 모양이지만 원의 남서쪽 모서리를 꿰차고 앉아서 사자림의 주 원림을 한눈에 펼쳐서 본다.
3. 진취정은 황제가 놀았던 곳이라 황금옷을 입었다. 누대는 높고 단정하며 지붕의 격식 또한 다른 건축과 달라 보인다.
4. 호심정은 큰 호수를 상징하는 연못 속의 정자이니 다른 원림에도 같은 이름의 정자가 몇 있다. 지붕이 너무 높고 장식적이어서 호수를 더 작아 보이게 하나 상해 예원의 호심정에 비하면 양호한 편이다. 연못 속 건축의 주 경관은 물에 어리는 그림자나 정자에서 보는 경관의 기 흐름 체험이 더 핵심이다.

御碑亭과 상호 응답하고 있으며, 전체 원림의 드러나지 않는 주축이다. 비교적 규모가 큰 연예당은 유원의 함벽산방처럼 원 중심에서 비켜서 떨어져 있으나, 주체적인 원에 면하여 주 청主廳이 있을 때, 주 청의 척도에 의해서 주 원이 왜소해지는 것을 방지하기 위함이다.

첩산은 본래 조원수단일 뿐이며 비목적적이다. 그러나 이름을 얻어 그 본성을 망각하고 산 자체가 되었다. 즉 작은 곳에 기교를 부리다가 주체의 원기를 상하게 하는 것이다. 사자림의 주 산은 문인원이라 하기에는 지나치게 크고 화려하며 길고 복잡하여 많은 관람객들이 산들에 이름을 붙이고 오락장으로 취급해서, 결국 원래의 예술은 사라지고 산을 닮은 기괴한 오락장만 남게 되었다. 패씨 경영 후 가산의 규모가 지나치게 커진 오늘, 그 가산의 명성 때문에 스스로 해를 입게 된 셈이다.

원의 서쪽에는 소주 원림에서 현재 유일하게 남아 있는 인공폭포가 있다.

민국초기에 패貝씨는 큰 돈을 주고 '청우루첩廳雨樓帖'[6]을 구입하여 원의 북·서·남면의 유랑벽에 걸었다. 미국의 유명한 건축가 이오 밍 페이는 사자림 옛 주인의 후손이다. 패씨의 인연은 끊어지지 않아 그는 사자림 건너편 졸정원에 면하여 자리 잡은 새로운 소주 박물관을 설계하였다.

5 원의 청인 연예당으로 들어가는 입구에는 점입가경漸入佳境의 뜻이나 입승入勝이란 편액을 붙여 유혹하고 있다.
6 선자정에서 문천상 시비정을 향하는 회랑벽에는 청우루첩이라는 법첩이 벽을 따라서 걸려 있는데, 보호를 위해서 끼운 유리에 반사된 녹색 풍경들에 불후의 명문들이 가려진다.

연예당燕譽堂

'연예당'은 편안하게 휴식을 즐긴다는 의미이며, 『시경』, 「거할車舝」의 "주연을 즐길 만하게 성대하게 차렸으니, 어떤 불만도 없으면 좋겠습니다. 式燕且譽, 好爾無射."[4]에서 취하였다. 건축은 높고 화려하며, 중앙에 기둥을 두는 것으로 병문屛門을 설치하여 청을 남북으로 분리하였다. 또 여기에 딸린 남북의 작은 원은 대칭형으로 서쪽 주 원림의 자유스러움과 극렬히 대비된다. 1925년 쓰인 『중수사자림기重修獅子林記』에 의하면 청병廳屛 상에는 '녹옥청요지관綠玉青瑤之館'이라는 편액이 있었고, 벽에는 〈사자림도獅子林圖〉가 걸려 있었다.

7 연예당에서 소방정에 이르기까지 주 원으로 들어가는 문들이 숨은 듯 있다가, 소방정에서는 원 중에 확실하게 드러난다. 그러나 방대한 원의 입구 역할을 하는 문 치고는 다소곳하다. 드는 문 상부에는 '섭취涉趣'라고 쓰여 있는데, 도연명의 '귀거래혜사歸去來兮辭'에서 가져온 것이다.

---

4) 전체 시의 뜻은 신혼의 즐거움을 묘사하는 것으로, 신부의 아름다움과 축하연을 베푸는 사람과 초대받은 손님들 및 장소를 칭송하는 내용이다.

소방정小方亭, 지백헌指栢軒

'연예당' 북쪽의 '소방정'은 주축을 중심으로 대칭을 유지하지만, 북쪽 소정원의 서편은 반정半亭, 동편은 낭廊으로 중심의 주 원을 향해 흘러가면서 변화를 일으킨다.

북면의 담장에는 금琴, 기棋, 서書, 화畵 도안의 누창漏窓 네 폭이 있으니 자체만으로도 훌륭한 감상 대상이다.

주 가산의 북쪽에 있는 '지백헌'은 비교적 규모가 큰 2층 누각으로 또 다른 이름은 '읍봉지백헌揖峰指栢軒'이며, 주희의 시 《유백장산기遊百丈山記》 "앞으로는 여산에 읍하면서, 한 봉우리 홀로 빼어나네. 前揖廬山, 一峰獨秀."[5]와 고계高啓의 시 《지백헌指栢軒》 "사람이 와서 물어도 대답하지 않고, 웃으며 뜰 앞의 잣나무를 가리킨다오. 人來問不應, 笑指庭前栢."[6]라는 시구에서 그 이름을 취하였다. 즉 여산에 예를 갖추고, 웃으며 뜰 앞의 잣나무를 가리킨다는 뜻이다. 여기서 지백지의 원래 출처는 『오등회원五燈會元』 4권의 조주선사趙州禪師 고사에서 나왔다. 누의 북측 중앙에 있는 계단은 이전의 중국건축에서는 잘 볼 수 없는 형식으로 서구의 건축으로부터 영향받은 것이다. 누 남측의 시선은 열려 있으며, 적당한 거리를 두고 호석가산湖石假山이 형성되어 주요한 대경對景이 된다.

8 소방정 북쪽 원은 닫혀 있는 형식의 원 중 원이다. 원의 중앙에는 아홉 마리의 사자를 상징하는 구사봉九獅峰이 있다.
9 개구부 안의 원이 지백헌의 앞마당이다.

---

5) 산봉우리를 의인화하여 산을 좋아하고 숭상하는 마음을 나타낸다.
6) 경치를 감상하기보다 스스로의 깨달음을 가리키는 것이고, 헌의 남원 중 불교적 색채의 가산과 부합한다.

고오송원古五松園, 진취정眞趣亭

서북쪽에 있는 세 칸의 고오송원은 사방이 막혀 있고 단정하나, 주 원림의 넓고 자유로운 맛과 대조되어 정적으로 보인다. 고오송원 아래에는 연못에 면하여 '진취정'이 있으니, 건륭이 그의 연간 27년(1762) 남쪽을 순찰할 때 이 정자에서 주위를 관망하며 노닐다가 흥이 나서 '진유취眞有趣'라고 친히 썼는데, '有'자가 어울리지 않는다는 당시 원주 황헌의 의견을 받아들여서 '有'자를 빼고 편액을 만들게 되어 오늘날까지 전해진다. 신하가 감히 황제의 글을 평가한 것도 보통 일이 아니며, 그것을 받아들인 황제 또한 범상치 않다 할 것이다.

10 북쪽의 원 중 원인 고오송원의 동편 원이다. 모서리의 회랑이 조금씩 꺾여 있고 내부의 첩석들이 단순하지 않아 풍부한 시야를 형성한다.

11 고오송원의 서편 원이다. 온갖 모양으로 낮게 서 있는 태호석들과 단순하고 높게 선 기하학적 바위 및 부드러운 나무들의 조화가 돋보인다. 동편에 비해서 정적이다.

12 선자정 아래에서 멀리 진취정을 향하면 드물게 볼 수 있는 방형 섬을 연결하는 돌다리가 가로로 걸린다.

암향소영루暗香疏影樓, 문매각問梅閣

서북쪽 끝단의 암향소영루는 이층 누방樓房으로, 누의 명칭은 송 임화정의 시《산원소매山園小梅》"맑고 얕은 물 위에 성긴 가지 그림자 비스듬히 걸려 있는데, 황혼의 달빛 아래 매화 향기 풍기누나. 疏影橫斜水淸淺, 暗香浮動月黃昏."[7]에서 나왔으며, 2층 부분은 서쪽 가산과 연결되어 서쪽 외곽 회랑과 통한다.

서쪽 회랑의 중앙에는 '문매각'이 있는데, 각의 이름은 마조도일선사馬祖道一禪師가 그의 제자 대해법상선사大梅法常禪師와 문답하는 고사에서 왔다. 횡액 기창춘신綺窓春訊은 왕유의《잡시雜詩》, "그대가 고향에서 왔다 하니, 고향 소식 잘 알겠구려. 떠나올 때 우리 집 창 앞에, 겨울 매화 피었던가요? 君自故鄉來, 應知故鄉事. 來日綺窓前, 寒梅著花未."[8]에서 취하였다. 문매각은 서에서 동으로 전체 원을 조망하기에 좋은 위치로 이 원의 중요한 조망점 중 하나이다. 내부의 탁자와 의자, 천정구성은 매화형이고, 창살문양은 빙매문氷梅紋이며, 글과 그림의 내용도 역시 매화와 관련이 있는데, 바닥에 놓인 '빙호氷壺'는 나그네에게 고향생각을 하게 하는 한 폭의 그림이다.

더해서 문천상 시비정詩碑亭에 있는 문천상의《매화시》"고요함 속에 만물이 숨죽이는데, 단아한 몸에 마음까지 맑구나. 봄 소식 누구에게 전하려고, 꽃병에 매화 꽂아 놓았는가? 靜虛群動息, 身雅一心淸. 春色憑誰記, 梅花挿座瓶."[9]에서 문천상의 고상하고 기개 있는 선비정신을 알 수 있다.

---

7) 여기서 암향은 사람을 취하게 하는, 마음의 눈으로만 볼 수 있는 풍류적 아름다움이다.

8) 이 시는 고향을 그리는 대표적인 시이다. 이 시의 뿌리는 진나라 도연명의《문래사問來使》, "그대가 산속으로부터 왔다 하니, 천목화 피는 것이 늦더냐 빠르더냐? 내가 살던 남쪽 창 아래엔, 지금쯤 몇 그루 국화 자라났을까? 爾從山中來, 早晩發天目. 我居南窓下, 今生幾叢菊?"과 왕유의 고향 선배 시인 왕적王績의《재경사고원견향인문在京思故園見鄉人問》이라 할 수 있다. 왕유는 도연명의 낭만적 간결함과 온갖 것을 묻고 있는 왕적의 세세함을 함께 취되하 한 가지 작은 일 "매화가 피었는가?" 하고 묻는 것으로 끝낸다. 왕적의 시에 비하면 한 마디로 수백의 효과를 냈고, 도연명의 시에 비하면 더 자연스러워졌으며 푸르름은 더 짙어졌다.

9) 이 시는 문천상이 감옥에서 쓴 것으로 매화처럼 깨끗하게 절개를 지키려는 자신의 마음을 드러낸 것이다.

13 왼쪽 아래 물에 떠 있는 건축은 배를 모사한 석방石舫이다. 대개 물가에 매어 있는 듯 연못과 접해 있는 다른 원림의 형식에 비해 더 적극적으로 물속에 들어가 있으며 지붕 모양도 더 직설적이다. 이처럼 연못과 산과 건축들이 한데 어울리는 구성이 일반적인 강남원림의 특성이다. 왼쪽 이층 누방이 암향소 영루이다.

14 문천상 시비정에서 선자정과 연결되는 부분의 작은 원. 강남원림의 외곽을 따라 흐르는 회랑에는 꺾어지는 모서리의 공간적 기교들이 특별하다. 넓은 주 원림을 향해서 변화되는 시각을 유지하며 움직이는 회유형 회랑들은 시선이 변화하는 작은 부분을 교묘히 활용하여 주요 시각에 대응하는 풍경을 창조한다. 대부분 틈새를 더 키우거나 의도적으로 한 번 더 변화를 주어서 작지만 매력적인 공간이 되며 작은 소품이나 나무 한 그루가 그 공간을 훌륭하게 지배한다.

15 선자정 쪽 다소 높은 시각에서 북쪽을 내려다보면 돌다리를 지나 석방과 호심정 및 진취정이 함께 들어온다. 도심임에도 산속의 근경과 도시 속의 원경이 거꾸로 겹쳐진 셈이다. 이쪽에서 보면 산경을 보기 위한 과도한 건축들이 눈에 거슬린다. 정자 하나 남고 숲이나 연못이 배경이라면 선경이 될 것이다.

공간 해석

　사자림의 주 원은 주 건축이 남향이고 주 경관이 남쪽에 있는 배치로 강남 원림건축의 주류는 아니다. 과도할 정도로 자유발랄한 가산이 주 경임에도 전체 기 흐름의 유형은 조금 굳어 있는 편으로, 엄격한 질서의 사당과 전형적인 대칭형 주택형식인 연예당, 소방정 일대를 지나 원에 들어서면 지백헌과 와운실로 이어지는 중심축을 만나기 때문이다. 그러나 전 원을 휘도는 회랑을 걷든지 사자림이 자랑하는 가산을 오르내리다 보면 역시 기 흐름의 방종을 경험하게 된다. 중국원림건축의 기 흐름의 특징은 완급의 조절이다. 고요히 머무르다 넘치지 않을 만큼 리듬을 타며 경쾌하게 흐르고, 조금 지친다 싶으면 다시 정적 은은함에 숨어드는 묘한 조화는 분명 중국원림건축의 공간이 담고 있는 기 흐름의 특성이다. 그러나 사자림의 주 원은 경쾌함과 발랄함과 거만한 화려함 속에 빠져들어 헤어날 줄 모르는 형국이다. 대조는 너무 심하여 주 원에 접하는 소원들은 무뚝뚝하게 그 흐름의 맥을 끊어버린다. 작은 원 자체만으로는 오히려 정적 그윽함을 즐길 만하나 다시 주 원에 들게 되면 상대적으로 혼란스럽다. 물론 그러한 느낌은 늘 사람들로 붐비는 변해버린 환경이 관자에게 부정적 영향을 미치는 데 일부 이유가 있을 것이다. 인적 드문 저녁 시간 와운실에 앉아 가산이 아무리 복잡하더라도 울창한 숲과 어울리면 적막함의 방해꾼이 되지 않을 것이라는 믿음을 가졌다. 시각과 뗄 수 없는 기 흐름의 감응은 자연에 비해서 금방 드러나는 인간의 존재와 절대적인 관계를 가진다.

16, 17 원림건축에서 태호석의 구멍을 통해서 보는 경관은 인공과 자연이다. 그러나 자연도 원래 존재했던 자연이 아니며, 자연재인 태호석 또한 인공적으로 재구성한 자연이다. 그래서 구멍을 통해서 건축을 볼 때는 태호석이 자연이고, 자연이 보일 때는 태호석이 인공으로 느껴진다.

18 원림건축의 회랑은 외부공간군을 형성하는 데 매우 중요한 역할을 한다. 주요 동선은 회랑으로 덮여 있고 때로는 복랑複廊으로 불리는 이중 회랑이 있어 인접하지만 서로 다른 성격의 공간들을 구획하여 간섭을 받지 않게 한다. 그러나 이처럼 개구부를 통해서 다른 공간에 대한 호기심을 자극하고 심리적 공간을 확장시킨다.

19 어디에서나 사자림의 풍경이 되는 태호석 가산은 과도한 소유욕에서 그 격이 떨어졌다 할 것이다. 그러나 그 속에서의 유희보다 정적 관조의 대상으로 보면 약간의 파격만 느껴진다. 원래의 고즈넉한 선종사찰의 분위기는 물론 매화로 대변되는 문인적 정취가 전체 분위기의 중심이 되지 못함이 아쉽다.

사자림 63

耦園 우원

수림지와 산수간. 호복형인 수월지는 중간에 돌다리가 놓여 있지만 한눈에 파악이 된다. 산수간은 물에 발을 담그고 있으며 사실상 원림의 주 관망처가 된다.

물과 만나는 모서리에 누각을 높이 세우고, 작고 기이한 산꽃들과 담장을 넘는 홍행紅杏으로 허와 실, 높고 낮음, 재질의 미묘한 대비를 만든다. 성 밖의 노 젓는 소리가 모자란 차경을 채운다.

초가집 낮은 울타리의 골목길 정겹고, 교태 뽐내는 가지들 봄바람에 웃음 짓네.
옛 원림 복사꽃 오얏꽃은 기억하고 있으리라. 홀로 꽃 피운 채 화사한 날 보냈던 것을.
茅屋疏籬曲洞樂, 數枝嬌艶笑春風.
故園桃李應須記, 孤負花開日度紅.
청清 엄영화,《도중견도화억우원途中見桃花憶耦園》

우원의 전신은 섭원涉園으로 보령保寧(현재 사천 낭중四川 閬中) 태수 육금이 1723~35년에 창건하였다. 성의 북동쪽 모서리에 위치하여 삼면이 물에 면해 있다. 동쪽으로는 내성의 하천이 흐르고 그 밖으로는 높은 성곽이 있으며, 성 밖에는 외성하천인 누강婁江이 흐르니 노 젓는 소리가 은은하게 들리는 곳이다. 또한 서쪽으로는 평강하平江河가 유유히 흘러가니 번화한 도시 속이라도 조용한 성의 모퉁이며, 옛 시조가락에 맞추어 홀로 비파를 탈 만한 시와 술의 고향이다.

육금이 섭원을 만들 때 그 이름은 도연명의《귀거래혜사歸去來兮辭》"날마다 동산을 거닐며 즐거운 마음으로 바라본다. 園日涉以成趣."에서 취하였다. 소욱림小郁林이라고도 불렀는데, 삼국시대 욱림 태수 육적이 돌을 사랑한 나머지 돌을 잔뜩 싣고 귀향한 고사에서 취한 것이다. 요즈음 같으면 낭만적 평가에 앞서 자연 훼손으로 지탄받을 일이니 시대에 따른 가치기준의 변화를 새삼 느끼게 된다. 육금은 열린 마음을 가지고 있었는지 꽃이 필 때는 원을 개방하여 일반인들도 관람하게 하였다고 전해진다.

1860년 태평천국 난 때 병화를 입었고, 이후 안찰사按察使 심병성이 당시 소유자인 축씨로부터 거의 황석가산만 남은 섭원의 폐지를 구입한다. 그러나 그즈음 그는 부친과 처와 아들을 모두 잃게 되며, 더하여 그 자신이 병들어 임지에 오르지 못하고 소주에 자리를 잡는다. 새 원을 만들기 전 잠시 새 부인 엄영화과 함께 졸정원에 거주하기도 하는데, 엄영화는 당대의 재색으로서 그녀의 오빠가 심병성과 함께 북경에서 관직을 한 것이 인연이 되었다. 심병성이 그녀의 그림과 시를 보고 칭찬을 마지않았던 적도 있었으니, 심병성에게는 말년에 낭만적 사랑을 할 기회가 온 셈이 아닌가. 이를 증명하듯이 두 사람은 함께 시집을 발간하기도 한다.

심병성을 위해서 이 원을 계획한 사람은 오문화파 화가 고운이었다. 그의 자는 암파若波, 호는 운호雲壺이고, 산수화를 잘 그렸으며 일본을 다녀오기도 하였다. 원은 동서로 나누어져 있는데, 각각 사합원식四合院式의 택원宅園과 일체로 된 대장원大庄園이다. 대장원은 전체적으로 오강吳江의 퇴사원退思園의 배치방법과 유사하다. 동원은 섭원의 구지 위에 세워졌으며, 서원은 확장된 것이다.

주택의 대청에는 망사원 주인 이홍예가 송대 대복고의 시《초하유장원初夏遊張園》의 "동원에서 술을 마시고 서원에서 취하네. 東園載酒西園醉."에서 취한 '재주당載酒堂'[1]이라는 편액이 걸려 있다. 원래의 시의는 다음과 같다. "매실이 익는 계절, 술을 담그고 연회를 벌이네. 비파소리 은은하고, 새끼오리들은 연못가에서 헤엄치는구나. 동원에서 술을 마시고 유람하며 서원에 이르니 술에 취해 있네." 동, 서원이 나눠져 독특한 유형인 우원의 대객청에 걸맞는 이름이다.

1876년 새로 원을 낙성할 때에는 난처럼 청아한 계부인繼夫人 엄영화를 맞이하면서, 그 동안의 마음의 병이 나아 마치 회춘하는 기분이 되어, 거문

1 재주당의 재주載酒는 술을 마신다는 뜻이다. 옛 문인들의 연회는 시와 노래와 술이 한데 어우러지는 것이 다반사이다. 즉 함께 술을 마신다는 것은 곧 시를 읊고 학문을 논하며 정사를 협의한다는 것이다.
2 중남쪽 전 원을 통해서 연결되는 월량문 위의 우원 편액.

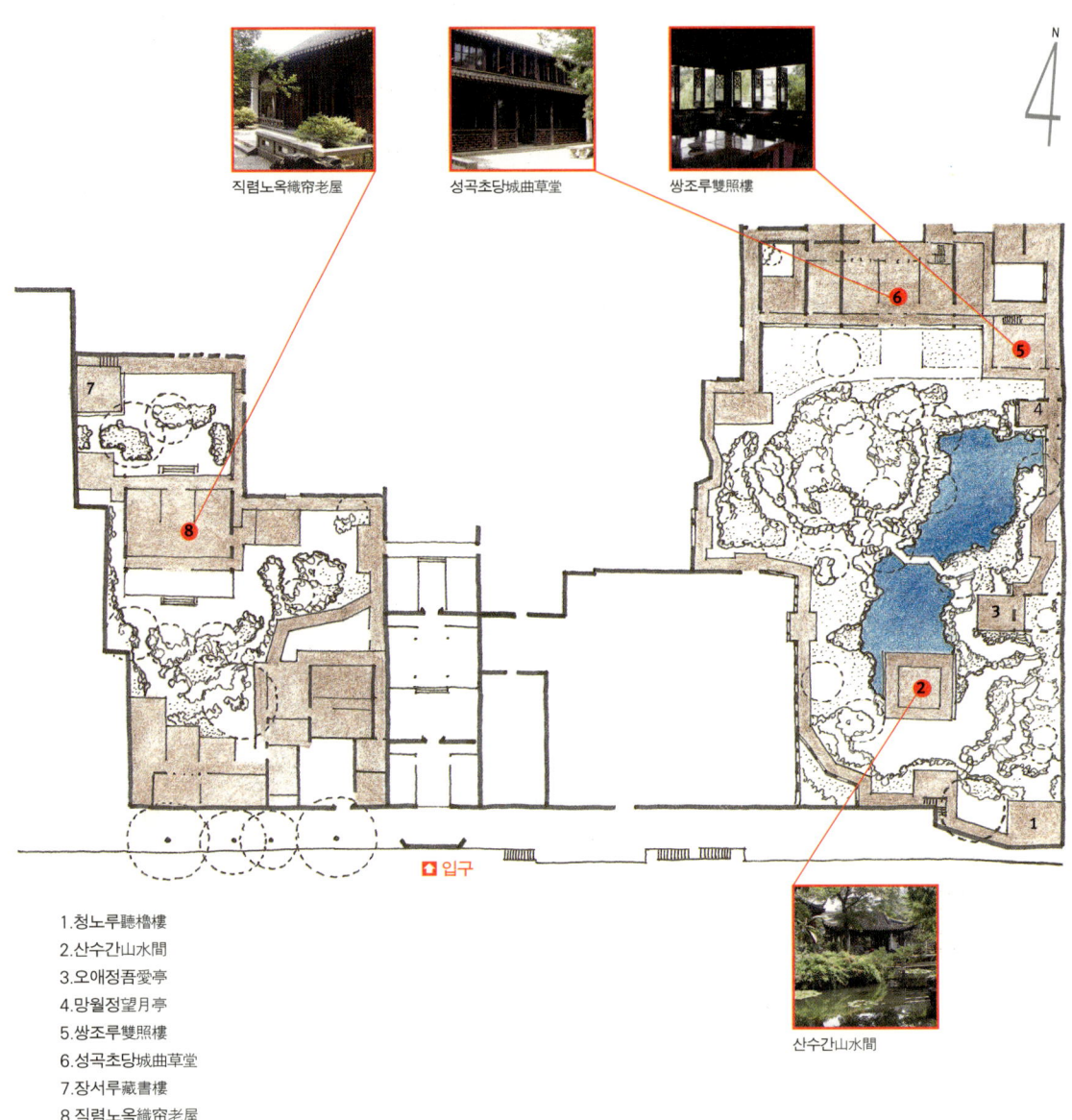

1. 청노루 聽櫓樓
2. 산수간 山水間
3. 오애정 吾愛亭
4. 망월정 望月亭
5. 쌍조루 雙照樓
6. 성곡초당 城曲草堂
7. 장서루 藏書樓
8. 직렴노옥 織帘老屋

우원耦園 강소성 소주시 창가 소신교항 8호 江蘇省 蘇州市 倉街 小新橋巷 8号

고와 비파가 연주되었고, 스스로 즐거이 위로하며 『논어』, 「미자微子」의 "장저와 걸익이 나란히 밭갈이하다. 長沮, 桀溺耦而耕."의 구절에서 취하여 '우원'이라 불렀다. '耦'는 여기에서 '耦耕'을 뜻한다. 장저와 걸닉은 춘추시대의 은사이며 함께 밭을 간다는 의미는 함께 은둔생활을 한다는 것이다. 심병성은 당시 이미 54세였고, 가장 가까운 사람들을 잃은 슬픔에다가 몸까지 병들어 있었는데, 재색이 출중한 엄영화와 함께 하게 되고, 관직을 맡지 않아 어떤 압박도 없으니 안일을 추구하고 싶은 마음에, 벼슬에 나가지도 않고 평생 엄영화와 함께 이처럼 해로해야겠다는 마음이 담긴 이름을 택한 것이다. 그러므로 여기서 '耦'는 배우자 '偶'를 말한다고 할 수 있다.

그러나 심병성은 60이 넘은 1884년 다시 벼슬에 나아가 순천부윤順川府尹(북경 주위를 둘러싼 지역인 순천부의 장)을 시작으로 1891년 양강총독까지 거치는 동안, 엄영화는 먼저 세상을 떠나고 원의 많은 부분은 방치되어 함께 밭갈 이 없어, 심병성이 돌아왔을 때는 이미 우원이라 할 수 없는 우원에 잡초가 우거지고 쇠락하는 분위기였으며 결국 짝 잃은 원 주인도 4년 후 원을 영원히 떠난다.

심병성 사후 아들 심서림은 20여 년 동안 원을 인문적으로 번성하게 만드는데, 만청 4대 사가詞家 중 한 사람인 주조모는 광동학정을 사퇴하고 소주에 와 서원의 직렴노옥織帘老屋에 머물렀고, 주조모의 친구이며 또 다른 4대 사가인 정문탁도 상시로 출입하여 술을 마시며 시를 읊었다. 그 밖에 시인 소만수, 금송잠, 서예가 초퇴암 등이 함께 하였다.

1932년 교육가 양음유가 동원에 이락여자학사二樂女子學社를 창설하였고, 1941년 상주常州의 애국실업가이며, 건국초기 강소성 부성장을 역임한 유국균이 중수하였다.

동원은 산을 주로 하고 연못을 차로 하여 돌출되어 있으며, 전 원의 주제는 황석가산으로 다른 원에 비하여 성공적이다. 주 산은 크지도 작지도 않은 적절한 크기이며, 치솟은 무강석산武康石山으로 호복형濠濮型 수월지受月

池 서편에 위치하는데, 산중에는 좁은 폭의 골짜기 길이 있어 호기심을 유발한다. 수월지는 밤마다 달을 품에 안는다. 산 위에는 정자를 건립하지 않았으며 첩석의 솜씨로 볼 때 섭원涉園의 유지가 기본이 된 것임을 알 수 있다. 원의 남부 연못 위에는 '산수간山水間'이 북쪽으로 열려 있고, 산수간에서 보면 전형적인 격수면산의 형식이 되며, 성곡초당과 약간 비켜난 축을 형성하고 있다.

주체 건축은 일반적인 청당방식을 채용하지 않고 누각으로 하였는데, 주누의 대경이 되며 통상적인 근수원산近水遠山의 배치가 아니고 근산원수로 처리되었다. 산 위에도 일반적인 정자를 설치하지 않아서, 원시적인 산림의 야취野趣를 묘사하였다. 원의 위치는 비교적 높고 수위는 낮으나 굴곡지고

3 성곡초당에서는 황석가산이 주 연못을 막고 있으며 산을 넘으면 수월지로 통한다. 가산 사이로 보이는 건축은 주 원림 서쪽 경계를 따라 도는 회랑이다.
4 산수간에서 바라보는 주 원림.

은폐된 자연 호숫가의 느낌으로 연못은 호복수형濠濮水型이 되었으며, 오후에는 산림의 그림자가 길게 드리워지면서 더욱 더 그윽하고 깊은 맛을 느낄 수 있다.

원 외에 이미 물이 많으므로 원 내부는 산을 위주로 계획되었는데 강한 시각적·심리적 대비를 노린 것이다. 수위는 비교적 낮고 수면에 비치는 광선의 면적도 적어 다소 어두워서 마치 창랑정 내부의 수면을 연상케 한다. 남쪽으로 기다란 연못 둘레는 회랑으로 연결되어 있어 산과 함께 내부로 수렴되는 공간이 되었다.

졸정원, 유원, 이원怡園의 원명은 공허하여 그 뜻이 모호하다. 망사원은 물 위에서 일을 한다는 개념인데, 주인이 망사로 일하는 곳은 낚싯대를 드리운 곳이다. 사자림은 기묘한 봉우리가 사자를 닮았다는 데서 왔지만 건륭황제의 판단과는 다르게 진취眞趣를 잃은 것이다. 창랑정은 원 밖의 창랑에서 빌린 것이지만, 원 내의 깊은 연못과도 관계하므로 큰 문제가 없다. 우원耦園은 사람과 원이 합일하는데 우선 의意를 세워 곳곳에서 그것을 따르고 세심하게 합해진 것으로 읽을 때도 '오우위엔'으로 발음되어 독특하며 청아할뿐더러 뭇사람의 마음을 움직인다. 창랑정은 창랑 같은 물로 둘러싸여 있으나, 우원은 원 외가 좁은 시하천, 내성하천 등으로 둘러싸여 좋은 경을 차경할 수 없다. 고로 물을 면함에도 물을 격리하고 소주 다른 원림과 같이 주위에 높은 담장을 올리는 방식을 취하였다. 대신 물과 만나는 모서리에 누각을 높이 세우고 작고 기이한 산꽃들과 담장을 넘는 홍행紅杏 등으로 허와 실, 높고 낮음, 재질의 미묘한 대비를 일으킨다. 또한 아쉬운 대로 동남각의 청노루廳櫓樓는 교묘하게 원 밖의 노 젓는 소리를 차성借聲하여 차경의 모자람을 보완한다.

직렴노옥織帘老屋

서원은 서재용 정원 위주인데 주요 청당인 '직렴노옥'은 남으로는 호석산에 북으로는 의서루倚書樓에 면해 있다. 적적한 산림 중에 책 읽는 소리가 낭랑하도록, 동원처럼 경쟁하여 서로 오르려 하지 않고 격이 있는 소박함으로 일관한다. 심병성은 이곳에서 엄영화와 함께 책을 읽고 그림을 그렸다고 전해 온다. 직렴노옥은 남조 제나라 사람 심린사가 가난하여 한편으로 책을 읽고 한편으로 베를 짜며 공부를 했다는 고사에서 차용한 것인데, 주인과 같은 성씨라는 인연이 있다.

5 서원의 주 원림은 호석 가산이다. 관망용으로 크지 않으며 수평으로 가라앉은 모습이다.

6 서원의 주 청인 직렴노옥은 서재이다. 월대가 나와 있지만 비교적 소박한 편이다.

성곡초당城曲草堂

　소주 원림에서는 보기 드문 이층 누청인 성곡초당은 북쪽에 자리하는데 주택의 네 번째 진進의 누청과 나란하다. 이것은 서원의 직렴노옥과 형식과 기능이 중복되어 충돌하므로, 주의해서 보면 주 산과 적당한 거리를 유지하고, 규모가 커서 산수의 척도에 압박을 주거나 간섭하는 것을 조심하는 형국인데, 계획자의 마음속에 대나무와 같은 깊은 향기가 있기 때문이다. 성곡초당은 성 모서리의 청빈한 초당을 뜻하는데, 규모는 크지만 화려한 장식은 없어 청빈하다 할 만하다. 청빈의 기준은 시대와 지역에 따라 다르지만, 대상이 되고 있는 강남 원림건축들의 청빈은 실제 건축을 볼 때 미덥지 못하다. 전하는 바에 의하면 심병성과 엄영화 부부는 비단옷을 입고 대궐 같은 집에서 사치스럽게 사는 것을 좋아하지 않았고, 성 밖에 초당을 지어 소박하게 살고 싶어 그러했다 하니 믿어볼 수밖에 없다. 성곡초당에 대해서는 다른 해석도 있는데, 당대 이하의 《석성효石城曉》, "견우와 직녀가 은하수 건너는데, 버들숲 안개가 성 골목까지 가득하네. 女牛渡天河, 柳烟滿城曲."의 시의에서 찾을 수 있다. 신화 속 견우직녀를 비유한 것으로, 남자는 밭을 갈고 여자는 베를 짜니 부부의 사랑은 깊어만 가는 것이다.

7 초당도 아니고 작지도 않은 성곡초당. 동원의 주 건축이며 원래는 자녀들의 공부방이었다.

공간 해석

동원의 회랑은 길게 연결되어 남동쪽 끝의 청노루에 이르고, 동쪽으로는 오애정吾愛亭[9]에 이른다. 회랑이 없는 길과 회랑이 있는 길의 기 흐름 차이는 기의 조절 여부에 있다. 회랑은 동선을 연결·조정하는 것은 물론, 시각의 리듬을 조절하고 기 흐름을 유도할 수 있다. 회랑으로 인해 원은 하나의 기 흐름으로 연결된다. 동서로 펼쳐진 성곡초당 남쪽의 원은 산으로 막혀 있음에도 동서 양편으로 흘러나가려 하는 기 흐름이 주를 이루어 안정되지 못하며, 산 동쪽으로는 물과의 사이에, 산 서쪽 좁은 산자락과의 사이로 남쪽으로 흐르는 기의 흐름과 따라갈 수 있다. 동쪽으로 타고 내리는 주요 기 흐름은 오애정에 막혀 잠시 주춤하며 정적 형식이 되었지만, 곧 산수간을 중심으로 하는 상호교류적인 흐름과 한데 어울린다. 담장은 매우 높아서 이곳에 이른 기는 쉬이 빠져나가지 못하고 오던 길을 되돌든지 열린 산수간 사이를 들락거리며 완급을 조절한다. 서원의 직렴노옥 북쪽 원[12]은 정갈하게 정제된 기의 흐름이 고요하게 움직이고 있는 반면에 남쪽 원의 기

8 주 원림의 서쪽 회랑.
9 산수간에서 바라보는 오애정.
10 주 원림의 동쪽 회랑 망월정과 오애정 사이에는 꺾은 회랑을 이용한 작은 원이 있고, 이형의 공간을 구획하는 벽에는 병 모양의 문이 있어, 공간과 빛과 기 흐름의 조합을 느낄 수 있다. 풍부한 공간들이 있음에도 작은 것을 놓치지 않는 기교와 창의성을 볼 수 있다.

흐름은 다소 산만할 정도로 좌충우돌하며 몹시 흔들린다. 그러한 흐름은 빛의 작용과도 관계가 깊다. 불규칙한 외곽 구성과 빛의 수용은 수많은 변화를 야기한다.

11 직렴노옥과 서쪽으로 연결된 작은 방에 이르는 통로에는 남으로 열린 창이 있어 담장과 건축 사이의 원을 관망할 수 있다. 높은 담장을 따라 오르는 담쟁이 덩굴과 언뜻 보이는 원림이 어울려서 색다른 감흥을 준다.
12 직렴노옥의 북쪽 원은 의서루와 공유하고 있으며 단순하다. 왼쪽의 돌출 부분은 장서루이며 원주 심병성은 수많은 서적을 보유하였다 한다.
13 쌍조루 내부에서 창을 열면 동서남 삼면이 통하여 기의 교류처가 된다. 또한 아침부터 저녁까지 빛이 머무는 곳이기도 하다.
14 망월정에서 오애정 쪽을 내다보면 전통적 창문양과 대상인 원림의 합창을 감지할 수 있다.

網師園 망사원

작고 예쁜 공교는 비교적 작은 주 연못을 넓어 보이게 하며, 열린 공간과 정적인 공간의 경계역할도 한다.

산과 계곡은 담장에 기대어 꽃향기 넘치는 봄 풍경을 연출하고, 맑고 작은 공간이 있어 외부와 하나가 된다. 물과 돌이 편안하게 결합하니 자연 산수의 풍미를 느낄 수 있다.

원지園址 일대는 원래 남송 1174~89년 이부시랑 주전파 사정지의 주택인 만권당萬卷堂이 있던 곳이다. 그는 북벌을 주장하다가 탄핵을 받아서 소주로 내려온 후에 독서처로 만권당을 건립하며, 만권당의 남쪽에 조성한 원의 이름을 '어은魚隱'이라 했는데 비교적 작은 원에 속하였다. 그것은 전통적인 문인의 생각을 반영한 것으로 사정지는 파직 이후 굴원의 《초사》에 나오는 어부처럼 물고기나 낚으며 은둔생활을 하고자 하였다. 그의 원은 소주에서 비교적 초기에 주택과 원이 구분된 형식을 갖춘 것이었다. 이곳에 자리 잡은 후에 사정지는 스스로 호를 '오문노포吳門老圃', '요한거사樂閑居士', '유계조옹柳溪釣翁'이라 부르며 유유자적하였다. 현재의 간송독화헌看松讀畵軒 앞의 오래된 측백 한 그루와 이미 고목이 된 나한송 한 그루는 사정지가 직접 심은 것으로 전해진다.

1755년경 광록시소경光祿寺小卿 송종원이 은퇴하여 이곳을 구입한 후, 원정을 새로 지은 것이 사실상 현재 망사원의 출발점이 된다. 그는 역사적인 '어은'에 근거하여 스스로를 어옹魚翁에 비유하고, 원 북쪽의 '왕사항王思巷'의 음을 따서 원의 이름을 '망사소축網師小築'이라 하였는데, 왕王과 망網의 중국어 발음이 모두 '왕'으로 같으며 망사網師는 어부를 뜻한다. 그러나 그가 실제로 사직을 하고 내려온 이유는 늙으신 어머님을 모시기 위해서였는데, 얼마 후 어머니가 돌아가시자 다시 벼슬살이를 위해 천진으로 떠난다. 졸정

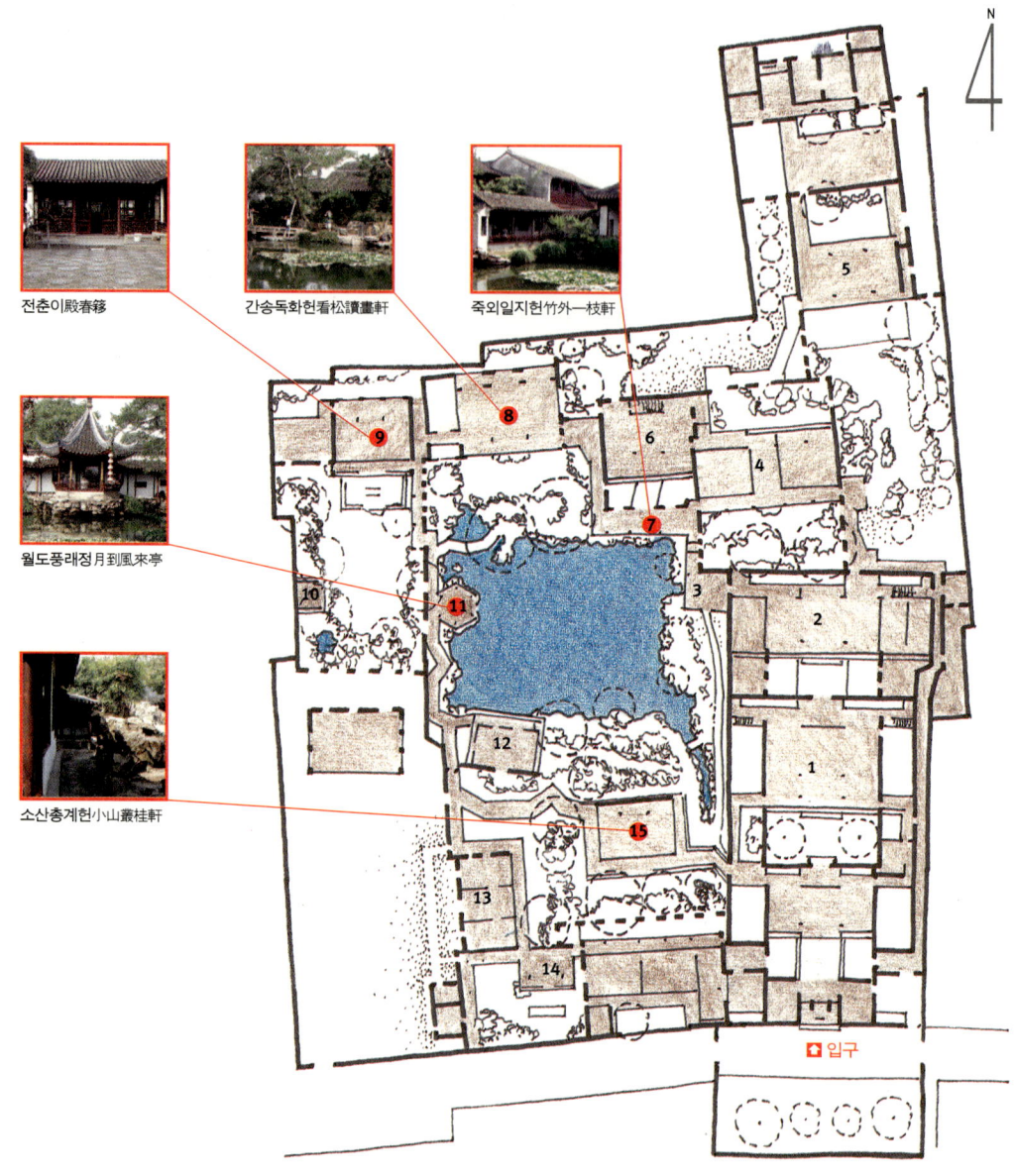

1.만권당萬卷堂 2.힐수루擷秀樓 3.반산정半山亭 4.오봉서옥五峰書屋 5.제운실梯云室 6.집허재集虛齋
7.죽외일지헌竹外一枝軒 8.간송독화헌看松讀畫軒 9.전춘이殿春簃 10.냉천정冷泉亭 11.월도풍래정月到風來亭
12.탁영수각濯纓水閣 13.도화관蹈和館 14.금실琴室 15.소산총계헌小山叢桂軒

망사원網師園 | 강소성 소주시 활가두항 11호 江蘇省 蘇州市 闊家頭巷 11号

원의 예처럼, 그의 사후 아들은 송사에 휘말려 재산을 탕진하고 원은 **황폐**해지고 만다.

1795년 유상儒商 구원촌이 구입하여 대대적으로 중건하므로 현재의 망사원의 기초가 된다. 당시에는 구원瞿園이라 불렸으며, 원 내에는 작약과 목단이 만발하였다고 한다.

1862~74년 원은 증국번의 막료인 강소안찰사江蘇安察使 이홍예의 소유가 되었고, 그는 원이 소순흠의 창랑정 동쪽에 있다 하여 '소동린蘇東隣' 혹은 자신의 호 소린을 따서 '소린소축蘇隣小築'이라 칭하였다. 1907년에는 다시 흑룡강장군 달계의 원이 되었으며, 신해혁명 후 1917년에 봉계군벌奉系軍閥 장작림은 30만 량을 주고 원을 구입한 다음, 봉천장군 장석란에게 기증한다. 당시 일원逸園으로 불렸고 속칭 장가화원이라 했다. 그러나 장석란은 그 후 죽기 전까지 5년 동안 한 번도 원에 거주하지 않았다고 전해진다.

그의 아들 장사황이 원을 이어받은 후 1932년부터 친분이 있는 장선자와 장대천 형제가 전춘이殿春簃를 화실로 이용한다. 장선자는 호랑이 그림을 좋아해서 원 내에 선물로 받은 귀주 호랑이를 키우기도 하였다. 또한 금석서예가 엽공작과 왕추재 등이 거주하게 되므로 한때 문인원의 풍취가 되살아났다.

1940년 수장가 하징이 구입하여 원경을 정돈하고 망사원으로 부르며 주택의 대청은 '만권당'이라는 옛 이름을 사용한다. 1980년에는 동쪽의 원통암圓通庵 법유당法乳堂으로 진입하였는데 지금은 외빈 접대실이 되었다. 망사원의 남쪽은 활가두항闊家斗巷, 동쪽은 원통암, 서남으로는 묘원苗園, 북면으로는 반곡盤曲의 망사항網師巷(구 왕사항)이 면해 있고 그 사이의 공간들은 불규칙하다. 동쪽의 깊이가 있는 부분을 주택으로 하고, 서쪽의 불규칙한 부분을 원으로 하였으며, 원과 주택이 서로 조화되어 혼연일체가 되었다. 격은 대략 양주 영승가永勝街 위택魏宅과 유사하며, 도시 중심상가의 빈 공간을 교묘하게 이용한 결과이다.

1 오른쪽 가산과 고목 사이로 보이는 건축이 주 건축인 간송독화헌이다. 연못에서 조금 떨어져 있는 간송독화헌 내에서 원을 보면 잎이 무성한 여름에는 연못과 건너편 주 산이 잘 보이지 않는다. 남쪽에 있는 소산총계헌은 산으로 둘러싸여 있어 여름용으로 적합한데, 간송독화헌은 주 계절이 모호하게 보이나 여름에는 숲으로 그늘이 지고 겨울에는 가지만 남아 햇빛이 잘 들어오므로 사계절이 다 좋다 할 것이다.

2 냉천정에서 주 원을 향해 보면 재미있는 모양의 벽 장식이 있다. 담장 뒤편의 돌출한 지붕은 월도풍래정의 지붕이며 양끝이 내려간 눈초리 모양의 창은 주 원의 회랑경사에 맞춰져 있다.

원은 호박형湖泊型 물인 채하지를 중심으로 이루어져 있고, 연못 북쪽에는 주요 청당인 '간송독화헌看松讀畫軒', 연못의 남쪽에는 규모가 작은 '소산총계헌小山叢桂軒'이 자리 잡았으며, 모두 연못에서 후퇴하여 떨어져 있다. 연못의 서남면에는 '월도풍래정月到風來亭', '초풍경樵風經', '탁영수각濯纓水閣' 등이 있고, 동북쪽에는 '죽외일지헌竹外一枝軒', '사압랑射鴨廊', '반산정半山亭' 등이 있으며, 양쪽 건물들은 꺾어지고 휘어들면서 해맑은 흐름을 연출한다. 연못의 서북쪽과 동남쪽은 물의 입출구가 되는데, 서남쪽 건축과 남쪽의 조경들 사이로는 비어 있는 곳이 많아 달빛을 그리워하는 데 적당하다. 연못 북쪽과 동쪽은 물에 다가갈 수 있도록 연못에 면한 부분이 평평하다. 연못 동남쪽에는 공교拱橋**76쪽**가 조용히 누워 있는데, 일명 '인정引靜'이며, 작지만 완벽하고 단정하여 흠잡을 데가 없다. 이 다리는 중국 내에 현존하는 가장 작은 공교인데 오강동리吳江同里 환취산장環翠山庄의 독보교獨步橋, 해염기원海鹽綺園의 엄화교嚴畫橋, 청포곡수원青浦曲水園의 희우교喜雨橋 등은 모두 이 다리의 자매편이라 할 수 있다.

원 내에서는 사면 모두 창을 통해서 외부를 볼 수 있으며 '운강云崗' 황석가산이 사방으로 전개된다. 동쪽으로는 산간계류를 조성하여 주택 담장에 기대어 꽃향기 넘치는 봄 풍경을 연출하고, 서쪽으로는 곡랑과 도화관 사이에 맑고 빼어난 작은 공간이 있어, 내부에서도 외부와 일치됨을 느낄 수 있다. 연못 남쪽에 자리 잡은 가산 주봉 '운강'은 소주원림 중 황석가산으로는 최고로 알려져 있다. 산세는 적당히 무겁고, 주차가 분명하고, 허와 실의 비율이 어울리며, 층차가 적절한 차이를 보인다. 또한 수면과 자연석의 결합이 편안하여 전체적으로 자연산수의 냄새가 풍긴다.

북동쪽 제운실梯雲室 남쪽으로는 제운호가산이라 불리는 석산으로 구성된 남북으로 긴 정원이 있는데, 서루書樓와 연결되며 이름은 『선실지宣室志』, "당 태화 연간에 주생이 도술을 부릴 줄 알았는데 사다리 타고 구름에 올라 달을 잡을 수 있었다. 唐太和中 周生有道術 能梯云取月."라는 고사에서 취하였다.

북쪽에는 작고 정갈한 정원이 있고, 서쪽으로도 서루와 공유하는 원이 있다. 이 원은 전체적으로 외부 담장과 건축 사이의 중간을 잘 활용하여, 작은 폭의 정원을 많이 만들어서 다양한 성격의 외부공간을 연출한 것이 특징이다.

3 소산총계헌 내부에서 본 주 원림을 가린 황석가산.
4 간송독화헌 내부.

죽외일지헌竹外一枝軒

'죽외일지헌'은 규모도 크지 않고 정갈한 편으로, 내부 천정은 배의 천정처럼 되어 있다. 원래 연못에 면하는 벽은 배의 창처럼 합창으로 만들어서 꾸며졌으나, 후에 장대천의 건의를 받아들여 창호를 철거하고 헌으로 개방하여 허실대비의 변화감이 다소 감소했다.

'사압랑', '반산정'은 넓은 주택 벽면에 기대고 있으며, 주택 지붕처리와 가짜 누창 등이 어울려 강력한 대비효과를 준다.

5 왼쪽은 죽외일지헌이고 오른쪽은 반산정이다. 죽외일지헌 후면 상부는 독화루이다. 힐수루 쪽에서 나와 회랑과 건축을 통해서 원을 한 바퀴 돌면 교청으로 연결된다. 죽외일지헌에서 반산정에 이르는 난간은 앉아서 주 원을 감상할 수 있도록 되어 있다.

6 집허재에서 죽외일지헌을 통해서 보는 주 원. 죽외일지헌은 독립된 건축이라기보다는 일종의 회랑에 불과하나 집허재 남쪽 작은 원과 약간 경사지게 접하면서 내부〉 외부〉 반외부〉 외부로 이어지면서 변화하는 독특한 공간의 흐름을 만들어내었다.

7 죽외일지헌은 작지만 매우 다양한 성격을 가지고 있다. 이런 다양성은 현대 건축에서 추구하는 중요한 특성 중 하나이다. 다양성을 만드는 주 요소는 기의 흐름을 조절하는 것이다.

8 전춘이 원의 문을 통해 주 원림을 내다보면 곡교, 백피송 및 연못을 지나 사압랑, 반산정이 보인다. 곡교는 구불구불 초점을 향해서 움직이고 반산정은 결국 연못으로 침잠한다.

소산총계헌小山叢桂軒, 도화관蹈和館, 금실琴室

원 남쪽의 소산총계헌, 도화관蹈和館, 금실琴室 일대의 건축밀도가 비교적 높은 이유는 주요한 연회 공간이었기 때문이다. 도화관은 원의 주연主宴 장소답게 그 편액에 평화와 안녕의 의미가 있으니, '화和'는 유가의 처세원칙이며 심미표준이다. 그 중 금실의 정원은 그리 크지 않으면서도 깊고 결함이 없는 한 획의 붓 자국과 같은 풍모를 지녔다.

'소산총계헌'의 남쪽에는 일련의 꽃창이 뚫린 담장 아래 호석가산이 있는데, 봉우리의 기복이 있고 계수, 해당, 매화 등의 꽃나무들로 구성되어 헌의 배경이 된다. 그에 걸맞게 헌의 내부에는 북주北周 문인 유신의 《고수부枯樹賦》 중 "작은 산에는 계수나무 숲을 두어 사람을 머물게 해야 한다. 小山則叢桂留人."[10]는 구절에서 취한 편액이 있다. 그리고 청대 하소기의 대련對聯 "울퉁불퉁한 산의 기세 참으로 그림 같고, 꼬불꼬불 흐르는 샘물 글씨 쓰는 듯하네. 山勢盤陀眞是畵, 泉流宛委邃成書."는 이 주변의 경물에 대해서 잘 기술했다.

---

10) 서한시대 회남淮南 소산小山의 《초은사招隱士》 부賦는 산에 은거하고 있는 은사들을 초빙하는 내용이다. 유신의 글은 회남소산부에 반대되는 뜻으로 이곳에 은거하겠다는 말이다. 헌의 전면에 있는 소산에는 계수나무가 많이 있으며, 청량한 가을바람이 불면 짙은 향기가 사방에 진동한다. 편액은 또한 선불의 경계를 암시하는데, '무은산방無隱山房'과 같은 뜻으로, 북송 시인 황정견이 스승으로부터 얻은 깨달음을 닮았다. 황정견의 스승인 매당선사는 계화향기를 선도禪道와 비유하였는데, 향기는 볼 수도 없으면서 천지 사방으로 퍼지니 선도 역시 '무은無隱', 즉 숨지 않는다고 하였으며, 황정견은 이로부터 '선禪'을 깨달았다.

9 소산총계헌의 북쪽 원은 연못과의 사이에 산이 있어 주 원과는 격리되어 있는 셈이다. 주 원림을 이처럼 많이 가리는 경우는 드문 편인데 때문에 산속에 있는 집이 되었다. 오른쪽 지붕이 보이는 건축이 물가에 있는 탁영수각이다. 산속의 집에서 산을 넘어 물가의 집으로 연결되는 것이다. '소산총계'는 굴원이 회남소산淮南小山에서 쓴 『초사楚辭』, 「초은사招隱士」에 실려 있는 "계수나무 무더기로 자라나니, 산이 그윽해지네. 桂樹叢生兮, 山之幽."라는 글귀에서 취한 것이다.

10 소산총계헌의 남쪽 원은 담장이 높고 나무가 많아도 해가 나면 찰랑거린다. 늘 어두운 북쪽 원은 밝은 황석을 사용한 대신 남쪽 원은 회색 태호석을 사용하였다.

전춘이殿春簃

원의 서쪽에 있는 전춘이는 서재 정원으로서 꽃과 단순한 포장 위주로 되어 있고, 재질도 소박 간결하다. 서남부의 우각 부분에는 함벽천涵碧泉이라는 작은 샘이 있어, 주 수면과 대비되어 정원의 점정点晴이 되었다. 1980년 미국 뉴욕 메트로폴리탄 박물관 경내에 망사원의 '전춘이'를 모방하여 '명헌明軒'을 건립하였다.

'힐수루擷秀樓'에서는 멀리 방탑이 보이고, 서쪽의 독화루讀畫樓와 집허재集虛齋의 시야는 더 넓게 열려 있다.

11 전춘이 남쪽 원의 모습. 오른쪽 정자는 냉천정冷泉亭이고 정자 남쪽 아래에는 함벽천이 있다. 벽면 누창의 문양은 각각 다르다.

12 전춘이는 서재답게 매우 소박하다. 중국 근대의 걸출한 화가인 장대천이 화실로 사용하였다.

13 전춘이와 간송독화헌 앞의 원을 차단하는 담장에는 문양과 모양이 다른 다섯 개의 누창이 있다. 다른 모양의 누창을 통해 원을 즐기려는 의도가 보인다.

14 전춘이 내부에서 창을 통해 본 남쪽 원. 창의 문양이 경직되지 않으면서도 규칙적인 질서가 있으며, 외부 원림의 자유로운 곡선의 조합에 대응한다.

15 창 문양에는 공통적인 원칙이 있으며, 세월을 담은 벽과 대나무 가지는 선적 분위기를 풍기는 한 폭의 그림을 만들어낸다.

16 기하학적으로 구성된 창을 통해 내다보는 전춘이의 북쪽 원은 좀 을씨년스럽다.

월도풍래정

　'월도풍래정'에서 '사압랑'을 차경하면 물색과 하늘빛이 연못에 비치고, 건너편의 '사압랑'과 '반산정'이 물에 반사되어 만들어지는 한 폭의 선경을 감상할 수 있다. '월도풍래정'은 연못 서안의 언덕을 오르는 회랑 중에 연못으로 돌출한 육각형 모임지붕의 정자이며 동쪽을 향하여 연못 위에 놓여 있다. 그것은 "물 가까이 누대를 만들어서 달을 먼저 볼 수 있기 近水樓臺先得月"때문이다. 가을밤의 정취를 노래한 당대 한유의 "어스름한 저녁 가을을 맞노라니, 바람 따라 달을 보내온다네. 晚色將秋至, 長風送月來."라는 시구에서 그 이름을 취하였다. 정자의 기둥 대련에는 "원림에 도착한 날 술이 막 익었는데, 뜰의 문을 열었을 때 달빛이 원림을 비추네. 園來到日酒初熟, 庭戶開時月正園."라고 쒸어 있으니, 잘 조성된 정원에서 막 익은 술을 마시며 달빛과 함께 노니는 멋스러운 정취에 대한 예찬이다. 그러므로 대련을 한 번 읽는 것만으로도 잘 익은 술 냄새가 온 원림에 가득한 것 같다.

17 월도풍래정은 전체 원림의 주체 건축 중에서는 작은 건축에 속하지만 가장 핵심적인 역할을 한다. 주 청당들이 남북으로 마주보는 기본 형상에 동서축은 월도풍래정이 중심이다.

공간 해석

회랑은 기의 흐름을 차단하지 않고 공간을 분절하는 역할을 한다. 주 원은 소산총계헌과 그를 연결하는 회랑으로 양분되었는데, 북쪽은 주 연못을 중심으로 열려 있는 데 비해 남쪽은 동서로 아주 좁고 길게 구성되어 늘 그늘 속에 있다. 그래서 기의 흐름은 대체로 고요하다. 주 연못 위에서는 그 흐름은 조금씩 요동하면서 흐르다가 회랑이나 건축 사이의 좁은 공간으로 들면 조용히 흘러 스며든다. 열린 건축 속 기 흐름의 가능성은 시각적으로 통하는 다른 외부 세계와의 관계에서 확대된다. 그 기의 강약을 조절하는 것 역시 건축적 해법이 되며, 직접 접하는 공간 내의 기 흐름과 차입된 공간의 기 흐름이 어떻게 결합하느냐에 따라서 기 흐름의 성격은 달라진다.

18 오봉수옥의 남원은 정형화된 주택군의 높은 후벽을 배경으로 하고 있어 답답한 감이 있으나, 원의 서쪽 벽은 높지 않고 누창이 있으며 바로 연결되는 문이 있어 언제든지 열린 공간으로 발걸음을 옮길 수 있다. 오봉서옥은 북쪽과 동쪽에도 원이 있다.

19 연못 주위는 굴곡져 있지만 비교적 단순한 방형이다. 그러나 집, 가산, 회랑 및 연못 모서리 부분의 변화를 통하여 무수하게 다른 모습을 보여준다. 그 변화의 주요 장소는 정자 등의 관망처가 자리하며 높이 차가 크지 않지만 수직적 변화도 한 몫을 차지한다.

滄浪亭 창랑정

창랑정의 주요 물 공간은 원 밖의 긴 연못 물길이다. 물길에 면하여 길게 이어지는 복랑은 안팎을 경계 짓는 담장도 되고 회유로도 된다. 회랑의 북동쪽 모서리에는 도시를 조망하는 정자가 좋고 있다.

창랑의

물은 맑아서 갓끈을 씻을 만하고 창랑의 물은 더러워도 내 발을 씻을 만하네.

창랑정은 북송대 1045년에 건립된 것이니 만큼 소주에서 가장 오래된 원림이다. 소주의 옛 성은 거북의 등처럼 휘어져 있는데, 남·북쪽 끝은 사람들이 적게 살고 채소밭 등이 많아서, 봄이 되면 유채꽃 핀 황금들판에 형형색색의 나비들이 날아다녀 사람들이 남원, 북원으로 일컬었으며 성 사람들이 소풍을 즐겼다. 북송대 소순흠은 성 남쪽에 창랑정을 건립하고 스스로 창랑옹이라 했는데, 그는 당대의 저명 문인으로서 당시 소주 부학 남쪽에 삼면이 물에 면한 토지를 구입하여 자신의 은거지로 삼았다. 그가 소주에 내려온 이유는 소주 출신이며 소주 태수를 역임한 적이 있는 범중엄과의 인연과, 당시 그의 숙모가 살고 있었기 때문이지만, 무엇보다도 당시 소주 지역이 이상적인 거처로서 널리 알려져 있었기 때문이다.

한대 『초사楚辭』, 「어부漁父」중에 "창랑의 물이 맑으면 갓끈을 씻고, 창랑의 물이 더러우면 내 발을 씻을 만하네. 滄浪之水淸兮 以濯我纓 滄之水濁兮 可以濯我足."[11]라는 글이 있어 이로부터 그 이름을 취한 것이다. 지금의 창랑정은 이미 과거의 소박하게 정자 한 채만 있어 흐르는 물을 베고 있는 듯한 모

---

11) 『상서尙書』, 「우공禹貢」에 의하면, '창랑'은 형산荊山에서 시작되는 양수漾水가 동으로 흘러서 형주 아래까지 청창靑蒼색의 매우 맑은 하천을 이루니 이를 '창랑'이라 부른다고 하였다. 『초사』, 「어부」편에 전국 말기 초국 충신인 시인 굴원이 당시 초국에서 유행하던 노래 《창랑지가滄浪之歌》를 인용하여 자신을 세상일에 초연한 은둔생활을 하는 창랑어부에 견주었다. 즉 세속의 명리를 초탈한 맑고 높은 기상을 나타낸 내용이었다. 그로부터 창랑은 고상한 은일사상의 이상적 장소가 되었다.

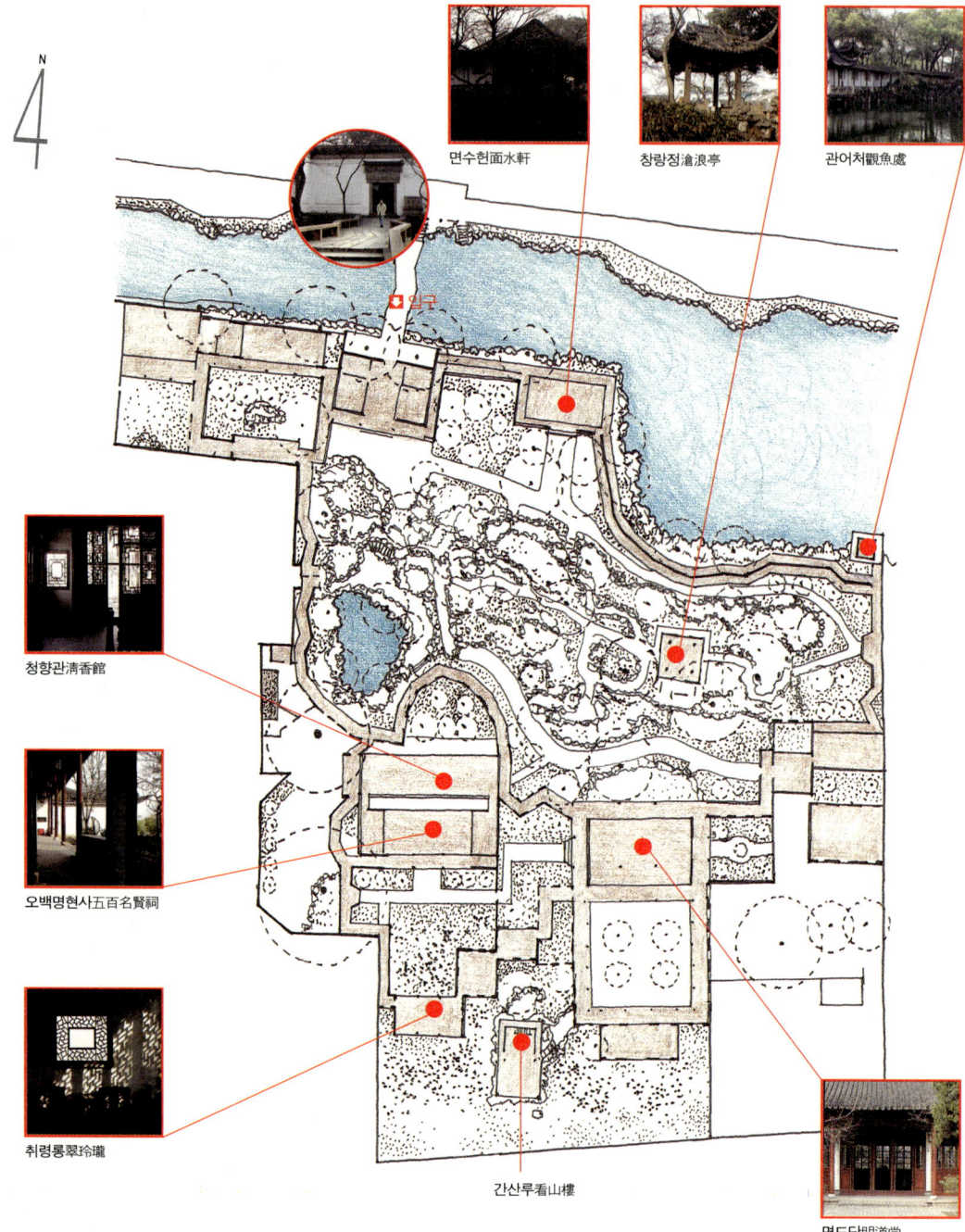

창랑정滄浪亭 | 강소성 소주시 창랑정가 3호 江蘇省 蘇州市 滄浪亭街 3号

정茅亭 개념은 아니며, 물은 발을 씻기에도 내키지 않을 정도이지만, 창랑정의 중심에 있는 '창랑정'은 바로 그 물로부터 나온 명칭이다. 그러나 소자미蘇子美(소순흠의 자字)는 이 원을 만들어 갓끈과 발을 씻는 재미를 겨우 4년밖에 누리지 못하고 세상을 떠났다.

창랑정은 후대의 문인원에 지대한 영향을 미치는데, 실의에 빠진 많은 문인들이 '창랑'을 따라 '졸정', '망사', '퇴사' 등의 이름으로 원을 조성하고, 특히 '창랑'은 여러 곳에서 인용되니, 예를 들어 졸정원과 이원怡園에는 '소창랑'이 있고, 망사원에는 창랑과 관계되는 '탁영수각濯纓水閣'이 있으며, 가원可園에는 '탁영처'가 있다.

후에 창랑정은 장돈과 공명龔明 양 집안에 의해서 갈라지는데, 장돈은 고대계몽서적『용문편영龍文鞭影』에 나오는 인물 오국誤國의 장돈章惇이며, 공씨는 후에 가정嘉定(현재 상하이 가정구)으로 이주하여 원정園亭을 창건하니 그곳이 명원 추하포秋霞圃의 전신이다.

남송 1131~61년에 금金나라에 맞서 항거했던 명장 한세충이 크게 장원을 확대하여 한원이라 불렸다 전해지는데, 금나라와의 치열한 전쟁 중에 언제 원을 조성하여 즐겼는지 의문스럽다.

원·명대에서 민국시대까지 승가僧家의 소유가 되어 묘은암妙隱庵, 대운암大雲庵 등이 건설되면서 원래 문인원의 면모는 많이 훼손되었다.

명대 1546년에 대운암의 승僧 문영이 창랑정을 중건하였고, 청대 1695년에 강소江蘇 순무巡撫 송락이 창랑정의 옛 유적을 찾아보고 전체 원림을 중건한다. 부학府學과 순무위문巡撫衛門에 인접하여 함께 조성하여, 관료와 문인들이 시를 읊으며 술을 마시는 상영수작觴詠酬酢의 장소가 되었으니 오늘날로 보면 상류사회 클럽과 같은 곳이었다. 송락이 승진하여 독무도督撫都로 임명된 후 원은 그의 위상에 맞추어 전 군에서 최고수준이 된다. 그러나 이때 송락이 물가에 있던 창랑정을 산으로 옮기면서 원래의 창랑정 배치 중심이 깨져버렸다.

1 원래 물가에 있던 창랑정이 산 위에 올라섰다. 그래서 '근수원산'은 무색해졌으나 대신 원경은 사방으로 트인다. 그러나 도시화로 인해서 시적 원경은 점점 사라지고 고층건축들이 시야를 막아선다.

2 원림의 동쪽에는 소주미술관이 자리 잡았는데, 느닷없이 서양고전 양식이다. 돌 탁자와 의자가 소박하게 자리한 창랑정의 대표 건축 창랑정에서는 아쉽게도 창랑고사의 흔적을 찾을 수가 없다.

3 마음으로만 맑고 푸른 滄浪 물, 그 위의 돌다리 곡교를 지나 이미 세계유산으로 세속적 격만 한참 오른 창랑정에 들어선다. 문밖의 물도 주체가 되어야 하나 여기 경계가 있으니 반쪽 창랑정이 되고 만다. 창랑정 입구 사진.

    건륭은 남순 때 네 차례나 소주에 왔는데 그때마다 창랑정을 다녀갈 정도로 창랑정은 소주의 다른 원림들에 비해 독특한 맛이 있으며, 특히 전체 분위기가 우리 나라 사람들의 정서와 맞고, 수많은 증축과 개조가 이루어졌는데도 창건 당시 송대의 다소 질박한 성격은 오늘날까지 남아 있다.

    1827년 포정사 양장거는 전 원을 중수하며, 순무 도주는 원 내에 '오백명현사五百名賢祠'를 건립하였고, 1873년 순무 장수성이 다시 중건하면서 원의 문에 '오백명현사'라는 횡액을 단다.

    1919년 소주미술전문학교[蘇州美專] 교장이며 미술가인 안문량이 창랑정 관리책임자로 임명된 후 명원이 쇠락한 것을 목도하고, 자금을 모으고 학생들의 노력까지 동원하여, 1년 후 원의 옛 모습을 복구하게 되므로 하늘과 땅이 함께 만든 미술전문학교[美專校]의 아름다운 정원이 된다. 항일전쟁 때

잠시 일본군의 사령부가 되어 다시 퇴락하였다가 1955년 중수하여 오늘에 이른다.

소주의 다른 원림에 비해서 창랑정[1]은 개방된 공공원림으로 그 형상이 독특한 편이다. 우선 원림의 일부가 공도公道에 마주하여 공유하고 있으며, 공도와의 사이에 일반 원림의 중심요소인 물 공간, 연못이 있는데, 이 또한 공공수로와 연결되어 길게 펼쳐진다. 원 중앙구역에 높은 산을 만들어 전 구역의 주체가 되며, 산의 남쪽에 청廳·당堂·헌軒·관館을 두어 산을 바라보게 하였다. 산의 동쪽과 북쪽은 원 외부의 경관을 관상하며 회유할 수 있으며, 그리 크지 않은 원 내 척도를 노출하지 않으면서 더욱 풍부하게 만든다. 창랑정의 제일 큰 매력은 공공의 길을 따라 이어지는 연못을 북부에서 관망하는 것인데, 백색의 벽, 회색 지붕 및 녹색 수림이 한데 어우러지는 물그림자의 잔잔한 흔들림은 시간과 계절에 따라 독특한 감흥을 불러일으킨다.

원 내의 작은 연못은 수위가 매우 낮아서 그윽하고 어두운 산속에 있는 듯하며, 원 외부의 밝고 명랑한 수면과 대비된다.

창랑정에서 먼 거리 차경 요소는 대운암大雲庵으로, 북쪽으로 가원可園을 면하고 대운암의 경물은 창랑정 안으로 들어온다. 그러나 이미 도시화가 된 주위환경은 함께 어울리기 어려운 풍경이 되었다. 이곳의 회랑은 다양한 누창이 유명하며 문양이 108가지나 된다.[4,5,6]

청대 양장거는 구양수의 '창랑정' 중의 "맑은 바람과 밝은 달은 값을 매길 수 없거늘, 단지 4만 전에 파는 것이 안타깝구나. 清風明月本無價, 可惜只賣四萬錢."와 소순흠의 '과소주過蘇州' 중 "푸른 버들과 백로 모두 여유롭고, 먼 산과 가까운 물 모두 정감이 넘치네. 綠楊白鷺俱自得, 近水遠山皆有情." 양 구절을 합하여 "청풍명월본무가, 근수원산개유정"이라는 글귀를 남겼으니, 전체 원을 한마디로 잘 설명한 글귀가 되었으며, 현재 창랑정 내에 걸려 있다.

오백명현사五百名賢祠

오백명현사 내에는 '오백명현화상석각五百名賢畫像石刻'이 있는데, 1827년 도주陶澍가 강소순무를 할 때 오중명현화상 560여 폭을 수집하여 장인에게 명하여 석판에 모각하게 하였으며, 이후 추가로 증각하여 도합 125방方, 594폭이 되었다.

4 청향관清香館의 북쪽 원은 명도당으로 이어지는 회랑을 휘돌아가게 하여 만들었다. 곡랑벽에 있는 다양한 모양의 누창이 배경이 되는 원에는 계수나무를 심어 가을에는 계화 향기가 가득하다.

5 회랑벽에 펼쳐진 누창의 향연은 창랑정의 묘미 중 하나이다. 외형과 문양은 우선 시선을 끌어당기고, 그 너머 언뜻 보이는 풍경은 호기심을 불러 일으킨다. 때로 빛과 그림자가 함께 찾아오면 나무를 비롯한 자연과 흰 벽, 기와 등의 인공물이 한데 잘 어울린다.

6 곡선의 회랑으로 둘러싸인 호박형 연못은 늪처럼 아래로 가라앉아 있다. 회랑의 누창은 가지가지 모양을 하고 공간연출의 조연자 역할을 효과적으로 수행한다.

7 청향관의 향기는 계향이다. 북으로 향하며 남으로는 오백명현사와의 사이에 좁은 공간만을 두었으므로 대체로 어둡고 동·서쪽의 빛은 더욱 강렬하게 스며든다.

8 입구 쪽에서 오백명현사로 접어들면 벽과 일정 간격을 두고 서쪽 벽을 둥글게 에워싸는 회랑을 만난다. 단조로운 회랑에 변화를 주어 중간 기착지를 암시한다.

9 오백명현사의 정면은 넓은 편이며 남으로는 비교적 열려 있다.

10 오백명현사의 원에서 명도당으로 연결되는 월량문에는 '주규周規'라는 액자가 있는데, 『예기禮記』, 「옥편玉篇」의 "둘레는 컴퍼스에 들어맞으며, 꺾임은 곡척에 들어맞는다. 周還中規, 折還中矩."에서 취한 것으로, 모든 일에는 법도가 있다는 뜻이다.

면수헌面水軒

면수헌[11]은 주 산의 북쪽 계류에 면해서 북쪽 회랑과 연결되어 자리 잡고 있으며, 북쪽과 동쪽에 물을 면하고 사면의 시야가 열려 있기 때문에 시원하다. 그리고 내부에서는 시야의 방향에 따라 다양한 경관의 변화를 느낄 수 있다. 헌의 이름은 두보의 《회금수거지懷錦水居止》가운데 "층을 이룬 건물 모두 물을 마주하고 있고, 고목들은 서리 맞고 서 있네. 層軒皆面水, 老樹飽經霜."에서 취하였으며, 물에 면해 있고 마치 배와 같다 하여 '육주수옥陸舟水屋'이라는 편액이 걸려 있다. 헌의 북쪽과 동쪽은 물에 면하여 있고, 남쪽에는 고목 여럿이 층을 이룬 건물들을 열병하는 것 같으니, 두보의 시에 담긴 의경이다.

관어처觀魚處

원의 동북쪽 계류가 비교적 넓어져서 마치 큰 연못처럼 된 곳에 '관어처'[12]라는 이름의 상큼한 방형 정자가 있으며, 길게 이어지는 복랑複廊의 동쪽 끝 지점이다. 두 개의 돌기둥만 물에 잠겨 있지만, 정자 전체가 늘 물 위에서 아른거린다. 이 정자는 아주 작은 한 칸의 공간이지만 전체 원을 끝까지 확장하고 중간 단계의 감흥을 끌어올리는 데는 어떤 다른 큰 규모의 건축 못지않게 그 역할을 하고 있으며, 이름은 『장자』, 「추수秋水」에서 나왔다.

[11] 회랑의 동북쪽 끝 관어처에서 바라본 면수헌. 입구에서 물길을 타고 흐르던 회랑이 물길로 돌출한 곳에 크게 쉴자리를 편 곳이 면수헌이다.
[12] 관어처

명도당明道堂

명도당은 북쪽으로 주 산을 마주보는 형국이며, 남쪽으로는 조용한 대칭형 원을 두고 건너편에 '요화경계瑤華境界'라는 작은 헌軒으로 마무리하였다. 또한 동서로도 각각 작은 원을 두었는데, 동쪽은 남쪽 원의 축소판처럼 정돈된 정방형인 데 비해 서쪽은 변화가 매우 심하며, 이는 회랑의 형식에 기인한 것으로 건축형식이 일본의 안행형雁行型 주택을 닮았다. 당의 이름은 소순흠의 『창랑정기』 중 "보고 들음에 사특함이 없으면 도가 이미 밝은 것이다. 觀聽無邪, 則道已明."에서 나왔다.

13 요화경계에서 바라본 명도당. 원은 대칭형으로 단순하다.
14 명도당에서 요화경계로 이어지는 회랑은 전통적 관아의 형식이며, 원 안으로는 열려 있고, 원 밖으로는 누창으로 연결된다.

취령롱翠玲瓏

　오백명현사 남쪽에 명도당 회랑과 연결하여, 삼단으로 꺾이어 건축의 마지막에 자리 잡은, 취령롱은 대나무가 주제이므로 주변에 대나무가 많다. 창랑정은 소주 원림 중 일찍이 대나무를 많이 사용하였고, 그 품종도 제일 다양한 것으로 알려져 있다. 창밖에 어른거리는 대나무의 그림자는 건너편 담벼락에 비추고 맑은 바람은 옷깃에 스미니, 문인들의 빼어난 상영작화觴詠作畵의 장소였다. 이름은 소순흠의 시 《창랑회관지滄浪懷貫之》중 "가을 단풍도 숲 속에선 붉은 빛 옅어지지만, 햇빛이 대숲 뚫고 들어오면 푸른 빛 영롱하다네. 秋色入林紅黯淡, 日光穿竹翠玲瓏."에서 나왔다. 취령롱 앞뒤로 대나무가 울창하며, 내부에 있으면 녹빛이 가득하고 미풍에 흔들리는 이파리와 줄기를 볼 수 있다.

15,16 취령롱의 창들은 일정한 규칙이 있으나 저마다 개성이 있다. 대신 창밖의 차경은 평범하다. 제일 남쪽 실의 창들.
17 세 단으로 꺾어진 취령롱의 제일 북쪽 실의 창.
18 취령롱 동쪽의 창은 남쪽 창을 타고 스며오는 빛들과 함께 호흡을 한다. 섬세한 빛이 무늬의 빈 곳을 채운다.

19 복잡할 정도로 교묘하게 꾸며진 원림을 보다가 문득 버려진 벽과 우연히 살아난 작은 나무 한 그루가 만들어낸 그림에 마음이 간다. 물론 그 연출조차 의도적일지도 모르지만······.

20 시간의 흔적이 묻어 있는 회색 벽에 기댄 검푸른 대나무는 한 폭의 살아 있는 그림이다. 의도가 아니더라도 그것은 작품이다. 자연과의 결합에는 항상 우연이 존재하며, 그것은 종종 오히려 인간의 능력으로는 불가능한 경지를 이뤄낸다.

공간 해석

외부경계를 흐르는 물은 창랑정의 성격을 규정짓는 요소이며, 도시화 이후에는 도시와 함께 호흡하는, 공공에 열린 독특한 원이 되었다. 대신 원 내에는 심하게 굴곡진 회랑으로 감싼 폐쇄된 인공 늪지를 만들어 주요 기 흐름의 성격을 대비시킨다. 반면 북쪽으로 치우친 건축군들에서도 대칭적이고 정방형의 내정을 갖춘 군과 기하학적이지만 불규칙한 형식의 군을 대비시킨다. 그 외부공간에서도 기 흐름의 강렬한 대비현상이 일어난다. 일반적인 경우와 달리 산을 넘어 물을 접하니 주 청에서는 주요 물 공간을 볼 수 없으며, 산에 올라 창랑정에 앉든지 물가의 회랑으로 직접 발길을 옮겨야 물을 대할 수 있다. 물론 이 물 밖은 열려 있으므로 이때의 기 흐름은 물 건너 도시환경과 함께 교차되며 흐른다.

21 창랑정 문을 나서면 원림은 물속으로 든다.
22 간산루看山樓 아래는 인심석옥印心石屋이라는 문액이 새겨진 돌집이다. 바위동굴을 흉내 낸 것으로 창 없이 늘 그늘이 지므로 여름에도 시원하다.

23, 24, 25 회랑을 따라 돌면서 동선을 유도하는 통로의 개구부는 그 여러 형상이 가벼운 농담처럼 살짝 미소 짓게 한다.

環秀山莊
환수산장

깊은 계곡과 절벽 사이를 잇는 다리 등은 마치 소인국을 걷는 듯한 착각에 빠지게 한다. 인공이 자연스레 자연이 되었다.

1807년 첩산 거장 과유량이 화가 손균의 요청에 따라 호석가산 일군을 만들어 주위와 어울리게 하였다. 유독 운무가 끼일 때나 아침저녁으로는 하늘 아래 그 솜씨를 겨룰 이가 없다.

    명 만력 연간 이부상서吏部尙書 신시행이 처음 창건하였다. 처음 터는 오대五代 때 광릉왕廣陵王 전원요의 금곡원金谷園 구지로 전해 오는데, 북송대 1094~98년에 부학교수府學敎授 주장문의 낙포樂圃가 있었고, 원 중에는 26경景이 있었으며, 산림이 우거져 그윽하고 운치가 있었다고 전한다. 원대에는 장적이 경영하였고, 명대에는 화가 두경의 소유였다. 장학군의 다른 고증에 의하면 금곡원과 낙포의 유지는 경덕로 남쪽의 이미 훼손된 필원畢園, 즉 '소영암산관小靈岩山館' 일대이다.

    신시행은 유원 주인 서태시의 조카로 소주에 여덟 곳의 택원을 가지고 있었으며, 이곳은 그 중 하나이다. 청 강희 초년, 신시행의 손 신욱암이 개축하여 거원蘧園이라 하였다.

    1736~95년 형부원외랑刑部員外郞 장즙, 금석명가인 상서尙書 필원, 다시 문연각대학사文淵閣大學士이며 『사고전서四庫全書』 총찬관總纂官인 손사의가 원의 주인이 된다.

    1807년에는 첩산 거장 과유량이 손사의의 후예, 화가 손균의 요청에 의해서 호석가산 일군을 만들어 주위경관과 어울리게 하였다. 200년이 지난 오늘날 서재는 이미 훼손되었으나, 과유량은 조원사상 불후의 명작을 남기는데, 유독 운무가 끼일 때나 아침저녁으로는 하늘 아래 그 솜씨를 겨룰 만한 이가 없을 정도이다.

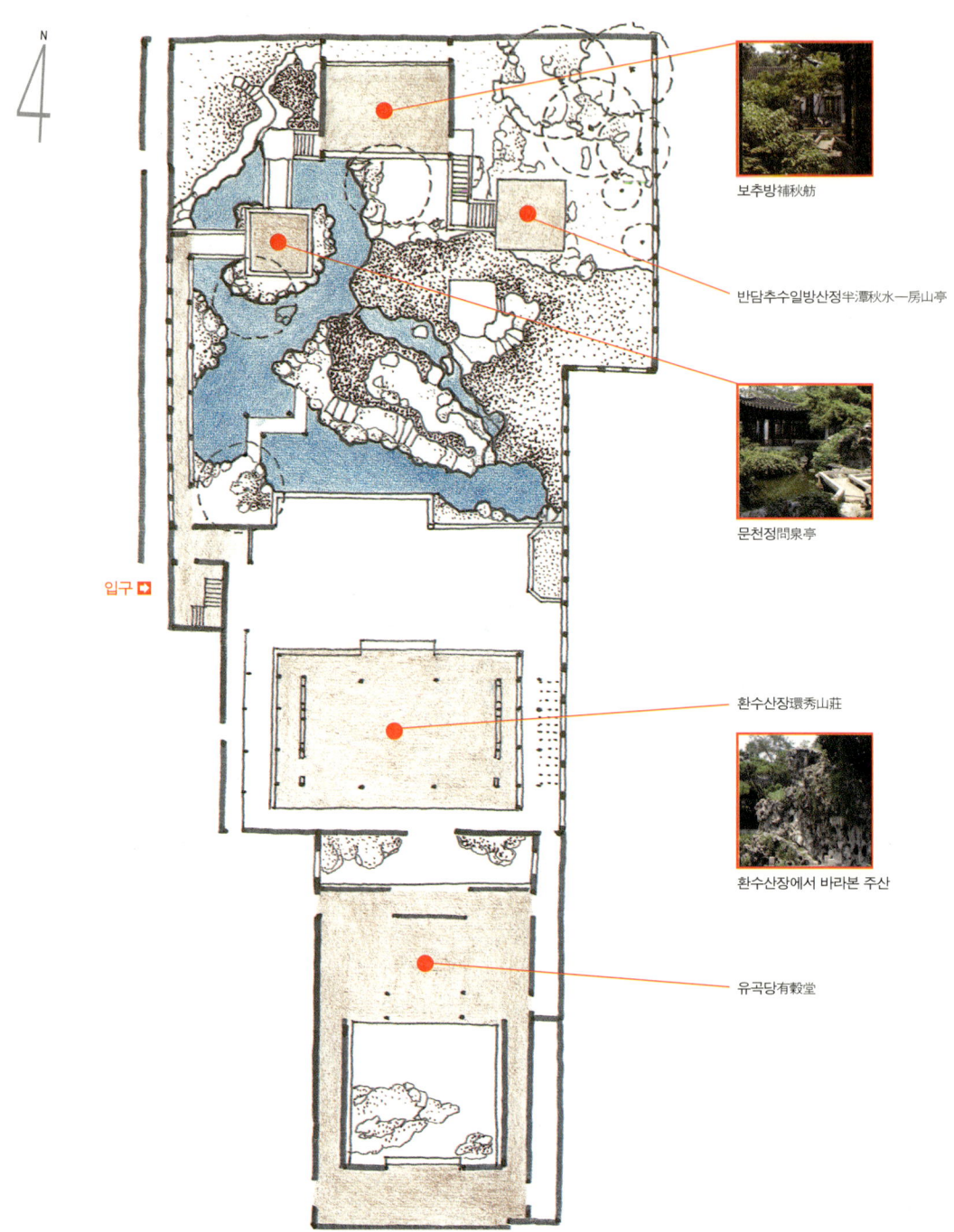

보추방補秋舫

반담추수일방산정半潭秋水一房山亭

문천정問泉亭

환수산장環秀山莊

환수산장에서 바라본 주산

유곡당有穀堂

입구 ➡

환수산장環秀山莊 | 강소성 소주시 경덕로 262호 江蘇省 蘇州市 景德路 262号

1841년 손씨가 다시 벼슬살이를 하러 떠나자, 1849년 왕조, 왕응조의 손에 넘어가며, 그들은 왕씨 종사를 건립하여 '왕씨경음의장汪氏耕蔭義莊'이라 명명하고, 겸해서 원을 중수하여 이름을 환수산장環秀山莊 또는 이원頤園으로 불렀다.

이후 수차례의 병란을 겪고 1898년 가을 중수 후 다시 군이 주둔하여 심각하게 훼손되었고, 공산 정부 수립 후에는 원 중에 덩그러니 보추방補秋舫만 있는 적적한 모습이었다.

1956년 이곳에 소주 자수연구소가 설립되었으며, 당시 원호파鴛蝴派 명가 주수견의 글에는 이곳의 가산과 혜음원蕙蔭園의 수가산水假山을 일컬어 "소주원림의 쌍벽"이라고 하였다.

1964년 '문천정問泉亭'을 건립하고, 1979년 '반담추수일방산정半潭秋水一房山亭'을 중건하였으며, 1985년에는 동준 선생의 자료와 왕성백의 기억에 의해서 전면 수복하게 된다.

환수산장은 면적이 크지 않지만 소주원림의 첩석가산[5]의 진수를 보여주는데, 전체적으로는 연못 동쪽의 주 산과 북쪽의 차 산 사이에서 유려한 곡선을 그리고 있는 형국이다. 전체 크기는 작지만 변화가 풍부한 편인데, 산의 경관과 공간의 변화도 크고, 위경危徑· 산동山洞· 수곡水谷· 석실石室· 비량飛梁· 절벽 등의 요소들이 잘 어울리고, 산 밖에서 볼 때 청청廳· 방舫· 누樓· 정亭 등의 관망점이 먼 곳과 가까운 곳, 낮은 곳과 높은 곳에 다양하게 존재한다. 그러므로 산의 면면이 달리 보이고, 걸음걸음마다 산경이 다르다. 산의 척도는 비록 작지만, 자연산수 가운데 봉우리와 언덕과 동굴과 수직으로 높은 형상이 제한된 공간 안에서 개괄적으로 잘 담겨 있다.

원은 남북으로 길고 동서로 협소한 편인데, 사면으로 열린 환수산장이 원을 남북으로 분리한다. 북부는 주체가 산수 공간이며, 호석으로 된 산이 구도의 중심이다. 산의 남면은 물을 사이에 두고 대청과 대응하며, 서면은 기복이 있는 회랑과 누가 있으며, 동북으로는 높은 담장으로 차단되어 있다.

이는 '절계단곡截谿斷谷'을 의미하는데, 산체山體만을 말하는 것이 아니라 하늘과 땅을 모사한 구체적인 상징이며, 사의寫意의 한 방법이다. 북쪽의 보추방補秋舫과 반담추수일방산정 및 문천정問泉亭은 높낮이를 달리하며 한 쌍을 이루어 주 청의 밝은 감각과 대조적으로 산간 풍경을 연출한다.

산경이 주체가 되면 원림은 선명하지 않은데, 예를 들면 사자림은 호석산이 중심이나 실제로는 산이 크고 물이 넓어 곳곳에 의미가 있지만 중심 개념이 약하고, 양주 개원個園은 바위를 이용하여 봉우리를 나누고 긴 누와 수면이 연결되어 짜임새나 생동감이 부족하고, 상해 내원內園은 과장된 호석소산이 중심인데 주위의 건물들이 너무 커서 비례가 맞지 않다. 우원耦園은 황석가산이 중심인데 곡절이 좁고 길며 수위가 낮은 수월지受月池에 면하여, 인생이 순탄하지 않고 곡절이 있는 것과 같은 느낌인바, 산과 연못 주위로 정자와 회랑이 둘러싸는 형상으로 환수산장과 수법이 유사하다.

이 원은 수경이 풍부한데, 산 아래의 연못, 산 속의 계곡, 서북쪽 모서리와 동남 주 산의 동쪽에 있으나, 현재는 흐르지 않는 폭포, 오랜 기간 말라 있는 반담추수일방산정 변의 작은 연못, 비설출飛雪出 아래의 샘인 비설천飛雪泉 등이 있다.

소주의 삼절三絶로는 문징명이 심은 졸정원의 등나무, 직조부서원織造府西園의 서운봉瑞雲峰, 그리고 환수산장의 가산을 꼽는다.

1 계곡 사이로 건축이 드러나면 비로소 기준척도가 달라진다. 산은 다시 작아졌지만 역시 자연 산세에 버금하는 풍경이 된다. 관자의 사고에 따라 공간의 거리를 변화시키는 고도의 심리적 공간을 창조한 것이다.

2 중국원림에서 자주 발견되는 자연곡선과 기하학적 직선의 결합은 다분히 의도적이다. 특히 주 경관인 연못과 가산은 자연곡선으로 이루어지는 데 반해서 다리는 직선으로 처리한다.

3 주 건축인 환수산장 월대에서 곡교를 지나면 바로 산에 이르며, 서쪽 회랑을 따라서는 산속 건축들을 우선 만난 후에 산에 이르고, 두 길은 하나로 연결된다. 연못 건너 보이는 건축은 문천정이다.

4 보추방에서 남쪽을 바라보면 오른쪽은 문천정의 장식된 지붕 끝이 보이고 왼쪽은 환수산장의 지붕 용마루가 보인다.

공간 해석

인공, 인공적 자연 그리고 그에 기댄 자연이 만드는 기의 흐름은 원래 자연에서 발생하는 기의 흐름과 어떤 차이가 있을까? 이 원에서 일어나는 의문이다. 가산은 분명 인공이지만 자연재료를 사용하였고, 자연처럼 만들고자 했던 것이므로 자연적인 의가 담겨 있다. 만일 자연의 바위를 둘러싸고 이러한 건축들이 만들어졌다면, 자연성은 훼손되어 원래의 기는 죽어버릴지 모른다. 그러나 인공성에 기대어 살아나는 자연의 기는 의도적이므로 건축 공간과 조화되어 정제된 또 다른 기를 분출한다. 작은 규모에 비해서 기 흐름의 유형은 다양한데, 주 청 부분은 산을 마주하고 흐트러짐과 정체를 반복하면서 그 기가 쾌활하다. 유곡당有穀堂의 작은 원은 군더더기 하나 없이 단정하여 기 흐름은 매우 정적이며, 보추방 지역은 입체적으로 변화가 심하지만 기 흐름은 그윽한 분위기를 따라서 천천히 유동한다.

5 환수산장은 확실히 가산이 주경이며, 이 가산은 중국원림건축의 수많은 호석가산 중에 가히 최고봉이라 할 수 있는데, 가산 속에 만들 수 있는 갖가지 풍경들을 총망라하여 가산의 진면목을 보여준다.

6 깊은 계곡과 절벽 사이를 잇는 다리 등은 마치 소인국을 걷는 듯한 착각에 빠지게 한다. 인공이 자연스레 자연이 된다.

7 바위 동굴을 통해서 차경하는 풍경은 자연의 생명들과 거리낌 없이 어울린다.

8 보추방과 북쪽 담장 사이를 버려두지 않고 작은 원을 만들었다. 보추방 내부에서 창문을 통해 차경할 요소들이 있음직한데 복원되지 못한 것으로 보인다.

근로소원의 월량문을 통해 주 원을 바라본 모습

수면은 집중되어 있어 옹색하지 않으며 품격도 자연스럽고 소박하여 초기 창건 때의 면모가 남아 있다. 경관들은 북쪽을 향하고 있어 역광이 주는 깊고 그윽한 맛도 있다.

예포의 전신은 취영당醉穎堂으로 절강부사浙江副使를 역임한 원조경이 벼슬을 떠난 후 옛 보림사寶林寺 동북쪽의 버려진 늪에 건립하였다.

원은 오문예단의 제주인 문징명의 손자 문원발이 구입하여 그의 아들 문진맹(부재상급인 동각대학사東閣大學士 역임)에게로, 다시 문진맹의 동생인 문진형에게로 이어진다. 문진형은 남명엄당南明閹黨 잔여세력인 마사영, 원대월과 함께 청에 집단 항거하는데, 청병이 남은 명세력 제거령인 '치발령薙發令'을 내리자 분연히 강으로 투신하나 구출되어 6일간 절식한 후 피를 토하고 죽는다. 문진맹은 집에 내려와 있을 때, 문진형의 도움 아래 원씨 폐원을 정돈하고 '약포葯圃'로 개명하니 향기나는 풀을 기르는 圃를 의미한다. 또한 '약葯'은 약초인 '백지白芷'를 가리키는데, 『초사楚辭』에 상용되어 맑고 그윽하며 고결한 현사를 상징한다. 문씨는 굴원屈原을 깊이 흠모하였고, 『초사』를 통독하여 원의 이름도 이렇게 지은 것이며, 원림의 배치도 『초사』의 유운遺韻에 있는 것이다. 이때의 배치 및 경관 등이 오늘날 예포의 기본이 되었다.

청 강희 연간에는 강채가 약포를 구입하여 중수하고 '이포頤圃'라 불렀으며 후에 '경정산방敬亭山房'이라고도 하였고 나중에 '예포'라 칭하니, '頤'와 '藝'는 중국어 발음이 '이'로 같고 '藝'의 뜻은 '종식種植'을 뜻하여 만주족과의 이족합작異族合作을 의미한다. 강채는 기개가 대단하고 강직한 인물이었

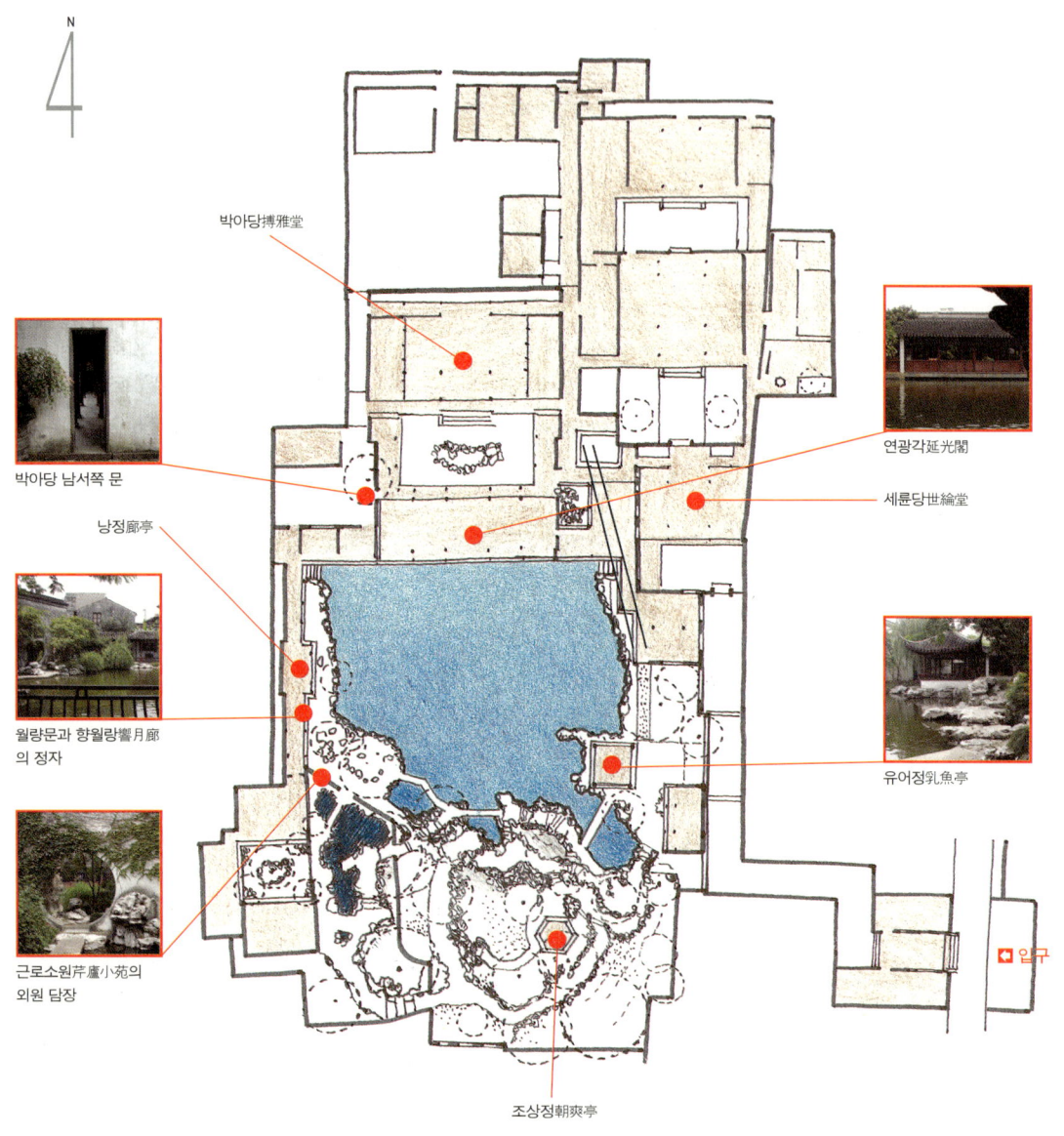

예포藝圃 | 강소성 소주시 천고전 문아롱 5호 江蘇省 蘇州市 天庫前 文衙弄 5号

1. 예포의 주택 입구에 있는 원. 길에서부터 세 번을 꺾어서 다다르는 주택부분의 전 청인 세륜당世綸堂의 전 원前院이다.
2. 주택의 대청인 내초당萊草堂은 당호와 같이 별다른 장식 없이 단아하여 원 주인의 고매한 인격을 대변한다. 전형적인 소주 지역 주택 내 원형식인 장방형 원의 크기도 적절하다.

는데, 상소로 숭정崇禎을 화나게 하여 곤장을 맞아 거의 죽을 정도가 되었으나, 강등 복직되어 선주위宣州衛(현 안휘安徽 의성宣城)가 되었다. 그 후 남명홍광제南明弘光帝의 사면을 받아 모친을 모시고 남으로 내려와 문씨 고택에 머무르게 되는데, 선주 경정산敬亭山을 그리워하며, 스스로 호를 '선주노병宣州老兵'이라 하고 30년간 세상을 잇고 지내다가 결국 경정산에 묻힌다.

이후 원의 주인이 계속 바뀌다가 1839년 소주주단업공회蘇州綢緞業公會인 '칠양공소七襄公所'가 되며, 문인원으로서의 기질은 유지하되 규모는 축소된다. 민국혁명 후 주택으로, 교사로, 혹은 극단, 민간공예장 등으로 사용되다가 1982년 다시 원으로 개관된다.

전체적으로 배치가 간단하고 쾌활하며 연못 주변도 평탄한 편이다. 수면은 집중되어 있어 옹색하지 않으며 품격도 자연스럽고 소박하여 초기 창건 때의 면모가 보존되어 있다. 주체는 원의 절반 이상을 차지하는 연못인데, 이 때문에 시원하게 트인 느낌이다. 연못은 호소형이며 동남쪽에 면해 있고, 물을 건너는 남쪽의 다리들이 대표적 경관이다. 흙과 돌과 울창한 숲으로 조성된 경상景象은 자연산림의 일각을 방불케 하고, 경관들은 북쪽을 향하고 있어 역광으로 인한 깊고 그윽한 맛도 있다. 예포에서 산은 사실寫實이며 물은 사의寫意이다.

동편 길에서부터 세 번을 꺾어서 원에 이르는 특이한 진입동선을 사용하는데, 주 원이 남쪽에 있고 주택군은 북쪽에 있으므로 주택의 전청인 세륜당[1]에 이를 때까지 서쪽으로 원을 끼면서 주택에 진입한다. 누창을 통해서 언뜻 보이는 주 원의 풍경은 주택 부분을 지난 후에야 활짝 열린다. 입구에서 어두운 주택의 좁고 굴곡진 길을 지나 갑자기 펼쳐지는 햇빛에 반짝이는 정갈한 연못은 감탄이 절로 나오게 한다.

박아당博雅堂, 근로소원芹廬小園

주요 청당인 박아당博雅堂은 북쪽에서 남쪽을 향해서 자리하고 전형적인 격수면산이 된다. 박아당에서 원림의 서쪽 회랑 향월랑響月廊[4,6]을 타고 이르는 서남쪽에 근로소원芹廬小園이 있어 마치 주 원의 여음이 잔잔하게 끊어지지 않는 것처럼 느껴지니, 이것은 전형적인 명대 원림의 형국이다. 예포의 진면목은 내원이라 할 수 있는 한 군의 서재건축군과 외원이라 할 수 있는 작은 연못이 있는 원이 결합한 이 소원에 있다고 할 수 있다. 근로소원은 남으로는 남재南齋, 북으로는 향초거香草居, 서로는 학채鶴砦라는 편액이 붙은 건축과 그 사이의 평범한 원으로 이루어졌다. 욕구지浴鷗池[10]는 연못이 주 요소인 외원에서 높게 올린 담장과 그에 달라붙어 계절마다 옷을 바꾸어 입는 덩굴식물 등이 담백한 배경이 되면서 적절히 배치된 나무와 바위들과 함께 어울린다. 근로소원의 '근로'는 재능 있는 학자의 글터란 뜻이다.

3 유어정에서 서쪽을 바라본 모습. 왼쪽에 근로소원으로 통하는 월랑문이 보이고 오른쪽은 향월랑響月廊의 정자이다.

4 향월랑의 회랑벽에는 창을 뚫고 담장과의 좁은 공간을 이용하여 살아 있는 그림액자를 만들었다.

5 박아당에서 남서쪽의 별채와 연결되는 회랑으로 통하는 문은 소박한 수준을 넘어서 선의 경지에 이르렀다. 좁은 문과 대조되는 연결 공간들은 상대적으로 작은 편인 예포의 공간들을 커 보이게 한다.

6 남서쪽 서재건축군의 원인 근로소원 지역과 박아당 지역을 연결하는 서쪽 회랑 향월랑은 주로 수면을 향하여 열려 있다. 그 이름대로 달빛 속에 거닐어야 그 분위기를 제대로 느낄 수 있을 것이다.

7 근로소원에서 산의 남쪽 길을 타고 산 위의 조상정朝爽亭을 바라본 모습. 초기에는 먼 풍경의 관망처 역할도 했으나 현재는 다른 건축들에 막혀서 볼 수 없다.

8 근로소원과 주 원림의 가산을 연결하는 길은 자연석으로 포장되었다. 인공적 느낌이 나는 담장이 온통 녹색 덩굴식물로 뒤덮일 때면 축소되었지만 마치 야산을 방불케 한다.

9 근로소원의 외원에서 내원인 서재건축군의 원을 들여다본 모습. 외원은 이형을 하고 있으며 내원은 작고 방형이다. 정면으로 보이는 건축이 주 청인 학채이다. 학채는 원래 학을 길렀던 장소로 알려져 있다.

10 근로소원의 외원에서 주 원림을 향해 서면 주 원림과 격리한 높은 담장이 우선 눈에 들어온다. 주 원림의 연못과 대조되는 작은 연못은 갈매기의 목욕장소인 욕구지이다. 내원에 들기 전에 돌다리를 건너게 하여 작은 공간에서도 변화를 모색하였고, 돌다리와 담장 및 월량문의 기하학적 형상에 반해 돌과 연못 및 식물은 자연적 형상을 유지하여 대비적 조화를 이끌어냈다.

연광각延光閣, 유어정乳魚亭

1821~50년에 박아당과 연못 사이에 소주 원림 중 최대의 수사水榭 연광각[12,13]이 건립되니 길이가 31미터이고, 지붕은 하나로 연결되어 있으며, 처마는 수평으로 곧바르게 있어 매우 단조로운 구성이다. 전체 건축군에서 세부장식에 이르기까지 소주 원림에서 아직 보지 못한 천진난만한 형식의 각閣이 마치 하늘 밖으로 용이 나는 것 같다. 연광각 동쪽에는 작은 중정식 원을 끼고 양곡서당暘谷書堂이, 서쪽에는 사경거思敬居가 물가를 따라서 연결되어 건축은 단조로울 정도로 수평으로 펼쳐진다.

11 근로소원 월량문 앞에서 유어정을 바라본 모습.
12 원림의 주 건축인 박아당에서 바라본 주 관망처 연광각은 온통 붉은 칠의 목재로 구성되었다. 연광각은 남북이 모두 창으로 되어 시각이 트이지만 박아당에서의 직접 관망은 용이하지 않다.
13 주 가산 동굴에서 주 연못과 연광각을 바라본 모습.

14 초라할 정도로 장식 없이 수평으로 긴 수랑은 분명 내부의 시각 위주로 만들어진 것이다. 그것은 동아시아 건축의 주안점이기도 하다.

연못 남쪽의 토산 동·서·남쪽은 높은 담장이 둘러싸고 있는데, 후에 개수하면서 점점 바위를 많이 추가하여 오늘날의 모습이 되었다. 가산과 가까운 연못의 동남쪽에는 유어정乳魚亭[11]이 물과 가산을 평행으로 바라보고 있으며, 산의 동쪽 높은 곳에는 '아침마다 상쾌한' 조상정朝爽亭[7]이 자리 잡았다.

공간 해석

건축이 원의 삼면을 둘러싸고 남은 한 면은 산으로 막았다. 그래서 원에는 조용한 연못 하나만 남았다. 세 개의 다리가 걸린 연못은 다리에 의해 분절된 작은 부분과 주 연못 사이에 감각적 대비가 일어난다. 원 중 원인 근로소원은 그 자체로 내원과 외원을 가지고 있다. 내원은 정형이지만 심겨진 나무 때문에 변화가 있고, 외원은 부정형이지만 기 흐름은 오히려 정갈하다. 내외 원 사이는 주 원과의 주 통로처럼 월량문[15]이 걸려 있는데, 두 문은 비스듬히 마주본다. 외원과 주 원의 통로는 각기 다른 성격의 세 가지이며, 주 원의 감각도 세 가지다. 물론 반대로 주 원에서 진입할 때의 감각도 저마다 독특하다. 작은 면적의 원을 가지고 다양한 변화를 연출하는 공간구성기법은 놀랍다. 교묘히 구획된 담장은 기 흐름의 조정판인데, 방향과 높이 및 구성요소 등이 매우 감각적이다.

15 주 원림에서 근로소원에 진입하는 월량문은 서재건축군의 월량문과 비켜 겹치며 예기치 못한 공간의 변화를 경험하게 한다. 작은 공간들과 조경요소들의 관계가 만들어내는 시각과 공간의 풍부함은 현대건축에서도 충분히 차용할 만하다.
16 가산의 암석 동굴을 통해서 주 원림과 근로소원이 연결된다.
17 애련와愛蓮窩에서 주택 입구를 내다본 모습.
18 연못 동남쪽 물가의 유어정에서 주 가산을 바라본 모습.

留園 유원

청풍지관은 주 산과 함께 연못을 더 담을 수 있도록 활짝 열려 있다. 곡계루 쪽은 작은 개구부로 주 원과 통하되 조금 답답하고, 오봉선관 쪽은 높은 담장으로 둘러싸여 제한된 공간이므로, 감각적으로 대조가 되어 작지만 중요한 역할을 한다.

'**푸른 연못** 속에 숲이 온통 붉게 변하는' 함벽산방, 이곳에서 시작하여 바람이 연못 위에 넘쳐나는 청풍지관까지 연결된 건축군들은 소주 지방에서 으뜸이다.

유원의 전신인 동원東園은 태복시소경太卜寺少卿 서태시가 벼슬을 그만두고 내려온 후 1589년 건립하기 시작하였고,[12] 당시의 첩산명수疊山名手 주시신의 도움을 받았다. 서태시의 부친 서이상은 소주의 삼대 갑부 중 한 사람으로 당시 동원 주위의 토지들이 모두 서씨 집안의 것이었다. 초기에는 서태시의 젊은 친구들인 장주현령長州縣令 강영과와 오현현령吳縣縣令 원굉도가 상객들이었다. 당시 소주성은 장주현과 오현으로 분리되어 있었으니 소주의 최고위 관리들이 늘 유원을 들락거렸다는 얘기이다. 그러나 아무리 현령이라 해도 스물여덟 살이나 아래인 원굉도와 잘 어울렸다는 사실이 쉽게 이해되지 않지만, 아마도 전직일지언정 직급이 더 높았던 서태시가 두 젊은 관료들을 청하지 않았나 짐작한다.

당시 원은 태호석으로 만든 높이 3장丈, 넓이 20장인 돌 병풍 위에 3장 높이의 '서운봉瑞雲峰'으로 유명했으며, 현재까지도 강남 지방 최고의 호석명봉湖石名峰으로 치지만 지금은 다른 곳에 있다.

현재 서원으로 불리는 서쪽의 원도 역시 서씨의 것이었는데, 서태시가 죽은 후 아들 서용은 서원을 불사로 변경하여, 율종명찰律宗名刹 '서원계당율사西園戒幢律寺'가 되었고, 당시 방생지였던 연못이 지금까지 남아 있다.

---

[12] 1522-66년에 최초 건립되었다는 기록도 있음(潘谷西).

원취각遠翠閣　　오봉선관五峰仙館　　관운루冠云樓

명슬루明瑟樓　　곡계루曲谿樓　　읍봉헌揖峰軒

1.호복정濠濮亭 2.서루西樓 3.읍봉헌揖峰軒 4.임천기석지관林泉耆碩之館
5.환아독서처還我讀書處 6.저운암 佇雲庵 7.가청희우쾌설지정佳晴喜雨快雪之亭
8.관운루冠云樓 9.오봉선관五峰仙館 10.원취각遠翠閣 11.급고득경처汲古得綆處
12.가정可亭 13.지락정至樂亭 14.문목서향헌聞木樨香軒 15.화발발지話潑潑地
16.함벽산방涵碧山房 17.명슬루明瑟樓 18.곡계루曲谿樓 19.고목교고가古木交柯

유원留園 | 강소성 소주시 유원로 79호 江蘇省 蘇州市 留園路 79号

1794년 경원부사慶遠府事를 역임한 돌 애호가 유서가 새 주인이 된다. 그는 12개의 석봉을 원 내에 배치하고, 관망장소를 다양하게 만든다. 유서는 소주 출신 청대 최고의 장원이었으며 예부상서를 지낸 한담의 도덕문장道德文章을 좋아하여, 한담의 조부 한치가 기거하던 한벽헌寒碧軒을 본떠서 한벽장寒碧莊이라 개명하였는데, 사람들은 유원이라 불렀다. 당시 원에 많은 백피송白皮松이 있어 "대나무 색은 맑고 차가우며, 물결의 빛도 맑고 푸르구나. 竹色淸寒 波光澄碧."라는 표현이 명실상부한 것이 되었다.

1860년 이후 전란 등으로 피폐해진 원을 1873년 호북포정사湖北布政使를 지낸 성강이 사들여서 유원으로 개칭하고 주인이 된다. 곡원曲園의 주인인 유월이 『유원기留園記』에서 "유원의 이름은 이 세상에 영원토록 남을 것이다."라고 했는데 이미 세계문화유산이 되는 등 현재의 정황으로 보아서 아마도 그렇게 될 것으로 보인다. 1891년까지 여러 차례 중수되면서 동·서양 원은 현재의 면모를 갖추게 되어, '오봉선관五峰仙館·임천기석지관林泉耆碩之館의 대형 청당廳堂·화호월원인수花好月圓人壽·가청희우쾌설佳晴喜雨

1 임천기석지관 전면의 주 원림. 원 중앙의 큰 바위가 관운봉이며, 정면 이층 누각은 관운루이고, 오른쪽 건축은 저운암貯雲庵이다. 왼쪽 정자는 가청희우쾌설지정佳晴喜雨快雪之亭이라는 긴 이름을 가졌는데, 연대가 다른 세 글귀에서 취하였으며, 그대로 옮기면 비가 오나 눈이 오나 다 좋다는 뜻이며, 인생의 굴곡을 은유한 것이다.

快雪' 등의 건축군, 관운冠雲 · 수운岫雲 · 서운瑞雲 등의 석봉이 모두 이때 증설된 것이다. 그러나 지금의 서운봉은 초기의 서운봉과 이름만 같을 뿐 다른 바위이다. 만청 때 소주원림은 대체로 건축물이 많아지면서 현재와 같은 분위기로 변하였는데 유원도 예외가 아니었다. 그러나 '문목서향聞木樨香, 역부이亦不二, 화발발지話潑潑地'[13] 등 선적禪的 냄새가 물씬 풍기는 편액들을 보면 당시 주인의 또 다른 심성을 엿볼 수 있다.

중부와 서부는 청대 중기의 면모를 갖추고 있으나, 동부는 청 말기의 모습이고, 북부는 공활하나 극적으로 정리되어 있다. 중부의 주요 청당 배치는 격수면산隔水面山의 기본적 수법이다. 황색 돌로 이루어진 주 산은 명 말 황산고수인 주시신의 첩석병풍의 유적이다. 그러나 유용봉(유서)이 주인일 때 호석으로 보완한 것이 오히려 유감이다. 서북쪽으로 호방하게 굴곡지는 모습은 다리 위에서 서로 잘 볼 수 있는데 깊은 맛이 있다. 산의 내부는 흙을 사용하여 나무와 꽃을 많이 심었고, 특히 세 그루의 은행나무는 연못에 그림자를 드리우고 전체 원과 잘 조화되며, 낙엽이 지는 가을철과 가지만 남은 겨울, 그리고 석양에는 한 폭의 그림이 된다.

중부 지역 동남부의 원 입구는 성盛씨 사당의 한쪽을 이용하여 길에서부터 연결되어 있는데, 이는 다른 소주원림과 다르게 주택을 통하지 않고 직접 원으로 출입할 수 있게 한 것이다. 이 진입과정에서 적절하게 굽어지는 길과 교묘하게 시선을 차단했다가 열어주는 크고 작은 반복적 공간의 전이 방법이 변화감이 있으며, 마지막에 주 원主園을 만나면 시선이 탁 트여서 경탄을 자아내게 한다. 이 과정에서 지나는, 빛이 있는 작은 공간들은 식물과 바위를 이용하여 간단하게 꾸며져 있으나, 빛이 들어오는 방향과 관람객이 움직이는 방향 등이 고려된 일련의 연속적 공간이다.

---

13) '문목서향'은 계화향에 얽힌 선불교의 고사에서 나온 이름으로서, 생명의 근본은 꽃 향기가 자연스럽게 퍼지는 것과 같다는 내용이며, '역부이'는 도는 직접 얻는 것이지 법문으로 전해지는 것이 아니라는 의미이다. '화발발지'는 불교에서 깨달음의 경계로 삼는다.

2 오봉선관 동편의 읍봉헌 지역은 다섯 개의 작은 원과 네 개의 작은 공간으로 구성된 공간군이다. 만취봉을 중심으로 하는 주 원과 형식과 크기가 다른 소원, 회랑과 정자 개념의 반외부공간 및 내부 공간 등으로 조합되어 복잡할 정도로 다양하다.

3 읍봉헌이 있는 석림소원 쪽과 임천기석지관을 연결하는 좁은 통로에는 걸맞은 햇빛이 들어와 숨통을 열어주며 우아한 자기 모양의 창을 만들어 품격을 유지하였다.

4,5 함벽산방에서 출발하여 주 원림의 서쪽과 북쪽 담장을 따라 돌아가는 회랑은 변화감 있게 산을 오르내리기도 하지만, 담장과 회랑 사이에 다양한 형태의 원을 두어서 독특한 공간을 연출하고 감각적인 지루함도 해소했다.

6 의도적으로 꺾은 회랑의 한 모서리를 이용하여 호기심이 생길 만한 작은 공간을 만들어내는 예술적 감각이 예사롭지 않다.

7 화보소축花步小築 쪽에서 함벽산방 남원 쪽을 본 모습. 열린 개구부로 공간을 연속적으로 잇는 수법은 중국건축에서 많이 볼 수 있는데, 특히 원림건축에서는 비대칭적으로 변화하며 연결되므로 풍부한 감각을 끌어낸다. 강남 지역의 원림건축에서는 외부공간과 반외부공간만을 관통하는 경우도 적지 않으며, 이로써 기의 흐름도 쾌적하게 조절된다.

함벽산방涵碧山房, 명슬루明瑟樓, 청풍지관清風池館

송대 주희의 "하나의 물길이 바야흐로 푸르게 적시더니, 천 그루 숲이 이미 붉게 변하였네. 一水方涵碧, 千林已變紅."라는 시의詩意가 담긴 함벽산방은 단아하고 겸손하여 청대 중기에는 원의 주 청이었으며, 현재는 중부의 산과 연못을 관망하는 곳이다.

함벽산방에서 시작하여 맑은 바람이 연못 위에 넘쳐나는 '청풍지관'[11]까지 연결된 건축군들의 조합은 소주 지방에서 으뜸일 정도로 변화무쌍하고 재미가 있다. 각 층의 기복과 진퇴, 허실의 대조적 변화는 그 도가 넘치는 듯 풍부하지만 혼란스럽지 않으며 비교적 잘 어울린다.

동쪽의 명슬루는 배의 앞머리를 닮았는데, 바람이 불어 풍랑이 일면 앞으로 나아가는 배를 연상케 한다. 명슬루[9]의 편액에는 '흡항恰杭'이라 써 있는데 '항杭'은 통상 배[航]를 뜻한다. 이것은 두보의 시《남린南隣》중 "가을이라 물 깊이 겨우 4~5척, 초라한 작은 배로 막 두세 사람 실어 보내네. 秋水才深四五尺, 野航恰受兩三人."[14]에서 취한 것이다. 그러나 남린에서 두보가 노래한 것은 소박한 농촌 풍경으로서, 야항野航이 뜻하는 어촌의 초라하고 보잘것없는 배와 이곳 명슬루는 그 품격이 도저히 맞지 않는다. 이처럼 강남원림 대부분의 건축 당호가 옛 시나 고사에서 나왔지만 과장되거나 왜곡된 경우가 많고, 좋은 뜻만 취하여 사실상 주인의 이중적 태도를 보여주는 경우도 적지 않다. 명슬루 안 네 개의 홍목의자 뒷면에는 각각 매, 난, 국, 죽 사군자가 조각되어 있다. 이곳에서는 가끔씩 전통 의상을 입고서 옛 악기 연주와 노래를 들려주는 공연이 있어 잠시 옛 정취에 빠져볼 수 있다.

---

14) 760년 두보가 성도의 초당에 있을 때 지은 시이다.

8 주 건축인 함벽산방에서 보는 주 원의 모습. 주인이 주로 거주했던 자리는 가장 좋은 전망점이 된다.

9 곡계루에서 보는 함벽산방과 명슬루. 오른쪽 2층 부분이 명슬루에 해당하며 후면에 연결된 지붕만 보이는 단층의 건축이 함벽산방이다. 주 건축이면서 배를 상징하는 한방루舫의 역할도 한다.

10 명슬루에서 바라본 녹음헌綠蔭軒. 건축의 하얀 벽은 짙은 색의 기와 및 목재와 대조되고, 그림자와 녹청색의 자연과 어울려 강남원림의 주조색이 된다.

11 청풍지관은 주 산과 함께 연못을 온통 다 담을 수 있도록 활짝 열려 있다. 곡계루 쪽은 작은 개구부로 주 원과 통하되 조금 답답하고, 오봉선관 쪽은 높은 담장으로 둘러싸여 제한된 공간이므로, 감각적으로 대조가 되어 작지만 중요한 역할을 한다.

곡계루曲溪樓, 소봉래

곡계루[12]에서는 주 원을 향해서 장방형의 창들이 나란히 뚫려 있어 창을 통해 원의 부분을 읽게 하였다. 다른 각도에서 보면 이 창들은 입체적 작품들을 담고 있어, 곡계루는 시시각각 아름답게 변화하는 살아 있는 산수화 전시장이 되었다.

봉래蓬萊, 방장方丈, 영주瀛洲의 삼신산三神山 선도仙島의 전설은 진秦대 이후 원의 소재로서 많이 이용되는데, 비락지飛落池 가운데 작은 섬인 소봉래小蓬萊 중앙에는 '선계의 학이 내려와 날개를 펼치는' 선학전시仙鶴展翅라는 포장된 꽃길[14]이 있으며, 그 이름에 따라서 섬 양단으로 연결되는 곡교曲橋는 푸른 연못 속에 흔들흔들 비추며 선경仙境을 연출하고 있다. 소봉래 옆 나누어진 작은 연못 변에는 북쪽을 향해 '호복정濠濮亭'[15]이 돌출해 있으며, 『장자』, 「추수」[15)]에서 그 이름을 취한 것이다.

급고득경처汲古得綆處, 원취각遠翠閣

원림건축에서는 적당히 격리해야 할 공간은 층차를 두고 분리하면서도 필요에 따라 좋은 경관을 조망할 수 있도록 배려하였다. 그러나 급고득경

15) 『장자』, 「추수」: 장자와 혜자가 호수濠水 다리 위에서 거닐고 있었다. 장자가 말하기를 "물고기들이 유유자적하며 오락가락 노는구나. 그것은 물고기들의 즐거움일세." 혜자가 묻기를 "자네가 물고기가 아닌데 어찌 물고기가 즐거운지 아는가?" 장자가 묻기를 "혜자는 내가 아닌데 내가 물고기의 즐거움을 모르는 것을 어찌 아는가?" 혜자가 말했다. "나는 네가 아니니 너를 모르고, 너도 물고기가 아니니 물고기의 즐거움을 모르지." 장자가 말했다. "우리가 조금 전에 얘기했던 것을 돌이켜보면, 자네가 내게 말하기를 '자네는 물고기가 즐거운지 어찌 아는가?'라고 했으니, 그 말은 자네가 내가 물고기가 즐거운지 이미 알고 있었다는 말이며 그래서 내게 물은 것이지. 나는 그 다리 위에서 물고기가 즐거운지 이미 알았다네." 莊子與惠子游于濠梁之上, 莊子曰; 多魚出從容,是魚樂也, 惠子曰; 子非魚, 安知魚知樂? 莊子曰; 子非我安知我不知魚之樂?

12 곡계루의 아래층은 폭이 매우 좁아서 조금 넓은 통로와 같으나, 주 원을 향해 적절히 개구부를 만들어 그를 통해서 생동하는 풍경을 보게 함으로써 마치 현대의 미술관과 같은 기능을 한다.

13 곡계루 내부에서 사각 창을 통해서 보는 주 원림. 시각이동에 따라서 그림은 달라진다. 물론 계절과 시간에 따라서도 그림은 계속 바뀐다. 개구부 가까이에 큰 나무가 있어 원근이 더욱 선명하다.

14 소봉래 바닥에는 선학이 날개를 펼치며 날아오르는 그림이 모자이크로 처리되어 있다. 석재, 벽돌, 도기 등으로 원이나 길을 포장하는 방법은 매우 다양하다.

15 소봉래에서 보는 곡교로 분리된 호복형 연못. 오른쪽 정자가 호복정이다.
16 정면의 건축이 원취각이고 오른쪽 건축이 오봉선관에 연결된 서재인 급고득경처이다. 원림을 한 바퀴 도는 회랑이 원취각 아래 자재처 앞을 지나 오봉선관 북쪽 원으로 연결된다.

처[16]는 서재인데도 주 원을 향해 돌출되어 있어 그 의도를 짐작하기 어렵다. 일반적인 원림에서 서원을 둘 경우, 독립된 조용한 곳에 별도의 정원을 두어 격리하는 것을 원칙으로 하는데, 예를 들어서 졸정원의 해당춘오 海棠春塢, 망사원網師園의 전춘이殿春簃 등이다. 이곳 '급고득경처'도 원래는 '청풍지관' 북쪽에서 시작하여 서북쪽에서 꺾어져 다시 당唐 방간方干의 시 "앞산은 멀리 푸른 빛 머금고, 창에 가득 늘어서 있네. 前山含遠翠, 羅列在窓中."에서 이름을 취한 '원취각' 앞을 지나 북쪽의 회랑으로 연결되는 회랑이 있었고, 급고득경처 앞에는 작지만 분리된 정원이 있었던 것으로 알려져 있다.

'원취각'[16]에서는 먼 산을 조망할 수 있고, 아래층은 '자재처自在處'인데, 송 육유의 시 "높고 낮게 자연스레 이루어진 풍경 속에, 빽빽하게도 성기게도 멋대로 꽃이 피었네. 高高下下天成景, 密密疏疏自在花."의 의경意景이다. 즉 자유자재로 거리낌 없는 소천지라는 의미이다. 함벽산방에서 산을 한 바퀴 돌아 회랑을 따라서 온 부자유스러운 회유의 길 종점에서 모든 번뇌를 벗고 텅 빈 마음으로 돌아가자는 의도인지 알 수는 없지만, 강제 순환의 노정에서 잠시 쉴 수 있는 자리임에는 틀림이 없다. 이 반강제적 회랑 중간에 꺾어지는 회랑과 담장으로 만들어진 아주 작은 원들이 흥미로운데, 회유의 발길을 가볍게 할 뿐 아니라 큰 공간 속에서 작은 공간의 가치에 대해 다시 생각하게 한다.

---

16) 당대 시인 한유韓愈의 《추회秋懷》, "학문을 연마하기 위해서는 항심이 필요하며, 그 공부 중에는 한 줄기를 찾아야만 바닥에 이를 수 있다. 歸愚識夷途, 汲古得修綆."에서 그 이름을 취하였는데, 『장자』, 「지락至樂」, "주머니가 작으면 포부가 클 수 없고, 두레박 끈이 짧으면 깊은 우물의 물을 길을 수 없다. 褚小者不可以懷大, 綆短者不可以汲深."와 『순자荀子』, 「영욕榮辱」, "두레박 끈이 짧으면 깊은 우물의 물을 길을 수 없고, 배운 바가 얕으면 성인의 말씀과 함께 할 수 없다. 短綆不可以汲深井之泉, 知不幾者不可與聖人之言."에서 유래하였다.

삼좌석봉三座石峰

청 말의 주인 성강의 아들 성선회는 자신이 아끼는 삼좌석봉의 이름을 취하여, 돌처럼 오래 살라는 여망을 담아 세 손녀를 각각 관운, 서운, 수운으로 명하였다. 하지만 그 중 서운은 요절하였는데, 이후 서운봉이 붙어서 만든 것으로 밝혀지자 그 때문이라 여겨 성선회는 매우 괴로워했다 하며, 관운은 천수를 다하였다고 전해진다. 성선회는 이홍장의 막료로서 신해혁명 때 손문의 반대편에 섰으므로 몇 차례 원을 박탈당하는데, 한 번은 손문과의 개인적인 친분 때문에, 한 번은 장개석의 부인 송애령이 성씨 집안의 가정교사를 했던 인연 때문에 되돌려받게 된다.

17 유원의 주 산은 석양이 지면 한 폭의 그림이 된다.
18 태호석을 이용하여 별도의 독립된 봉우리를 만들기도 하는데, 서양 정원의 구체적 인물상과 대조된다.
19 주 원림의 북쪽 회랑. 뚫린 문양이 있는 창을 통하여 굽이치는 회랑을 보면 다른 층차를 갖는 공간들의 겹침이 무수하게 발생하여 깊이감이 더해진다.

오봉선관五峰仙館

동편은 많은 건축군들로 이루어져 있는데, '강남제일청당江南第一廳堂'의 명예를 가진 '오봉선관'과 '임천기석지관林泉耆碩之館'은 각각 석림石林의 작은 원[1]을 전면에 두고 있다. 오봉선관은 이백의 《망오로봉望五老峰》 중 "여산 동남쪽의 오로봉은 푸른 하늘 아래 금부용을 깎아 놓은 듯하네. 廬山東南五老峰, 靑天削出金芙蓉."에서 나온 것으로, 관 남쪽 정원의 호석첩산湖石疊山을 마치 여산 오로봉처럼 생각한 것이다.

오봉선관의 동쪽 석림소원 지역은 보는 위치에 따라 다섯 봉우리와 두 바위로 표현되는 호석 만취봉晩翠峰을 감상하는 소공간[23]들로 구성되었으며, 바위에 깍듯이 예를 갖춘다는 의미의 읍봉헌揖峰軒[3]이 주요 실이다. 중앙의 주 원을 중심으로 펼쳐진 다양한 공간들이 서로 연결되어 다소 복잡할 정도이지만 독특한 공간전시장이 되었다.

20 오봉선관 북쪽 공간에서 북원을 내다본 모습. 창틀의 문양이 창밖의 꽃잎을 닮았다.
21 서루에서 본 오봉선관의 남쪽 원. 오로봉은 왼편 주 청을 향하여 동쪽 담장에 기대어 있다.
22 오봉선관의 북쪽 원. 남쪽에 비해 돌로 만든 가산은 매우 작고, 주 원림과 연결된 회랑이 있는 북쪽으로 비스듬히 언덕져 있다.

공간 해석

유원은 전체적으로 이동하면서 창과 문들을 통한 차경借景이 여러 층차[多層差]·여러 각도[多角度]이고, 멀리서 혹은 가까이에서 기석奇石을 감상할 수 있도록 되어 있으며, 또한 높은 곳에서는 원경을 내다볼 수 있도록 되어 있다. 예를 들면 동북의 관운루冠雲樓에서는 북쪽의 호구산虎邱山이 시야에 들어온다.

유원의 약 700미터 유랑遊廊 내에는 방형의 돌에 새겨진 약 400여 편의 책(방서조석方書條石)이 있어 이를 '유원법첩留園法帖'이라 부르는데, 주요 번각飜刻은 북송『순화각첩淳化閣帖』 등에서 나왔고, 그 중 '문목서향' 일대에 동진東晉의『이왕법첩二王法帖』, 곡계루 일대에는 당첩唐帖, '환아독서처還我讀書處' 일대에 있는 송첩宋帖이 있다.

민간에서 전해 오는 유원의 세 가지 보물은 오봉선관 내에 있는 대리석 좌병座屛, 관운루 아래 북쪽 담장 중앙에 있는 대형 어화석魚化石, 그리고 6.5미터 높이의 관운봉을 말한다.

서쪽의 주 공간은 전형적인 강남원림의 개념이다. 북쪽 산이 서북쪽으로까지 이어져서 전체 기 흐름은 동남쪽의 연못 모서리로 몰려 내려오는 느낌이지만, 전체적으로 쾌활한 움직임을 보여준다. 남쪽 입구 부분과 연못 동쪽의 막힌 듯 열린 공간들의 개구부를 통하여 주 원의 기는 걸러서 들어와서 반내부 공간과 함께 중화된 새로운 기류를 만든다.

유원 내에도 역시 주 공간에 못지않은 작은 공간들이 다양하게 펼쳐진다. 회유하는 길이 꺾어지면서 발생하는 작은 공간들은 지루하지 않게 기의 변화를 유도하는 역할을 한다. 읍봉헌 주위에 조합된 작은 원들은 마치 건축 공간구성의 실험장으로 보인다.

23 작은 공간들이 연결된 석림소원의 일부분. 열린 창은 때때로 이와 같이 원경의 차경이 아니라 직접적인 자연재의 구성으로 살아 있는 그림을 만든다.
24, 25 석림소원 쪽에서 읍봉헌 내부를 보면 북쪽으로 난 창밖의 좁은 원이 또 다른 그림을 만들어낸다.

退思園 퇴사원

초당이라 이름 붙여진 우아한 기와집은 주 연못에 면하여 열려 있다. 일반적인 것과 달리 남향집이므로 회랑이 한 칸 있고 앞뒤 깊이를 더하여 늘 그늘이 짙다.

여름날

연꽃잎 흐드러질 때, 잔잔한 파도가 이는 연못은 청록빛이고, 물결은 바람 따라 동심원을 길게 그린다. 회랑을 따라 남쪽으로 길을 잡으면, '연꽃들 사이로 떠가는 배' 요홍일가와 서원의 또 다른 돌로 만든 배 서방이 서로 대응한다.

1885~87년, 자정대부資政大夫를 받은 안휘安徽 봉영육사(봉양鳳陽, 영주潁州, 육안六安, 사주泗州) 병비도兵備道 임란생이 건립하였다. 1884년 그는 염군捻軍을 진압하지 못하고, 사욕만 채운다 하여 탄핵을 받아 생명이 경각에 달렸으나, 『좌전左傳』, 「노선공魯宣公12년」의 한 구절 "임부가 임금을 섬길 때에 벼슬에 나아가서는 충성을 다할 것을 생각하였고 물러나서는 허물을 보완할 것을 생각하였다. 林父之事君也 進思盡忠 退思補過."[17]는 문구를 인용하여 자희慈禧의 동정을 사 면직되어 고향으로 돌아온다. 그러나 『청실록淸實錄』에 의하면 탄핵의 내용은 모두 사실이 아닌 것으로 추후에 밝혀졌다. 그는 상심한 마음을 달래고자 화가 원룡의 도움을 받아서 동리同里에 원림을 조성하는데, 『좌전左傳』의 글귀에서 취하여 퇴사원退思園이라 했으며, 속칭 임가화원이다. 1887년 복직되어 안휘 북부지방의 이재민 구제에 갔다가 영주에서 죽으니 결국 그는 퇴사원을 미처 2년도 사용하지 못하였다.

임란생의 아들 임전신은 류아자와 오랫동안 친구였는데, 서로 의기투합하여 의미 있는 학자가 되기로 하고, 향촌교육의 선구가 된다. 1906년 양계초가 말한 "나라를 흥하게 하고 백성을 지혜롭게 만들려면 여자를 교육시

---

17) 기원전 597년 춘추시절 진나라 경공이 초와의 전쟁에서 실패한 중군통사中軍統師 순임부의 처벌을 논할 때, 사정자가 간하기를 "순임부가 군주를 대하는 마음은, 벼슬에 나갔을 때는 어떻게 하면 충성을 다 할까 생각하고, 물러나 있을 때는 어떻게 하면 부족한 점을 보완할까 생각하는 것입니다."라고 하여 경공은 순임부를 처벌하지 않았다는 내용.

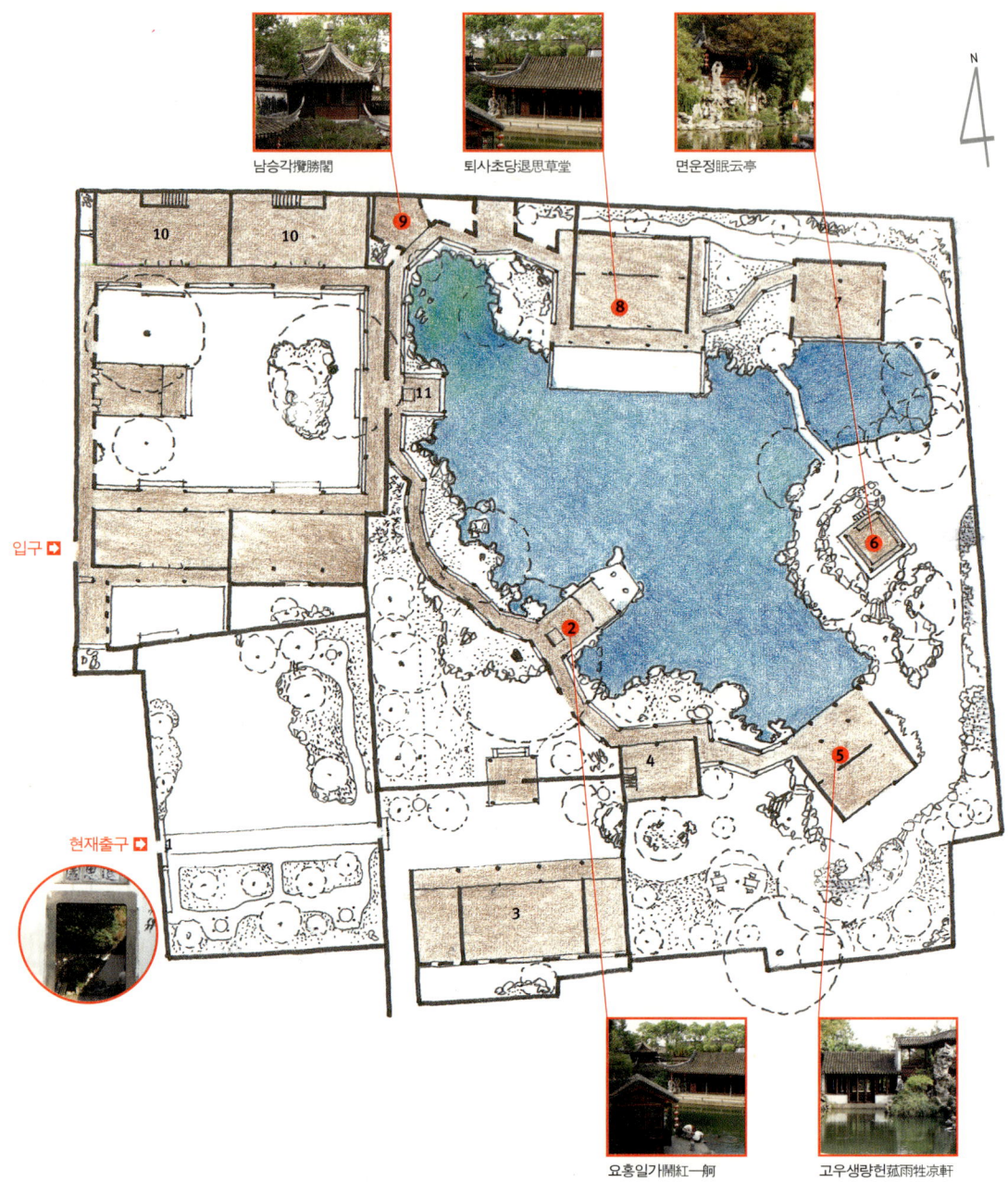

1.현재 출구로 이용되는 문 2.요홍일가閙紅一舸 3.계화청桂花廳 4.신대辛臺
5.고우생량헌菰雨生涼軒 6.면운정眠云亭 7.금방琴房 8.퇴사초당退思草堂
9.남승각攬勝閣 10.좌춘망월루座春望月樓 11.수향사水香榭

퇴사원退思園 | 강소성 소주시 오강현 동리진 신전가 203호 江蘇省 蘇州市 吳江縣 同里鎭 新塡街 203号

키는 것부터 시작해야 한다. 興國智民, 應以女學始."의 아름다운 구상을 실천에 옮겨 19세의 임전신은 원에 여학교를 개설한다. '퇴사초당'은 1학년 교실로, '계화청桂花廳'은 5·6학년 교실로, '좌춘망월루座春望月樓'는 사범생들의 숙소로, '세한거歲寒居'는 사범반으로 전용하였다. 그리하여 퇴사의 도원桃源은 근대 중국 민족 진취의 디딤돌이 되었고, 일찍이 바깥출입조차 하지 못했던 강남의 여자 아이들은 여기에서 천지의 지혜와 지식을 깨우치니, 퇴사원의 역사에서 가장 빛나는 때였다. 유명한 국학자인 전기박이 이곳에서 교편을 잡았고, 임전신은 후에 상하이 성요한대학에서 교직을 받게 되어 말년에는 상하이에 거주하게 된다.

원의 축은 주택 부분과 평행한 것과 수직으로 교차하는 것 두 가지이며, 주택은 서쪽에서 동쪽으로 점점 개방적으로 변하여, 주택도 양분되고 원도 양분된다. 동쪽 주 원과 연결된 중앙부분의 원은 매우 단순하고 기하학적인 반면, 주 원은 배치와 구성이 매우 복잡하며 불규칙한 선들로 이루어져 있다.

외택은 문청, 교청, 대청으로 삼진三進을 갖추었고, 서원은 손님방, 서방書房 등 건축 위주인데, 사실상 핵심경관인 동원의 과도적인 원이라 할 수 있다. 동원에서는 퇴사초당이 주요 청당이며, 물을 사이에 두고 요홍일가鬧紅一舸, 노인봉老人峰, 신대辛臺, 천교天橋, 고우생량헌菰雨牲涼軒 등이 한 군이 되어 서로 마주본다. 이 부분의 격식은 소주 유원 관운봉의 것와 유사한데, 호석 입봉이 있으나 전체적으로 가산이 아닌 건

계화청을 통하여 직접 동원에 드는 문에 새겨진 퇴사원 편액. 원의 규모나 화려함에 비해서 강남원림에 진입하는 입구와 원명을 새긴 편액은 대체로 단순하고 검소한 편이다.

축물들이 주요 청당의 대경對景이 되는 셈이며, 높이 솟은 봉우리의 배후에는 누각 및 회랑이 옆으로 뻗어 배경이 되므로, 주 청당도 그에 호응하여 연못을 에워싸는 역할을 하고 있다. 전체 원 구성에서 수면이 비교적 큰 편이고 산은 크지 않다.

2 주 건축의 당호 계화청桂花廳에 맞추어 원의 바닥 포장에는 계화가 만발하였다. 꽃향기 가득하니 어찌 나비가 없겠는가.

남승각攬勝閣

서원의 북쪽 건축 위층은 봄날 달이 좋다는 좌춘망월坐春望月이며, 누의 동쪽으로 이어져 동원을 상부에서 관망할 수 있는 남승각攬勝閣이 있다. 이곳에서는 마치 망루처럼 동원의 곳곳 모습을 살펴볼 수 있다. 또한 한눈에 주 원의 공간감을 느낄 수 있으니 건축학도들에게는 매우 훌륭한 학습지이기도 하다.

3 후면 이층 누각이 남승각이다. 앞쪽은 서원에서 나와 바로 마주치는 수향사이다. 주 원의 서북쪽을 포함한 연못의 각 모서리는 다소 으슥한 느낌의 호박형 연못이 된다.

4 남승각에서는 주 원을 한눈에 읽을 수 있다. 자연정원이라기보다 물가에 널려진 건축들의 조합으로 보인다.

요홍일가鬧紅―舸, 계화청桂花廳

서원의 동·서축을 따라서 동원으로 진입하는 월량문을 지나면 일차적으로 주 원을 대략 관망할 수 있는 수향사水香榭가 동일 축선상에 위치하여 동·서 원을 연결한다. 예부터 물맛이 좋은 곳이 길지라 전해져 왔으니 이곳이 길지라는 뜻일 게다. 여름날 연꽃잎이 흐드러질 때 잔잔한 파도가 이는 연못은 청록빛이고 청량한 바람 따라 물결은 동심원을 길게 그린다. 회랑을 따라 남쪽으로 길을 잡으면 배를 상징적으로 만든 한방舫인 요홍일가[5]는 연못을 향해 돌출하여 주요 관망 대상이 되고, 이 한방과 서원의 사의형寫意型 한방은 서로 대응하여 전체 원에서도 가장 빼어난 한 쌍의 건축이 된다. 요홍일가는 활짝 핀 연꽃들 사이에 떠가는 한 척의 작은 배를 뜻하며, 송대 강기의 《염노교念奴嬌》 요홍일가의 의상意象이다.

계화청은 비교적 체적이 큰 건축이지만, 원의 서남 일각에 치우쳐 있기 때문에 전체 원의 척도를 거슬리지 않고, 원이 적절한 층차를 형성하는 데 도움을 준다. 천향추만天香秋滿이란 편액이 붙었는데, 천향은 가을꽃 향기 중에 제일인 계화향을 말한다.

원 중의 좌춘망월루(망춘화望春花라 불리는 이른 봄에 꽃이 피는 옥란玉蘭), 고우생량헌(건물 옆 연못에 보통 부초라 불리는 고포菰蒲), 계화청(계화桂花), 세한거(세한삼우 소나무, 대나무, 매화) 등은 각각의 이름에 맞추어 식물들이 심어져 있고, 계절의 경색景色에 따라서 적합한 이름이 되니, 양주의 개원도 이런 방법의 전형적인 예이다.

[5] 왼쪽 아래 건축이 요홍일가이다. 오른쪽은 퇴사초당이며 멀리 누각은 남승각이다. 건축들은 서로 얼굴을 피하고 있다.

[6] 좌춘망월루에서 남동쪽을 보면 주 원과의 사이에 높은 담장이 있어 주 원을 볼 수 없다. 잿빛 벽과 고색창연한 기와는 배경이 되는 고목과 어울려서 정제된 고요함을 연출한다.

고우생량헌菰雨生凉軒, 퇴사초당退思草堂

고우생량헌은 청나라 사람 팽옥린이 항주 서호의 삼담인월三潭印月에 쓴 대련의 구절 "서늘한 바람에 줄 잎이 돋아나고, 이슬비 내릴 때 잔잔한 물결 속으로 떨어지네. 凉風生菰葉, 細雨落平波."에서 그 이름을 취하였는데, 비가 오는 날 헌에 들어서면 빗방울은 연못가 물풀의 가녀린 이파리를 때리고 바람은 시원하게 공간을 지나간다. 고우생량헌 아래 숨겨진 세 갈래의 물길은 연못 물로 순환되는 동안 자연스럽게 온도가 내려가는 작용을 하게 되어 있다.

면운정眠云亭[11]과 가산의 결합은 정자가 산을 누르는 감이 있어 적절치 않다. 구름이 머무는 깊은 산은 은둔자의 거처이다. 온통 비어 있는 마음처럼 무애한 자유심이 일어나기에는 산도 약하고 인공적 장애가 너무 많다.

퇴사초당[5] 동쪽 그윽한 연못을 끼고 있는 금대琴臺[10]는 창밖으로 작은 돌다리와 물 건너 가산과 정자를 마주한다. 퇴사초당은 원의 주 청으로 원의 북방에 위치하여 남쪽을 향하고 있으며, 다섯 칸의 합각지붕 건축이다. 물에 면하여 넓은 월대月臺가 있어 물고기를 관망하거나 여름철의 더위를 식히기 좋은 곳이다. 퇴사초당에는 조맹부가 쓴《귀거래혜사歸去來兮辭》탁편拓片이 있으며, 노인봉과 함께 퇴사원의 명물이다.

7 고우생량헌에 이르기 전 만나는 이층 서재인 신대辛臺 위층에서 내려다본 주 원.

8

9

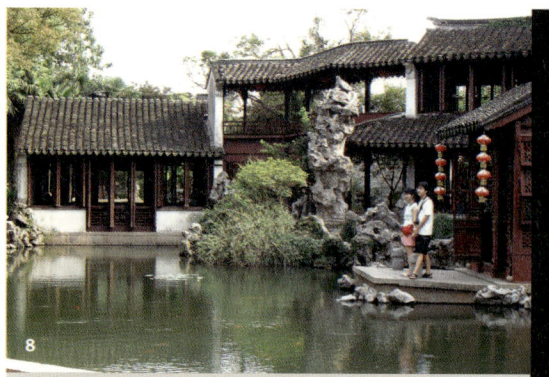

8 왼쪽이 고우생량헌이다. 퇴사초당 노대에서 바라본 풍경이며 역시 다양한 건축들의 불규칙한 조합이 눈에 들어온다.

9 고우생량헌에서 북서쪽을 향하면 가장 긴 물 공간이 되므로 층차적 깊이를 느낄 수 있다.

10 금대는 퇴사초당의 부속건축답게 퇴사초당에 기대어 평행선을 유지하지만, 돌다리로 구획된 독립된 정적 연못을 갖는다.

11 한편으로 밀려난 크지 않은 인공적인 산 위에는 면운정이 올라앉았다. 작지 않은 정자 때문에 이름뿐인 산은 더 초라해졌다.

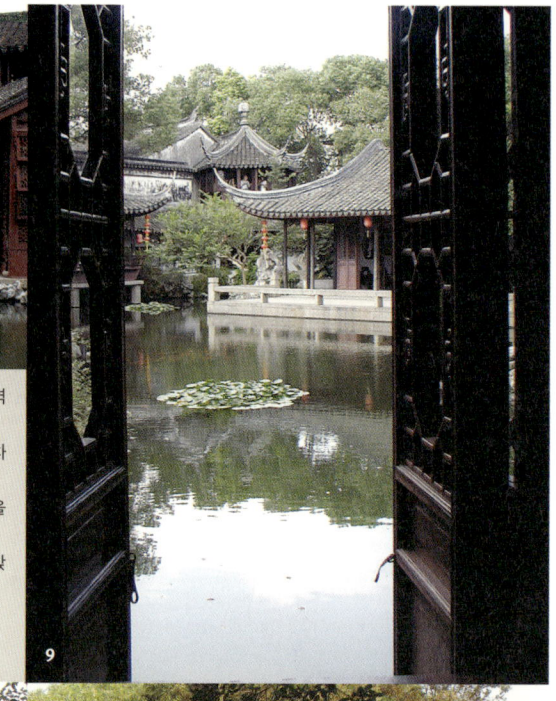

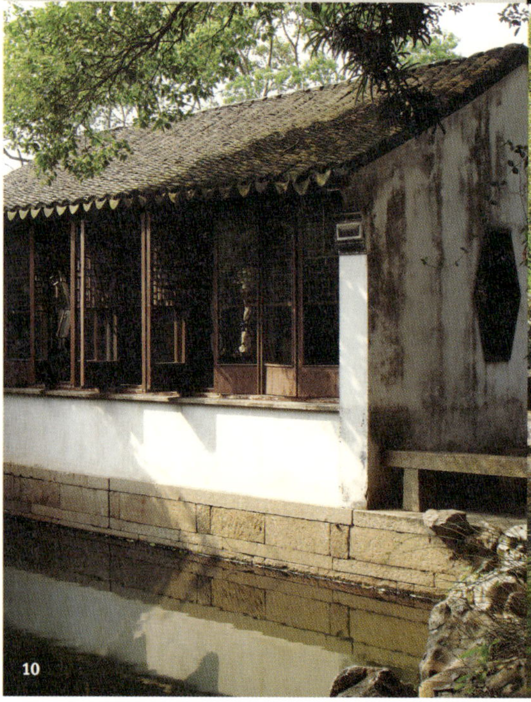

10

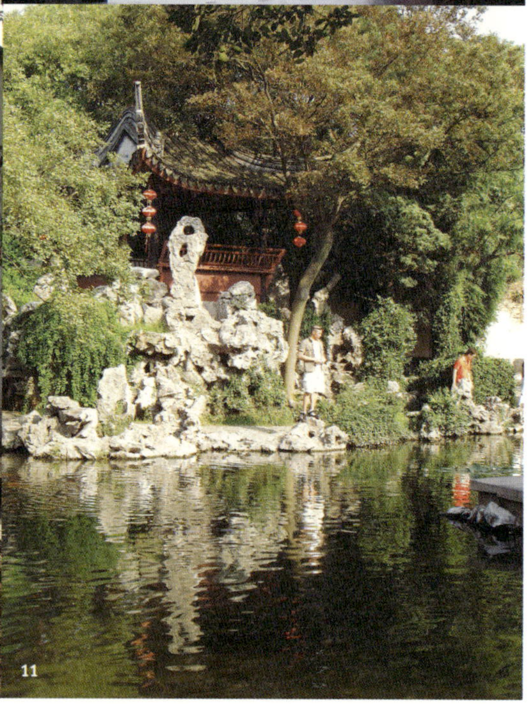

11

공간 해석

배는 물이 없는 땅에 묶여 고요하나, 물에 접했어도 어차피 출항할 수 없었을 배는 이상향으로 달려간다. 대조적인 두 공간은 수향사를 연결체로 하여 교류한다. 대칭적이고 정적인 기세는 수향사에서 한꺼번에 흐트러지며 역동적인 리듬을 타기 시작한다. 퇴사초당은 안정된 기단 위에서 전체 흐름의 기조를 지키는 역할을 하고, 회랑이라는 사슬로 묶인 건축들은 질서의 중심을 향해서 서로 짝이 되어 마주한다. 제각각 정면으로 마주치지 않은 건축들의 조합은 연속된 하나의 외부공간에서 섞여 기 흐름을 조율한다. 각각의 자리에서 느끼는 기 흐름은 주관적이지만 일관된 보편성이 있으며, 그것은 공간 상호의 관계에서 도출할 수 있다.

12 퇴사초당은 주 건축답게 일정한 격식을 가지며 원 전체의 중심을 잡고 있다.
13 수향사에서 퇴사초당에 이르는 회랑은 연못을 따라 휘어지면서 담장과의 사이에 재미있는 작은 공간들을 만들었다.

주택에서 나와 처음 마주치는 풍경은 연못 너머 낮게 수평으로 깔린 산세와 그 산 위 사뿐히 내려앉은 만화 속 정자 같은 세한정歲寒亭이다. 정자 주위에 세한삼우歲寒三友 송죽매 가운데 오직 대나무만 보이니 겨울 되어 그 정자에 들더라도 진정한 세한은 부족할 듯하다.

남쪽으로는 주 청당, 북쪽으로는 담장처럼 우뚝 솟은 빼어난 산이 있고, 서쪽으로는 언덕이 부드럽고, 동쪽으로는 헌랑軒郞이 완만하게 휘어진다. 청당은 물이 아닌 산을 마주하지만 멀리 있어 깊은 맛이 있다.

남경의 첨원 일대는 위국공魏國公 서달의 저택이었는데, 서달의 칠세 손인 서붕거는 "동정, 무강, 옥산에서 돌을 찾고, 촉에서 목재를 찾고, 오회에서 꽃나무를 찾아 구하였다. 征石于洞庭, 武康, 玉山, 征材于蜀, 征卉木于吳會."라 하며, 명 가정嘉靖 중전기中前期(1522~66)에 원정을 세운다. 당시에는 '위국제중서원魏國第中西園'이라 불렀다. 동정은 태호의 동정호 동쪽과 서쪽에서 나는 호석을 말하고, 무강은 절강 무강 산産 황석을 가리키며, 옥산은 곤산崑山의 옥봉산玉峰山에서 난 곤석崑石을 일컫는다. 당시 첨원에는 실제로 이런 돌들이 사용되었다.

1573~1620년경, 서달의 구세 손 사국공嗣國公 서유지는 더 큰 공사를 일으키니, 기석奇石들을 배치하고 원을 확장한다. 원의 호석 북산은 당시 확장 때의 유적이다. 첨원의 이름은 구양수의 "옥당을 우러러 바라보니 마치 천상에 있는 것 같다. 瞻望玉堂 如在天上."의 구절에서 취하였는데, 원의 이름이 제일 먼저 발견된 곳은 청초 주이존朱彝尊의 『폭서정집曝書亭集』이었기 때문에 이 시기에 붙여진 이름이라 할 수 있다.

청이 시작되면서 병비도위兵備道衛 등의 관용으로 사용되었으며, 건륭이 남순 때 두 번 이곳을 방문하였는데, 지금의 '瞻園' 글씨[1]는 건륭이 쓴 것이다. 당시 원에는 18경景이 있었고, 금능金陵의 모든 원 가운데 으뜸이었으므로 소주의 사자림, 무석 기창원寄暢園, 해녕海寧 안란원安瀾園, 항주 소유천원

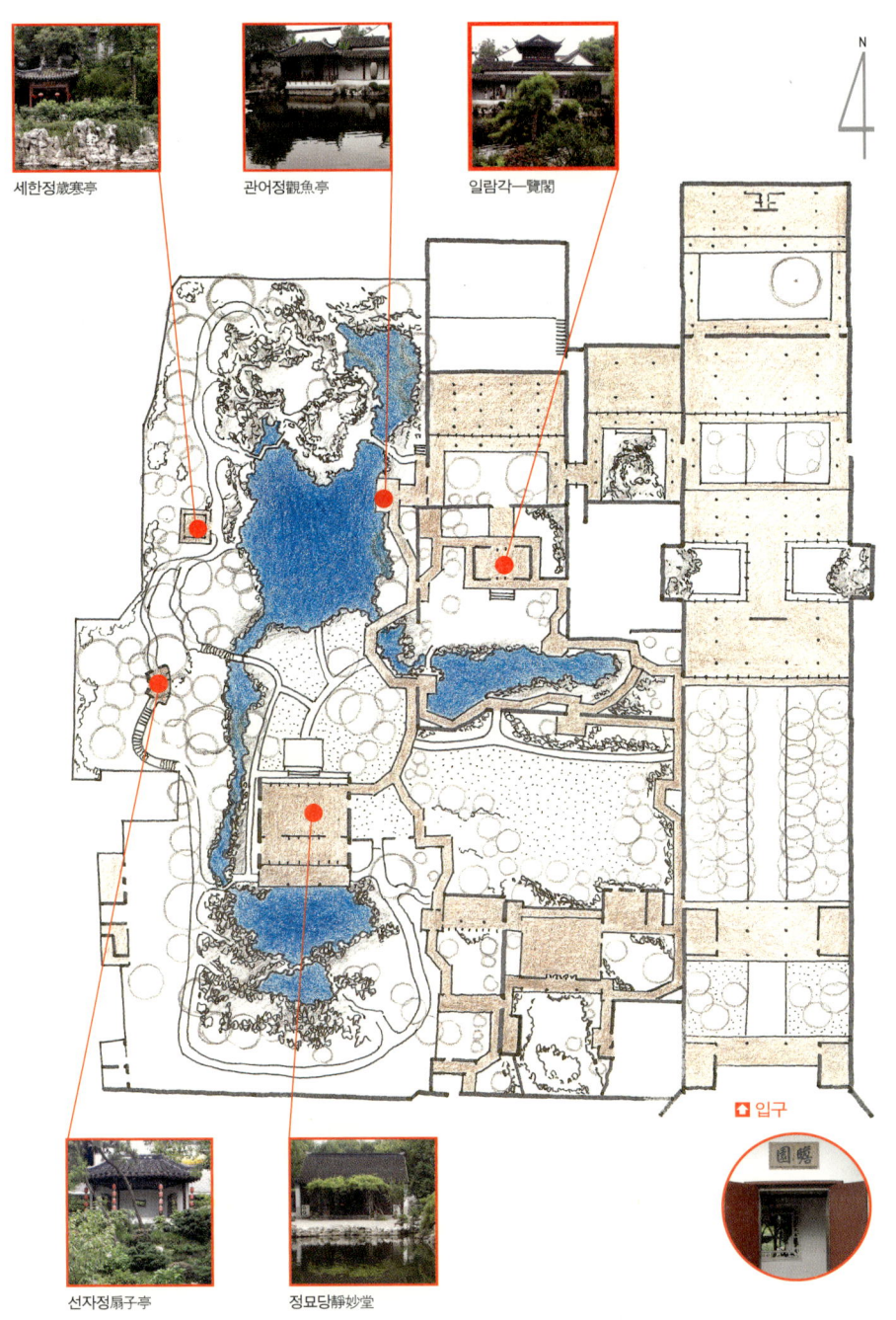

세한정歲寒亭 관어정觀魚亭 일람각一覽閣

선자정扇子亭 정묘당靜妙堂

입구

첨원瞻園 | 강소성 남경시 첨원로 江蘇省 南京市 瞻園路

1 첨원의 편액은 원의 동쪽 주택 쪽에서 원에 진입하는 작은 문 위에 소박하게 있다. 건륭의 글씨로 전해진다. 문에 들어서면 바로 주 원이 나오지 않고 창을 통해서 우선 살짝 맛만 보게 된다. 회랑이 한 번 꺾어진 후 정자에 이르러서야 원은 한눈에 펼쳐진다.

2 주 원 동쪽의 주택과 연결된 회랑은 주 원의 동쪽을 분할하면서 성격이 다른 동쪽 두 원의 서쪽 경계를 형성한다. 뒤쪽의 튀어오른 이층 누각은 일람각이다.

3 정묘당의 남쪽에는 그야말로 격수면산한 또 다른 물과 산이 있다. 산의 형세는 오히려 주 산보다 풍부하고 주위에 눈에 거슬리는 것이 없으니 한결 도원경에 다다른 듯하다. 주 청에서 남을 향하는 원이니 겨울용이랄 수 있을 텐데, 그렇다면 눈이 하얗게 내린 다음에야 제 맛이 날지도 모를 일이다.

小有天園 등과 함께 천자의 은총을 입었다. 건륭은 사람을 보내어 원의 그림을 그리게 하였고, 원명원의 장춘원長春園 동남 모서리에 모방 건립하며, 이름도 '여원如園'이었다. 태평천국을 겪은 후 수리하였으나, 항전 시기에 또 피해를 입어 수리하였고, 1960~66년에는 유돈정 선생의 주지로 중수된다.

옛날에는 북산 중에 반석磐石, 복호伏虎, 삼원三猿이라 불리던 동굴이 있었는데, 지금은 흔적도 없으며, 그 대신 산 앞에는 만灣, 산 위에는 석병石屛을 설치하여 깊은 맛은 배가되었다. 남산은 면적이 작지만 물에 면하는 부분을 과감히 절벽처럼 절단하여, 공산 정부 건립 후의 좋은 첩산 작품 중 하나가 되었으며, 정묘당에서 볼 때 오히려 이 남쪽의 연못과 산이 훌륭하다. 수면은 개조 후 변화가 풍부한데 지池, 도島, 천泉, 폭瀑, 계溪, 탄灘, 만灣, 협峽 등으로 구성되어 산체와 물이 자연스럽게 결합한다.

주 청당의 동으로는 회랑[2]을 사이에 두고 동서로 길고 남북으로 좁은 연못이 있어, 회랑과 청廳, 정亭으로 둘러싸여 있지만 높이가 변하며, 평면으로도 굴곡되어 다양한 시각을 만들어낸다.

오늘날 첨원은 동·서로 양분되어 있고, 새로 만들어진 동원은 넓은 면적의 풀밭인데, 이것은 서원 정묘당靜妙堂 북쪽의 언덕까지 이어지며, 시민들의 쉼터로서 기능을 고려한 것이다. 그러나 원래의 풍모와는 달라진 것이다. 서원은 동서로 좁고 남북으로 길게 이어진다.

주요 청당인 정묘당[4]은 원의 남쪽으로 치우쳐 있고, 당 남쪽에도 북쪽의 주 산과 유사하면서 풍부한 양梁의 여음이 울리는 소형 산수 한 구역이 있으나, 당의 북쪽 구역이 전체 원의 주체 산수 경상景象 공간이다. 남으로 주 청당이 있고, 북으로는 담장처럼 우뚝 솟은 빼어난 산이 있으며, 서로는 언덕이 부드럽고 평탄하고, 동으로는 헌랑軒廊이 완만하게 휘어지며, 연못과 잔디언덕이 있는 중앙의 주 원은 결국 전통적인 원림처럼 격수면산隔水面山을 취하고 있는 모양새다. 청당은 직접 물에 면하지 않고, 산과 직면하지만 적당한 거리를 두어 마치 원경을 보는 맛이 난다. 규모가 작은 합각지붕의

4 정묘당은 주 건축으로서는 매우 검소하다. 정묘당 북쪽에는 월대 역할을 하는 넓은 평지가 있으며 연못을 건너 가산이 있다. 전형적인 격수면산 형식이지만, 넓은 월대와 함께 서쪽을 계속 이어가는 가산의 형식은 일반적인 것이 아니다.

5 주 산은 북쪽 끝에 위치하여 주 청당에서는 거의 원경이 되는데, 가까이 있는 식물과 중간 정도의 회랑 및 정자가 시각적으로 겹치면서 근원이 더욱 분명해진다. 이는 산을 마치 분재나 산수화처럼 보이게 한다.

6 주택을 나와 처음 맞는 관망점인 관어정은 장자의 고사에서 그 이름을 따왔다.

방정方亭은 약간 비켜서 전체를 면하고 있다. 비교적 순수한 헌랑은 자연산체와 물을 건너 서로 바라봄으로써 대비효과가 크다. 그 중 관어정觀魚亭[6]은 기창원의 지어함知魚檻, 추하원秋霞圃의 벽광정碧光亭과 위치 및 역할이 유사한데, 이 삼원은 건축 연대가 비슷하다.

7 선자정扇子亭의 후면창은 덜 펼친 두루마리 형상인데 담장의 덩굴식물이 주 배경이다.

8 주 원의 남북축과 직교하는 축선상에서 가장 서쪽 관망점은 언덕 위 부챗살처럼 펼쳐진 선자정이다. 졸정원에서는 물가에 나와 앉았는데 이곳에서는 산 위에서 물과 원을 내려다본다.

공간 해석

원은 크게 세 구역으로 구분할 수 있다. 서쪽의 주 원과 동쪽의 남북으로 갈라진 두 개의 원이다. 서쪽의 주 원은 다시 공간적으로 둘로 구분되어 성격을 달리하는데, 산으로 둘러싸인 남쪽 공간은 비교적 단순한 기의 흐름이 있으며 동으로는 회랑, 서로는 산으로 둘러싸인 북쪽 지역은 그 원 내에도 다양한 성격이 이어지며 공존한다. 주 연못과 정묘당의 평대역할을 하는 연못 남쪽의 평탄한 장소는 하나의 공간을 이루며 남으로부터 북쪽으로 기 흐름의 선형의 밀도가 점점 높아지는 형국이며, 동쪽으로는 열리고 닫히는 기도氣道의 변화에 따라 기 흐름도 변화하며 연결된다. 주 원의 북동쪽 끝은 주 연못과 연결된 작은 연못으로 조성된 으슥한 공간으로서 기는 거의 정

9 일람각이 주 건축이 되는 동쪽 중부 지역의 원은 산을 타고 오르내리는 회랑길의 변화와 깊이 굴곡져 빠져드는 연못을 휘돌아 보는 형식이다. 그러다 보니 건축의 변화가 매우 다양하므로 강남원림의 주 특성인 건축공간으로서의 원림건축군이 되었다. 작은 공간임에도 꺾어지는 굴절점이 수십 곳이며 그때마다 공간과 공간의 관계가 발생한다.

10 일람각 원에서 직각으로 돌출한 연못 동북쪽 모서리에는 팔각정인 연휘정延暉亭이 있다. 원으로 튀어나온데다가 지붕까지 요란하게 손짓을 하여 자신이 오히려 관망대상이 되었다.

11 일람각 원의 남서쪽 모서리에 돌출한 정자는 방형이며 지붕도 요란하지 않아서 대조적인 연결회랑의 담장과 함께 무난하다.

12 자연곡선의 연못을 가로질러 놓인 단순한 직선형 돌다리는 공간을 가르며, 너무 자유로워서 흩어질 듯한 원의 안정적 기조를 유지하는 역할을 담당한다.

13 일람각 원은 건축 위주의 원림건축의 표본처럼 보인다. 주체인 연못과 산은 건축의 소품이 되었다. 뚫린 공간 사이로 자유로이 교류하는 자연의 기가 오래 머물기에는 불안정하다.

14 언덕을 오르내리면서 꺾어지는 회랑의 삼차원적 행보는 빛이나 바람의 소통과 함께 어느덧 사차원의 교류가 된다.

15 원림건축에 매달린 홍등은 바람에 흔들리며 붉은 생명의 기를 불어넣어 준다.
16 주 원의 동쪽에서 섬에 이르는 돌다리는 지그재그로 꺾어져 다른 요소들의 자연곡선과 대조적이다.

체되어 고요하며 정적이다. 동부의 남쪽 원은 주 원과 북쪽 원에 이르는 전이 공간으로 특정한 성격이 없다. 동부의 북쪽 원은 평면적으로는 일람각에서 볼 때 관망적 공간 형태를 갖추고 있으나, 동쪽 주요 건축군에서 이어지는 회랑을 통해서 주 원과 연결되는 통로 공간이 되어 기의 흐름도 동적인 양상을 띤다.[13] 그러한 현상은 건축 공간이 그 속에서 생활하는 사람들의 기의 흐름과 매우 밀접한 관계를 갖기 때문인데, 만일 일람각 지역에 사람들의 왕래가 없을 경우, 공간 내에 흐르는 기는 매우 느리고 안정적일 것이다. 동쪽 주 건축군에서부터 주 원의 관어정에 이르는 회랑과 벽 사이에 생성하는 작은 공간들은 각기 다른 시각적 공간구성과 묘한 기 흐름의 변화를 만들고 있는데, 이는 첨원의 건축공간적 보고이다.

후원의 입구는 원의 성격과는 다르게 전형적인 강남원림의 색채를 띠고 있다. 높은 백색 담장에 뚫린 월량문과 곡선의 진입로 등이 그것이다.

태평천국과

손중산의 국민정부가 뒤섞여 있는 이 자리는 동서양이 부딪혀 새로운 풍경을 만들어냈다. 왕가의 정원이 기본이 되긴 했지만 이화원이나 원명원에 비하면 초라한 편이다. 주고후가 왕가의 자손이더라도 이곳은 북경처럼 황도가 아니라 남경이기 때문이다.

부계주는 옛날 그대로인데, 정자와 누대는 바야흐로 바뀌었네.
회랑을 더하여 양쪽 길을 통하게 하고, 대를 나눠 심으니 가을 소리 흩어지누나.
돌 사이로 푸른 소나무 심어 놓으니, 창틈으로 푸른 기와 밝게 빛나네.
공무 한가할 때 활 쏠 만한 곳, 버들잎이 구름과 나란하다오.

不系舟如舊, 亭臺事恰更.
添廊通兩路, 分竹散秋聲.
石罅蒼松補, 窓虛碧瓦明.
公餘射雕處, 楊葉與云平.

청 원매, 《제부서원소수강화유후부정관보制府西園小修工華游后賦呈官保》

남경 후원의 원지 일대는 명 초 한왕漢王 진리의 부저府邸였는데, 후에 서반부 일대는 검녕왕黔寧王 목영의 부제府第, 동반부는 1404년 성조成祖 주체의 둘째 아들 주고후가 한왕부로 확장하게 되며, 이 때문에 후원이라는 이름을 얻었다.

청 순치 4년(1647) 이곳은 강남총독서江南總督署로 바뀌면서 동쪽에 원정을 세우는데, 이것은 현재 후원의 전신이며, 강희의 남순 시 다섯 번 이곳에 머물렀다. 1746년 원지 가꾸는 것을 즐기는 양강총독 윤계선이 원에 석방石舫을 건립하고, 1751년 고종 남순 시 직조서織造署를 확장하여 행궁行宮으로

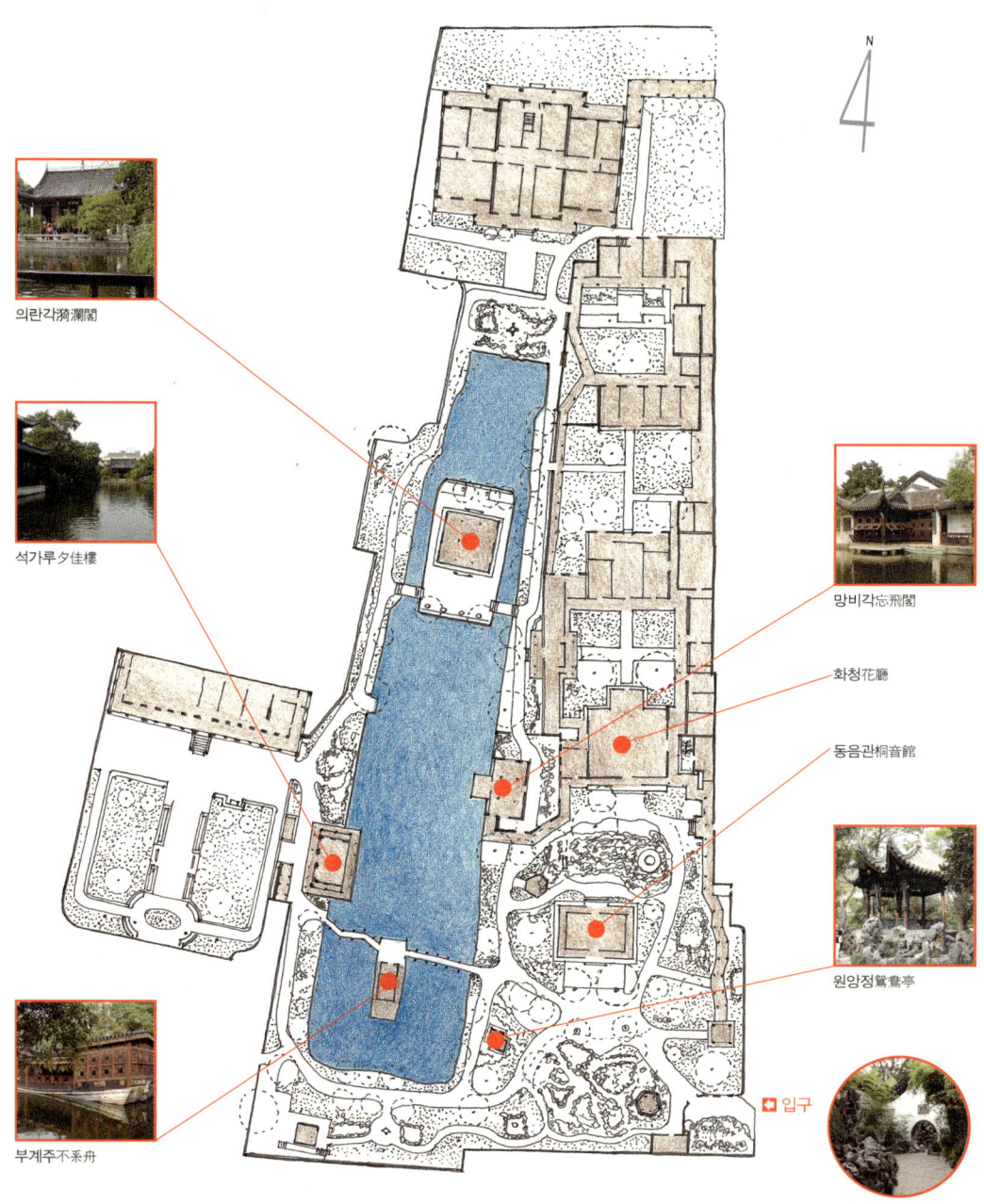

의란각漪瀾閣

석가루夕佳樓

망비각忘飛閣

화청花廳

동음관桐音館

원앙정鴛鴦亭

부계주不系舟

입구

후원煦園 | 강소성 남경시 장강로 292호　江蘇省 南京市 長江路 292号

만들면서 서북쪽으로 행궁 마당을 만든다. 1757년 고종 2차 남순 시 원의 석방에 '부계주不系舟'라는 횡액橫額을 남기고, 원매는 이에 《부계주부不系舟賦》를 짓는다.

1853년 강녕江寧(현 남경)을 태평군太平軍이 점령하여 이곳을 확장하고 천왕부天王府로 삼으며, 후원은 천왕부의 서쪽 화원이다. 일설에 의하면 홍수전은 직접 지휘하여 원에 작은 연못을 만들었다 한다. 말하자면 당시 원은 대규모의 방탑方塔과 유리방이 있고 금어金魚들이 뛰노는 천왕의 피서처였다. 지금의 태평호 내 의란각漪瀾閣은 태평천국의 기밀방機密房이었으며, 원 서남쪽의 망정은 태평천국의 궁중 망루였다.

1864년 천경天京은 함락되고 이곳은 다시 양강총독서가 되며, 1912년 1월 1일 역사적인 중화민국 임시 대총통부大總統府가 되니 후원은 총통부의 서쪽 화원이 되었다. 파란만장한 역사를 지켜본 이곳은 1988년 중국근대사박물관이 되어 오늘에 이른다.

후원은 독립된 원이지만, 옛 명원의 유적을 후세에 정리한 것이라 할 수 있다. 현재의 모습을 놓고 볼 때 원은 동·서 양 부분으로 나눌 수 있는데 서부는 수경水景 위주이고, 거의 태평호로 만들어진 구역이며, 의란각은 이 구역의 주 청이다. 부계주不系舟, 의란각, 망비각忘飛閣, 석가루夕佳樓는 핵심 수역을 남, 북, 동, 서 면으로 둘러싸고 있는데, 자연산수와 인공 누대가 각각 한 조가 되어 상호 대비되는 것은 강남 문인원의 전통적 수법이다. 부계주와 의란각 사이에 황가皇家 기풍의 호면중축선湖面中軸線이 있으며, 양쪽 호면을 교량으로 연결하고 분리한 것이 층차의 변화를 연출하고 있다.

의란각[1]의 유리琉璃와 내부의 병정瓶鼎 도안을 이용한 장식은 태평호와 잘 어울리며, 전체적인 것과 세부적인 것 사이에 조화로운 묵계가 이루어진 셈이다. 부계주[2]의 전창前艙, 중창中艙, 미창尾艙은 드러나지 않으면서 부드러워 의외로 자연주의적인 선방船舫이 되었다. 석가루의 형식은 졸정원 견산루를 닮았고, 망비각[3]은 호서를 향해 돌출한 합각지붕의 건축으로 기창원

1 망비각에서 보는 의란각. 의란각은 원의 주 청인데, 북쪽으로 치우친 섬 위에서 호수의 중심을 잡고 있으며 남북으로 길게 열려 있다.

2 부계주는 호수의 남쪽에서 의란각을 마주보되 물 위에 떠 있는 배이므로 약간 뒤틀려 있으며, 실제 배라면 이치에 맞지 않을 연결다리가 배의 북쪽에 걸려 있다.

3 망비각은 호수로 돌출한 일부가 물에 발을 담그고 있고, 남북 축에 직교하는 축의 중심에 자리 잡았다.

4 부계주에서 북쪽으로 바라본 풍경. 왼쪽 건축이 석가루인데 동쪽을 향하고 있으니 보이는 대상이다. 태평호는 강남원림에서는 보기 드문 형식인 직선으로 다듬은 방지형이다.

5 동원 남동쪽 입구의 높은 산 위에 자리 잡은 정자는 마치 출입을 감시하는 망루처럼 보인다.
6 동원의 동쪽에 구불거리며 이어지는 회랑은 비정에서 끊어진다.

의 지어함을 상기시킨다.

동부는 산경山景 위주인바, 주청당인 동음관桐音館의 남북으로 가산이 대경으로 놓여 있으나, 모두 평지에서 바로 봉우리가 생긴 형상이라 비교적 부드럽다. 산 속의 원앙정7은 겹방형으로, 이처럼 비교적 강한 인상의 건축은 청대 황가皇家원림에서 많이 발견할 수 있다. 이를테면 원명원 중에서 卍자형인 '만방안화萬方安和'도 그 실례이나, 강남원림에서는 찾아보기가 쉽지 않다.

공간 해석

동쪽 원은 비록 원의 외곽으로 동쪽에서 북쪽까지 회랑이 길게 이어져 있지만, 동음관을 관망처로 하는 관망형 원이라 할 수 있다. 반면 서쪽 원은 물이 중심이 되어 이를 회유하면서 관망하는 회유식 원이다. 때문에 동쪽 원의 길들이 흐트러져 있고 산은 자유곡선으로 이루어져 있더라도 정적 기 흐름이 주가 된다. 그러나 서쪽 원의 연못은 방형에 가까운 기하학적 형태이며, 모두 물에 잠겨 있거나 발만 담그고 있는 건축들 역시 기하학적 질서를 갖추고 있지만 기의 흐름은 동적이다. 다만 동적 기 흐름의 선형은 직선적이다.

7 동원과 서원 사이에 있는 원앙정은 겹방형으로 낮은 산 위에 걸터앉아 동쪽 산과 서쪽 호수를 다 관망할 수 있다.

8 화청의 내원을 나오면서 의란각 쪽을 본 모습.

片石山房

편석산방

건축이 열리면 온갖 생명의 기가 소통한다. 복잡해보이는 가산들도 인적이 없으면 잠잠하다.

석도화상이 이 정원의 산을 만들었다 전해진다.

그의 불국의 꿈이 그 안 어디엔가 깊이 서려 있을 것이다. 규모 있는 남목청당楠木廳堂과 기묘한 호석명산湖石名山이 있었고, 취색이 비치는 곳으로 군자가 자리할 만한 곳이었다.

건륭 연간(1736~95)에 세워진 것으로 추측되며 양주에 위치한다. 양주의 현존 원림에 대한 자료는 소주에 비해 부족하며, 편석산방도 예외는 아니어서 사료가 불확실한 편이다. 이 원에는 현재 명 말의 청당이 남아 있고, 청초 화단의 거장이며 첩산명가이기도 한 석도의 유작인 가산이 있다. 그러므로 이 가산은 석도 산수화[1]의 현실적인 축소판인 셈이다. 건륭 연간 원지 일대에는 오래된 괴槐나무가 두 그루 있었고, 흡인歙人(현 안휘安徽 흡현歙縣) 오가룡이 이곳에 쌍괴원雙槐園을 건립한다. 원에는 이미 제법 규모가 있는 남목청당楠木廳堂과 기묘한 호석명산湖石名山[2]이 있었고, 취색이 비치는 곳으로

[1] 석도의 그림
[2] 북쪽 벽에 의지한 호석가산은 청 초 4대 화승으로 평가되는 석도의 솜씨로 알려진 만큼 그 자체로 흥미로우며, 산속에 두 칸의 방이 있으므로 원의 이름도 편석산방이 되었다.

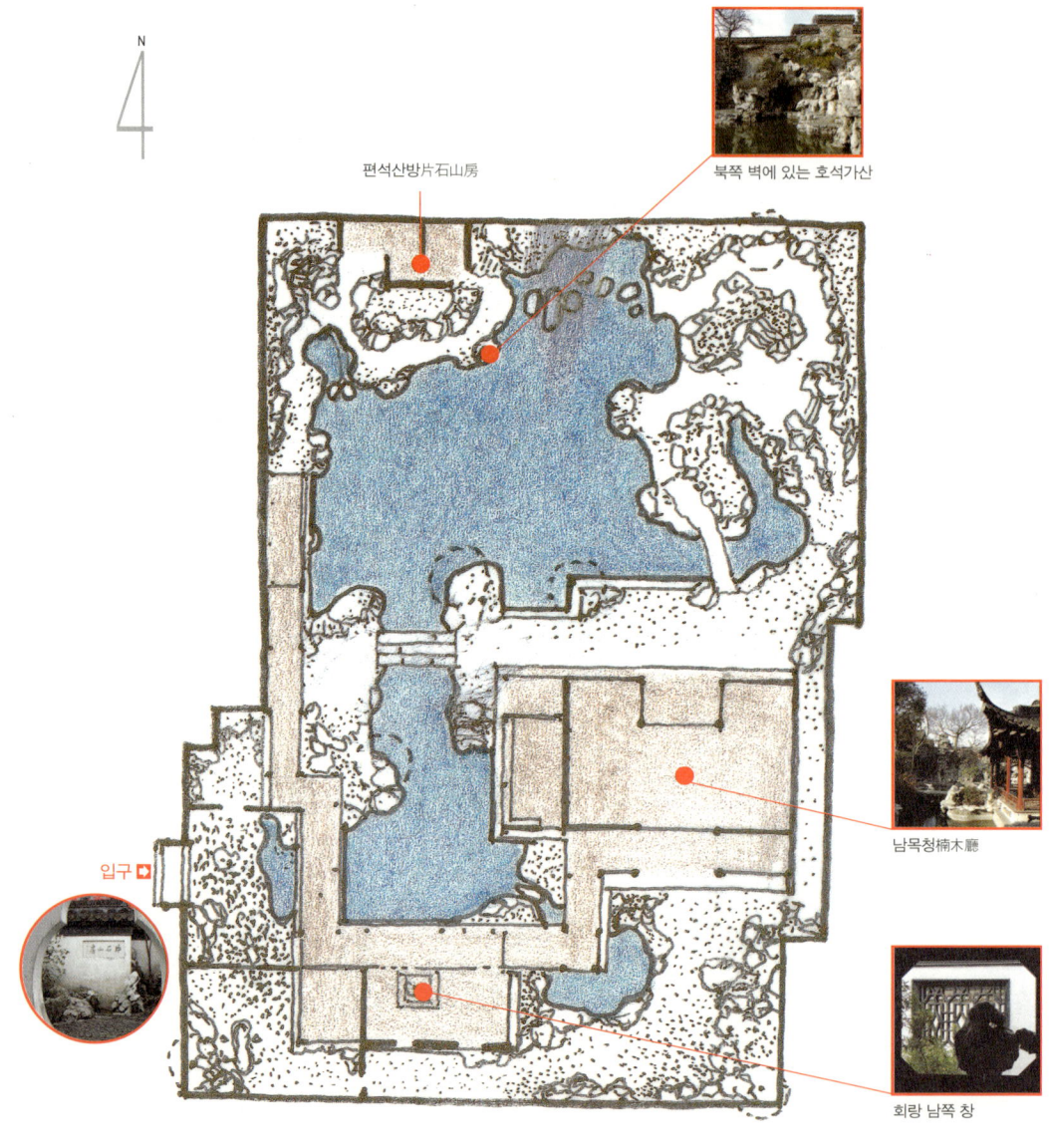

편석산방片石山房
북쪽 벽에 있는 호석가산
남목청楠木廳
입구
회랑 남쪽 창

편석산방片石山房 | 강소성 양주시 서응문가 77호 江蘇省 揚州市 徐凝門街 77号

군자가 자리할 만한 곳이었다.

1808년 후 양주성 내에 북경의 경극을 공연하는 희원戲園이 출현했는데, 대수항大樹巷 고락원固樂園이 시작된 곳이자, 멀지 않은 이곳 편석산방이 공연장소로 적당하다 하여 한때 이용되기도 했다. 광서光緖 초년에 원은 잠시 오휘막의 거소가 되고, 1883년 호북성 한황덕漢黃德(한양漢陽, 황주黃州, 덕안德安의 세 지역을 말함.) 도대道臺 하지도가 구입하여 하택何宅이 되며, 이 원과 기소산장寄嘯山莊의 회랑은 서로 통하여 분위기가 연결된다.

물론 현대의 원이 원래의 것과 많이 다르지만, 전체 배치는 여전하다. 주청이 북, 서, 남 삼면을 바라볼 수 있게 한 것이 특이하며, 주 경主景인 연못을 건너 북쪽에 가산을 두는 것은 일반적인 방법이다. 주 청당 서쪽의 오목하게 들어온 공간의 처리는 크지 않은 원의 변화감을 주는 요소이며, 입구에서부터 점점 넓어지는 수면의 변화 또한 점층적 수법의 일단을 보여준다.

3 원의 입구에는 작은 원들이 연결되어 있다. 회랑과 남쪽 및 서쪽 담장 사이를 이용한 원들은 소박하지만 저마다 독특한 공간감이 있다.
4 주 원으로 진입하면 북쪽으로 가산을 향해서 열리고, 주 청인 남목청楠木廳은 측면을 드러낸다. 이 남목청은 양주원림의 목조건축 중에서 가장 오래된 명대 말의 건축이다.
5 주 청 서쪽 돌출된 공간에는 주 원을 향해서 월량문을 만들었고 전면에는 마치 주 원을 배경으로 사진을 찍는 장소인 양 의자를 만들었다.
6 회랑 남쪽의 작은 공간에서 남으로 뚫린 창에는 바위와 대나무가 한데 어우러져 실물산수를 만들어낸다.
7 주 청으로 연결되는 회랑 남쪽에 붙은 작은 공간은 가장 남쪽에 자리하여 주 원을 관망하는 장소이므로 깊이가 있다.

공간 해석

편석산방의 원 배치형식은 기소산장의 서원과 유사한데, 원의 경계형식이 직교적이고 주 청^{4,7}이 남쪽에 위치한 것이 다르다. 자유형태의 첩산은 기하학적인 노대와 직접 결합하여 강한 대비를 이루며, 주 원과 서남쪽 오목하게 들어온 원 사이의 교류관계도 군더더기 없이 깔끔하다. 전체 규모가 작지만 공간 사이의 시각과 기의 흐름은 복잡하게 얽혀서 하나씩 떼어서 분석하는 것이 곤란할 정도인데, 이것은 건축공간을 다루는 수법이 일정한 경지에 이르렀음을 뜻한다.

8 넓지 않은 공간을 분절하고 연결하여 온갖 시각적 상상력을 끌어내었다. 이 공간들은 모두 반외부 공간으로 자연의 기와 늘 함께 흐른다.

9 소박한 원의 주 건축이다. 오래되고 단순한 옛 건축에 새로운 건축이 조합되어 새로운 공간을 만든다.

10 담장과 건축이 만든 공간의 연결.

편석산방 167

연못 한편을 점령한 수심정은 일반적인 강남원림의 정자답게 규모가 크므로 전체 원의 주 건축 가운데 하나가 되었다.

기소산장의

복도 회랑은 무려 430여 미터인데, 거의 원을 에워싸고 있다. 주택의 누 아래를 통하여 걸으면 기운이 광활하고 개성이 뚜렷하여, 현존 사가원림 중에서도 그 독특함을 자랑할 만하다.

1862년 하지도가 창건하기 시작하여 1875년 완성하며, 속칭 하원何園이라 하는데, 하택何宅은 편석산방과 기소산장을 합해서 이른다.

남쪽 하천 일대는 청 중엽 이래 양주 신성 내의 회관, 호화주택, 원정園亭 등이 집중되어 있는 곳이다. 이 지역의 이름인 화원항花園巷은 누대樓臺가 끊어지지 않고 꽃과 나무가 아름다운 데서 온 것인데, 서쪽의 체원棣園과 동쪽의 기소산장이 그 중 명성이 높다. 기소산장은 원래 건륭 연간 오가룡의 쌍괴원雙槐園(편석산방의 전신)의 옛터인데, 후에 하지도가 구입하여 대규모 증축을 하고, 남택북원南宅北園의 대규모 건축군을 이루는바, 진인晉人 도연명의 《귀거래혜사歸去來兮辭》 가운데 "남쪽 창에 기대어 앉아 스스로의 자긍심에 내맡기고, …… 동쪽 언덕에 올라 길게 휘파람을 분다. 倚南窓以寄傲, …… 登東皐以舒嘯."에서 이름을 취하였다. 편석산방은 하택동로何宅東路의 일부분이 되어, 기소산장과 함께 새들이 오가는 곳으로 숲과 소나무를 마주보게 된다. 하지도는 나중에 청 정부의 주 프랑스공사관을 맡을 정도로 학식이 풍부하고 안목이 넓은 신파 인물이었다.

원 남쪽 삼로오진三路五進의 하택 중 서쪽 합벽은 이채롭고, 원 복도 변의 정교한 주철제 난간 또한 특이한데 소주 졸정원 주철교의 난간보다 조금 앞선 것이다. 하지도는 당시 중요한 관직에 있었고 자연을 아꼈으며, 전통문인들의 취미인 거대한 주택이나 원림과는 다른 것을 만들려고 노력하였다.

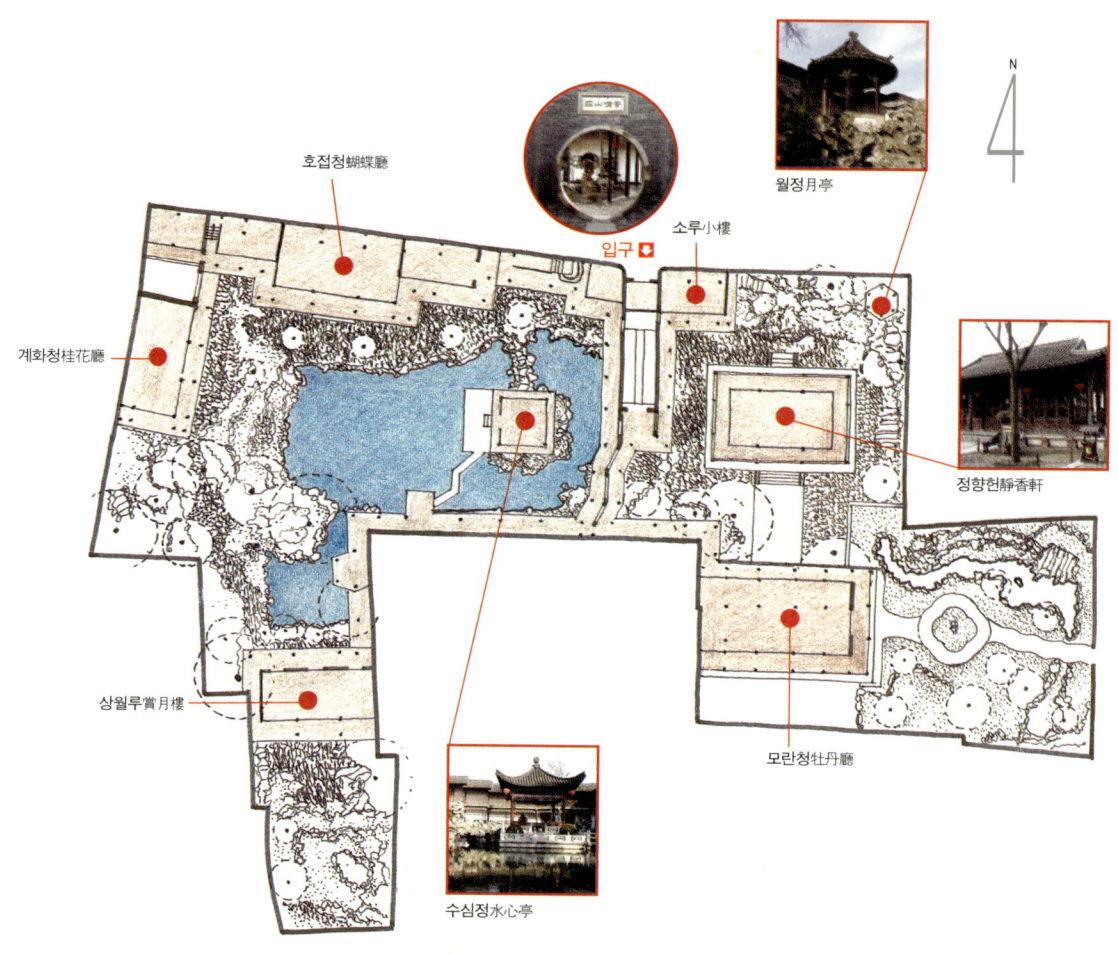

기소산장寄嘯山庄 | 강소성 양주시 서응문가 77호 江蘇省 揚州市 徐凝門街 77号

또한 이미 원정의 주요 지역인 소주, 항주와 함께 양주를 그 나머지 한 축으로 삼기 위해서, 원을 당대 최고 수준으로 만들고 싶어했다.

기소산장의 복도 회랑[6,9,10]은 무려 430여 미터인데, 거의 원을 에워싸고 있다. 주택 부분의 누 아래를 관통하여 걸으면 기운이 광활하고 개성이 선명하여 현존 사가원림 중에서도 그 독특함을 자랑할 만하다. 입구 벽의 양쪽에 있는 회랑은 원을 동서로 분리시킨다.

1 기소산장의 입구는 다른 원림과 달리 양쪽에 길고 높은 벽이 있어 깊이를 가지며 월랑문이 둥근 입을 열어 손님을 맞는다. 대칭적 질서의 입구 복도에서 월랑문을 사이로 보면 비대칭인 면모가 드러나며 알뜰살뜰 작은 공간을 잘 관련지어 사용하는 강남원림의 특징을 볼 수 있다.

2 주택 쪽에서 꽃 모양 창을 통해 본 주 원. 교차하는 건축이 주 경관이다.

동원-정향헌靜香軒, 모란청牡丹廳

동원은 청당 위주인데, 규모가 비교적 큰 선청船廳인 정향헌[3]과 모란청은 서로 대조적이며, 주와 부가 불분명하다. 선청 일대에는 파도 무늬의 바닥 포장이 있고, 청 사변에는 밝은 창이 있으며, 배처럼 외부 난간에 붙어 있는 의자가 있어 마치 아무것도 없는 곳에서 어떤 것이 생기듯, 환상적으로 물을 의미하게 하는바, 이것을 '한원수작旱園水作'이라 한다. 선정의 주간에 "달이 주인이요 매화는 손님인데, 꽃은 네 벽이요 배는 집이로다. 月作主人梅作客, 花爲四壁船爲家."라고 되어 있는데, 이것이 이 구역의 주제이다. 선청의 동·북 양면의 호석첩벽가산湖石貼壁假山은 양주 원림의 첩벽첩산貼壁疊山의 전통을 계승하여, 높고 낮음이 반복되고 매우 고심한 흔적이 있으나 약간 부자연스럽다.

[3] 동원의 주 청인 정향헌은 원 중앙에서 사방으로 열려 있다. 중축선은 모란청과의 관계에서 주택 부분의 연장선에 있다.

[4] 동북단의 월정月亭은 더 높이 올라 달을 맞기 알맞은 곳이지만, 원경을 차경하는 장소이기도 하다. 강남원림의 높은 가산은 대부분 관망의 대상만이 아니라 이처럼 완유의 대상이기도 하다.

5 서원은 연못과 연못 속의 수심정을 중심으로 이루어졌다. 이층으로 연결된 회랑은 거의 사방을 둘러싸는데 비록 연못과 건축 사이에 가산이 존재하지만 원래의 원림조성 목적인 자연적인 풍경은 아니다.

6 동·서 양원을 차단하며 연결하는 복랑은 막힘과 트임을 적절히 조율하고 있다. 트임의 방법 또한 다양하며 남쪽 절점 부분은 작은 비틀림으로 교묘히 해결하고 있다.

서원

서원의 주제는 동·서 원을 가르는 중앙 복랑複廊 벽 소동파의 『등주해시병서登州海詩幷序』, 「시법첩詩法帖」 중 "동쪽의 구름 바다 비우고 또 비워내니, 뭇 신선들 텅 빈 속에서 출몰하네. 뜬구름 같은 세상에 삼라만상 만들어내니, 어찌 조개껍데기 속에 구슬을 감추겠는가? 東方云海空復空, 群仙出沒空明中. 蕩搖浮世生萬象, 豈有貝闕藏珠宮."[18)]에 숨겨져 있다. 동원에서 격창으로 보면 산수는 멀고 높으며 누대는 밝고 옅으며 황홀하니, 진정으로 소동파의 시의와 같다고 주우휘는 해석했지만, 시의적 과장이다.

만일 전통 문인원이 담장과 하늘을 배경으로 하고, 건축과 나무와 바위를 주제로 한다면, 서원이 바로 그런 것인데, 연면한 누면은 배경이 되고 그것을 둘러싸고 있는 정대亭臺, 수석은 주제이다. 물론 원을 돌고 있는 2층 누랑樓廊은 배경이 될 뿐만 아니라, 스스로 감상 대상이 되기도 한다. 기소산장은 비교적 양주의 만청상가원림의 특색을 드러내고 있는데, 그러므로 완전한 전통 문인원의 표준은 될 수 없다.

---

18) 1085년 어느덧 지천명의 나이가 된 소동파가 해변도시인 등주(현 산동 봉래蓬萊)에 지주知州(태수)로 부임했을 때, 그는 바닷가 구름에서 상상 속 신선의 세상을 보는데, 곧 패궐주궁貝闕珠宮, 다시 말하면 용궁이다. 시인으로서 소동파의 상상력은 뛰어났지만, 부임 후 겨우 5일 만에 예부랑중禮部郎中으로 재임명되어 그만의 용궁을 미련 없이 떠난다.

바다 위 삼신산三神山

해상삼신산海上三神山(즉 봉래蓬萊, 방장方丈, 영주瀛洲)은 역사 이래 중국원림에서 의意를 추구하는 것 중 최고이며 인상적인 그림이다. 소주 졸정원의 중부 큰 연못에 있는 두 개의 산과 한 채의 정자, 유원 동부 '소봉래' 섬 등이 그 예인데, 양주의 이미 훼손된 체원에도 '소방호小方壺'가 있었다. 서쪽 원의 호석주산과 황석차산 및 수심정5,7도 역시 '일시삼산一池三山'으로서 전체 경관의 성격을 명확히 해석할 수 있다. 회랑에서 보면 산은 높고 달은 작으며 막아서는 것이 없어 북파北派원림의 크게 열고 크게 가두는 기상을 나타낸다. 주의해서 보면 회랑은 주위를 둘러싸면서 내부로 수렴하는 공간을 만드는데, 현대 중정형 원림 공간과 유사하다 할 것이다. 그 중 수심방정水心方亭과 중정원림은 서로 필요한 위치에 자리하여 형상을 만들어내고 상호 작용하여 일체가 된다.

7 물 가운데 있어 수심정水心亭이라 불리는 정자는 규모가 너무 커서 물을 압도한다.

8 정자의 기둥과 상부 장식은 화면의 틀이 되어 가상의 산수를 담는다.

공간 해석

전체 배치가 안정되고 솔직하며, 수隋 양제煬帝의 '미루迷樓'의 유풍이 보이는 이층 관루串樓를 잘 이용하여 전체 원 주위를 연결한 것과, 바위를 이용하여 첩산의 봉우리를 구분한 점, 벽에 기대어 첩산을 만든 것 등이 특이하다. 벽돌을 이용한 둥근 창은 북파원림의 영향이며, 독특하게 정리된 대형 누창漏窓은 휘파원림의 풍모이나 역시 소북 지방의 풍격이 제일 많다. 표면을 매끄럽게 간 벽돌을 담장에 사용한다든가, 남목楠木으로 백엽창百葉窓을 만들고, 백반석白礬石으로 월대의 기단을 만들며, 바닥 포장 등을 할 때 자연재질의 순수미를 살리는 수법 등이 그것이다.

기소산장의 진입 공간은 매우 특이하며 눈여겨볼 만한 정갈함이 담겨 있다. 동원은 한 축으로 연결된 두 동의 건축이 중앙에 자리 잡은 형식으로 강남원림에서는 보기 드문 경우이다. 서원은 서로 다른 건축들이 회랑으로 연결되어 원을 감싸는 형식으로, 직선으로 된 외벽과의 사이에 외부 공간이 없는 대신 건축물 자체가 폭을 달리하며 원의 경계를 굴곡지게 한다. 상월루는 주 원과 연결되어 있으나 오목하게 들어앉은 북쪽 원과 물이 없이 조용한 남원을 보유하고 있다.

상월루 남원의 기 흐름은 당연히 정적이지만, 이상하게도 주 원이 건축의 굴곡이 적지 않고 기의 움직임이 많은 회랑이 거의 사방을 감싸고 있음에도 전 원의 기 흐름은 그리 활발하지 않다. 그것은 원의 폐쇄적인 특징 때문으로 보인다.

9 남쪽의 회랑벽에는 다양한 모양으로 뚫린 창이 있다.
10 때로는 긴 직선으로 때로는 꺾어지면서, 회랑을 따라 이동하면 변화는 계속 이어진다. 관망처에서의 고정된 시야와 움직이면서 변하는 시야 사이에 교류가 생기고 기의 흐름도 달라진다.

11 주택 부분의 회랑장식은 이미 서구의 영향을 받아서 전통적이지 않지만 공간은 전통적 질서를 보여준다.

個園 개원

여름 정원에서 바라보이도 정자는 분명 핵심에 자리하여 온 정원을 연결하고 있다.

개원은 네 계절의 색이 함께하며 서로 빛을 발한다. 봄은 가지런하고 청순하다. 여름은 콸콸 물소리 들리며 선학이 노래한다. 가을은 낙엽이 발바닥을 간지럽힌다. 겨울은 북풍소리 애간장을 녹인다.

청 1818년 양회염총兩淮鹽總 황지균이 양주에 건립하였다. 소금업은 양주 지역에 엄청난 부를 안겨 준 상업이었다. 그래서 "건륭, 가정 연간에 양주 염상의 부유함은 천하제일이었는데, 백만 이하는 소상으로 취급하였다. 乾嘉間揚州鹽商豪侈甲天下, 百萬以下者皆謂之小商."라는 말이 있을 정도였다. 동관가東關街 일대는 청 중엽 이전에 양주 염상호택鹽商豪宅과 사원私園이 모여 있던 곳이다. 개원은 수지원壽芝園의 고지故址에 창건하였으며, 원주 황지균은 호가 개원이었는데,『개원기個園記』에 "원림 안의 못과 건물은 맑고 그윽하며 물과 나무는 밝고 소슬하였는데, 거기에 대나무 만 그루를 심고 개원이라 불렀다. 園內池館清幽, 水木明瑟, 幷種竹萬竿, 故號個園"이라고 기록되어 있다. 원의 이름은 '개'요, 사람은 원을 호로 사용하여, 원죽합일園竹合一, 인원합일人園合一이 되니, 이 얼마나 멋진 일인가.

1831년 양강총독兩江總督 도주가 소금 정책을 정비하였고, 그 때문에 염상들의 택원은 황폐해지고 개원 역시 전성기를 벗어나게 된다. 1862~74년 단도丹徒 이운정이 수리한 후 양주의 명망 있는 노인들에게 음풍명월의 터가 된다. 1875~1908년 강도江都 주언오가 많은 비용을 들여서 복원하였지만, 워낙 천지사방을 돌아다니는 인물이라 거의 방치하다시피 하여 퇴락하였다. 1930년 양주 여걸 곽견인은 원을 빌려 '애국여자학교'를 개설한다.

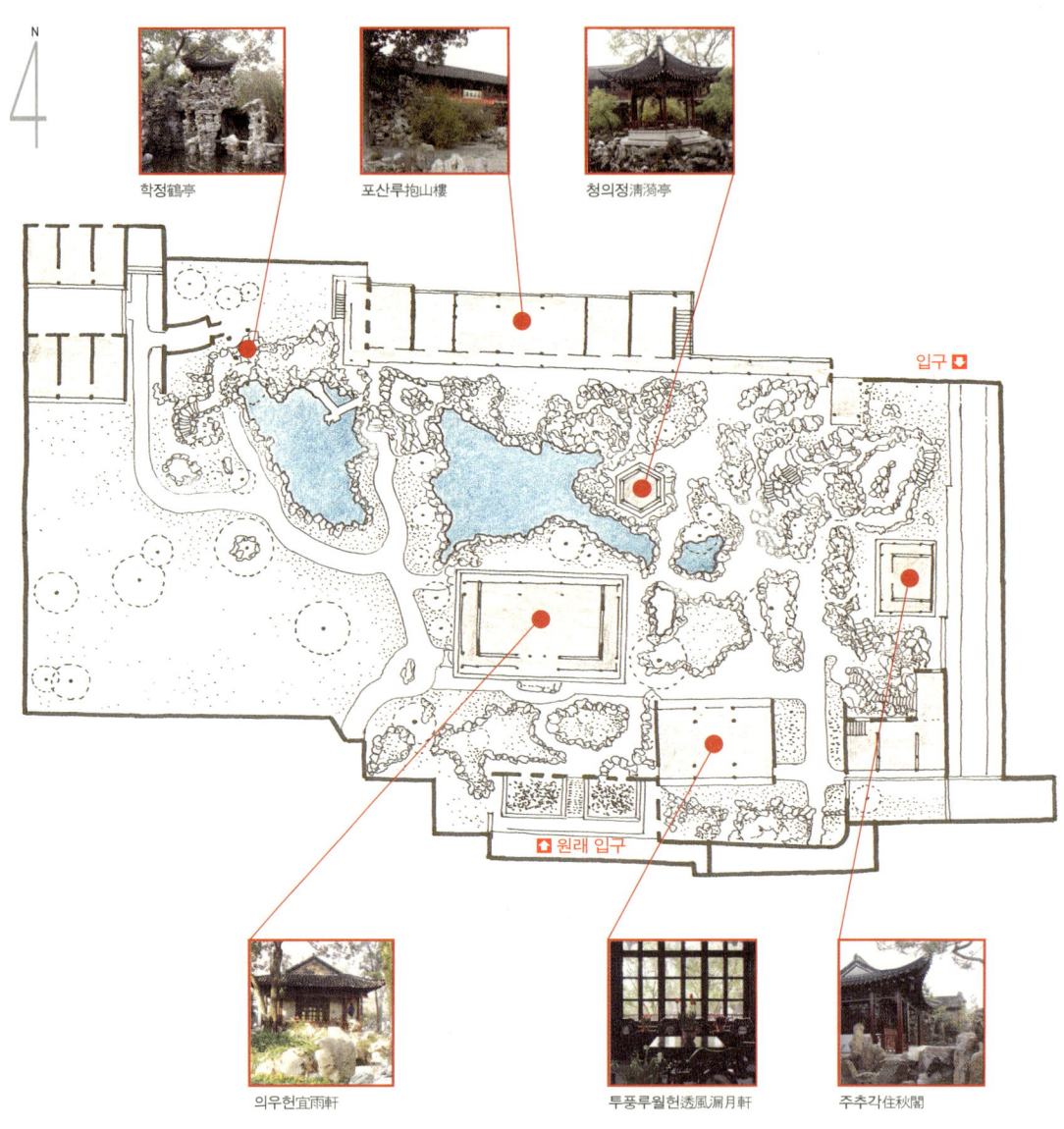

개원個園 | 강소성 양주시 동관가 318호 江蘇省 揚州市 東關街 318号

포산루抱山樓

개원 전성기에는 전체 원을 에워싸는 이층 누랑이 있었는데 기소산장과 유사했다. 현재는 포산루[1,2] 일곱 칸과 동랑 네 칸만 남아 있어 옛날과는 많이 다르다. 포산루의 편액은 '호천자춘壺天自春'[3]이다. 『개원기』에 나오는 것으로 그 뜻은 개원이 비록 명산대천에 미치지 못하지만 세상 밖의 도원이요, 인간세계의 선경이라는 것이다. '호천'은 도교 용어로 『후한서』에 나온다.

1 개원의 주 건축은 포산루이다. 전성기에는 기소산장과 유사하게 이층 회랑이 원을 한 바퀴 휘돌았다. 이미 많이 변했지만 약간의 흔적을 느껴볼 수 있다.
2 포산루의 이층 회랑은 햇빛이 나면, 누의 기둥 사이로 보이는 황석이나 태호석의 가산과 건축들이 어우러져 빛의 환상이 일어난다.
3 포산루의 편액은 '호천자춘壺天自春'이다.

봄
4 개원의 입구에는 봄이 있다.

여름
5 여름의 원은 물이 주를 이룬다. 태호석 가산은 느끼기에 따라 시원할 수도 있고, 답답할 수도 있다. 콸콸 물 흐르는 소리가 들리면 여름이 왔다 할 수 있다. 폭포도 있고 가산 아래로 흐르는 장치도 있다.

가을
6 황석가산에 단풍 진 잎들이 어울린 가을 정원.
7 가을 정원.

겨울
8 겨울은 삭풍으로 온다. 구멍은 바람소리를 이용한 겨울 노래의 피리이다.
9 겨울이 채 오기도 전 겨울 정원은 을씨년스러운 풍경을 연출한다.

개원의 봄·여름·가을·겨울

일찍이 남송 임안臨安(현 항주)의 봉황산자락에 있는 황궁의 후원에는 동·남·서·북 네 구역에 각각 계절에 맞추어 춘·하·추·동 경색景色의 예가 있었는데, 개원은 사계경색이 공존하며 서로 빛을 발하게 된다.

춘경[4]은 원의 남쪽 입구 일대이며, 죽림 및 임간석순林間石筍을 배치하여 봄날 산림을 상징하게 하였으므로, 이것이 사계의 풍경을 앞서 끌어가며, 바로 '개'의 주제이다.

하경[5]은 원의 서북, 즉 포산루의 서쪽이다. 호석첩성수가산湖石疊成水假山으로서 석량石梁을 이용하여 물을 동굴로 끌어들인, 맑고 유현한 자태는 훼손된 명 주병충이 쌓은 소주 혜음원蕙蔭園의 수가산水假山과 과유량이 쌓은 상숙常熟 연원燕園의 황석가산을 닮았다.

추경[6,7]은 원의 동쪽인데, 12미터 높이의 황석거봉이다. 산속에는 길이 있는데 석량, 잔도棧道, 유곡幽谷, 석실石室 등이 무궁무진하게 나타난다. 그래서 여행자는 종종 이곳에서 길을 잃는다. 산 전체는 서쪽으로 면하며, 석양 때 만산은 붉은색이 되니 추색秋色이 찬란하고 다채롭다.

동경[8,9]은 원의 동남에 있으며 '투풍루월헌透風漏月軒'과 마주하고 있다. 겨울 산이 비교적 작은 규모인 것은 훼손이 심했기 때문이다. 이 산은 선석산宣石山(안휘 선성산宣城産)으로서 남쪽 담장에 의지하여 북쪽을 향해 있으며, 마치 눈이 쌓인 것처럼 보인다. 산 아래는 백반석 빙열문白礬石氷裂紋의 바닥면이 있으며, 이십사지풍음동二十四只風音洞 중 북풍을 의미한다.

10 창밖에 펼쳐지는 원과 건축들은 풍월의 잔재가 되어 쌀쌀한 실내에서 머문다.

11 투풍루월헌의 문을 열면 겨울바람은 달빛을 이고 호천자춘에 이르러 봄을 기다린다.

의우헌宜雨軒

의우헌은 원의 중앙에 위치하여 사방을 향해서 열려 있는데, 이는 일반 소주원림의 주청당이 한쪽으로 비켜 있는 것과 다른 배치이다. 옛날 이층 누각이 있을 때, 누각은 원 전체를 감싸고 사계의 정원을 높은 곳에서 연속하여 볼 수 있도록 하였다. 전하는 바에 의하면 개원 가산[16,17]에서 석도의 수필手筆이 나왔는데, 그 중 개원 가산을 높이 평가한 내용과 양주인의 독특함을 인정한 내용이 포함되어 있었다 한다. 청대 중엽은 새로운 시민계급이 막 부상하는 시점이었고, 시정市井문화가 고도로 발달했기 때문에 개원과 같은 격이 높은 상가원림商家園林이 만들어질 수 있었을 것이다.

12 여름 정원에서 보는 의우헌.
13 의우헌은 봄의 길목에 연결되어 있지만 여름과 가을을 함께 지켜본다. 벽과 지붕의 박공에 새겨진 섬세한 장식은 이 건축의 위상을 말해준다. 북쪽을 향하는 강남원림의 주 건축의 특성을 가지고 있다.
14 의우헌은 포산루를 배경으로 하고 청의정을 오른쪽으로 하여 여름 정원을 주로 관망할 수 있도록 하였다. 양주처럼 더운 지방에서는 여름이 가장 중요한 계절이기 때문이다.
15 의우헌 남쪽 진입계단은 자연석으로 되어 있다. 이런 예는 강남원림 곳곳에서 볼 수 있는바, 바닥 포장은 정연하게 하면서 막상 주 계단은 흐트러뜨리는 양식은 한국과 정반대이다. 우리는 바닥 포장이나 석축 등은 자연석으로 하지만 주 계단은 정연하게 만드는 것이 일반적이다.
16 여름 정원의 태호석가산은 수직적이지만 큰 나무와 어울리게 하여 연못의 장식으로 축소하였다.
17 가을 정원인 황석가산은 포산루와 맞물리면서 크기가 고르지 않다. 계곡을 건너는 돌다리와 동굴 길에서는 강남원림의 기준을 따르다가 건축에 가까워지면 갑자기 산은 초라해진다.

공간 해석

원은 계절별로 분리되어 있다. 봄 원은 원래의 입구에 있는데 작고 단정하며 중앙의 월량문을 통하여 의우헌 남쪽 원과 연결된다. 그러므로 봄 원의 기 흐름은 봄기운처럼 정적이면서도 활발한 움직임의 조짐이 보이며, 의우헌 남원은 변화가 있지만 기 흐름이 차분하다. 숨기며 휘어들어가는 이 공간은 졸정원의 원 입구와 원향당 사이의 공간과 유사하지만 졸정원의 과격한 막아서기에 비해서는 매우 점잖다. 여름 원은 주 연못이 있는 주 공간과 편하게 연결된다. 남쪽은 성긴 숲으로 느슨하게 막혀 있는 대신 북쪽은 산과 누로 제법 단단하게 막혀 있으므로, 느슨했던 기는 아래로는 연못의 물과 함께 오글오글 동굴 길로 파고들고, 위로는 포산루와 산 위의 학정[24,25]의 열린 부분까지 가볍게 퍼져 오른다. 그래서 이 공간의 기는 주 공간답게 체적이 늘어났다. 가을 원은 동쪽의 산과 서·남·북의 건축들로 둘러싸였

18 집들과 조경 요소는 대별되는 관계를 가지고 한데 어울린다.

19 가을 가산에 올라앉은 주추각.
20 기하학적 원과 자유곡선의 가산은 사실 모두 인공적이다. 그러나 둘은 대조적이며 인공정원의 자연스러운 기질이 강조되게 한다.
21 햇빛이 뜨거운 여름에도 가산 동굴 속은 서늘하다. 그 사이로 보이는 원과 건축들은 마치 다른 세계에 있는 듯 거리감이 있다.
22 여름과 가을이 섞이는 풍경은 대개 봄부터 가을까지 다른 맛을 보여준다. 긴 회랑이 주를 이루는 이층 누창각과 고즈넉한 정자는 가까운 거리에 있음에도 도시와 농촌처럼 많이 다른 이미지이다.

23 포산루에서 내려다보면 핵심에 자리하여 온 정원을 연결하는 정자의 존재가치를 느낄 수 있다. 긴장된 외부 공간을 만들어내는 반외부 공간의 역할은 동아시아 건축의 특성이다.

24 하늘로 날아오르는 듯한 학정.

25 가산의 아치 사이로 보이는 학정은 원경처럼 그려진다.

으며, 불규칙한 건축면들의 만남과 휘돌아치는 산의 곡선으로 말미암아 여름 원보다 오히려 활발하다. 서쪽 주 원을 막아서는 청의정[26,27]은 그물처럼 두 공간을 구획하기도 하고 소통하게도 한다. 겨울 원은 쓸쓸하게 투풍루월헌 남쪽 한 귀퉁이로 밀쳐져 있다. 진짜 한겨울 북풍이 불 때는 소리와 결합된 기 흐름의 묘한 정체를 감지할 수 있는데, 바람과 함께 빠른 속도로 빠져나가는 기 흐름 속에서도 정적 교감은 존재한다는 사실을 깨달을 수 있다.

26 청의정은 관망 대상이면서 관망처가 되는 전형적인 중요 관망점이다.
27 사방으로 시각이 열리는 정자.

平山堂西園
평산당서원

수직적인 황석가산과 강희비정 및 대명사 탑이 겹쳐진다.

전체 원은 광활한 크기와 넓고 먼 수면과 자연스런 정취가 어울린다. 시야는 서로 교차하며 자연의 기는 산자락을 타고 내려와 대월정을 거쳐서 연못 위에 한참이나 머문다.

평산당은 양주 서북부 촉강蜀崗 위에 있는데, 대명사大明寺 서쪽이며, 북송대 1048년 구양수가 양주지주支州로 있을 때 창건한 것으로 그 목적은 손님 접대이다. 당시 양주는 동남 지역의 중요한 도시로서 회남淮南 삼십일 군郡의 중심지였고, 장강의 동서로부터 오령五嶺, 촉한蜀漢의 수많은 관원들이 지나가고, 무역상인들이 필수적으로 거쳐가는 곳이었다. 경사京師로 운반되는 물자를 실은 배와 마차들 가운데 열에 일곱이 이곳에 머물렀으므로 접대 업무가 많아 이 원을 지었다. 『피서록화避書錄話』에 기록되어 있기를, 여름에는 거의 매일 아침부터 구양수가 손님들을 모시고 이곳에 와서 머물렀는데, 어떤 때는 연못에서 연꽃 천여 송이를 꺾어서 백여 개의 꽃바구니를 만든 후 손님들 사이사이에 놓아두고, 술을 마실 때는 기녀로 하여금 손님들에게 꽃 한 송이씩 건네주게 했으며, 그 꽃잎으로 술을 마시게 하기도 하였다. 그래서 지금도 당 내에는 '풍류완재風流宛在', '좌화재월坐花載月'의 편액이 걸려 있다. 소동파는 그의 스승인 구양수를 기념하기 위해서 평산당 후면에 곡림당을 만드는데, 자기의 글 "깊은 골짜기 그윽하고, 높이 솟은 숲 무성하다. 深谷下窈窕, 高林合扶疏."에서 이름을 취하였다. 이후 평산당은 구양수의 명성이 보태져서 천하에 널리 알려진 명승지가 되었다. 남송 때 훼손되었다가 청대 1633년 중건되면서 구양수의 사당이 주가 되었다. 현재 남아 있는 평산당, 곡림당谷林堂 및 구양수사歐陽修祠는 1862~74년 사이에 중건된 것이다.

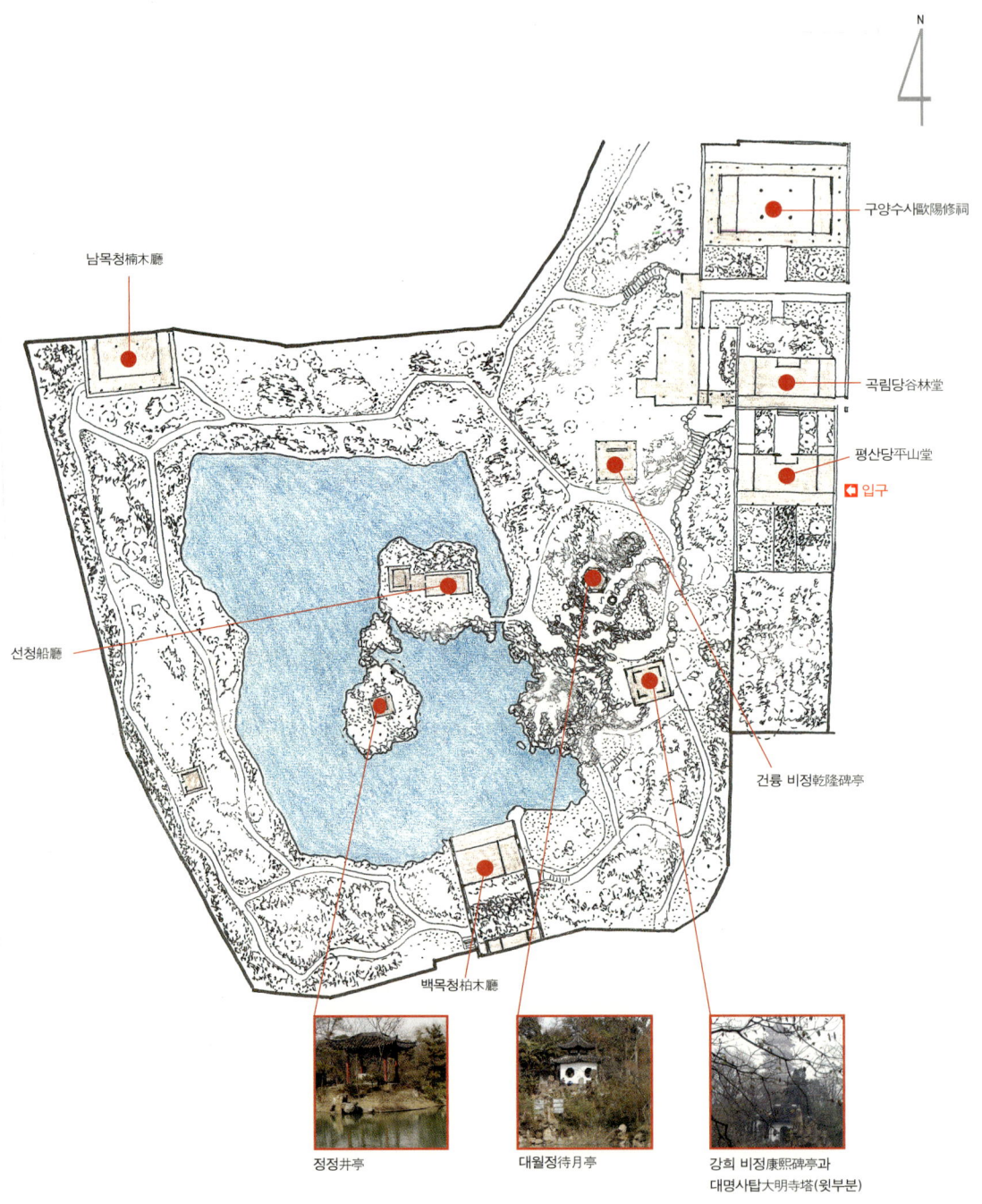

평산당서원平山堂西園 | 강소성 양주시 촉강 풍경구 江蘇省 揚州市 蜀岡 風景區

서원은 방포芳圃라고도 하며 1736년 건립되었다. 원래는 촉강 산록에 있었는데, 건륭 연간에 제오천第五泉 구지舊址를 파서 큰 연못을 만들고, 우물은 덮어 정란井欄을 만들었으며, 주위에는 층대를 만들고, 지안池岸에 연결하는 다리를 가설한다. 또한 동안東岸에는 정자를 세우고 '천하제오천天下第五泉'[1,2]이라고 표한다. 이후 이 곳에는 산림이 우거졌는데, 연못에서 동쪽을 보면 불사산당佛寺山堂과 누각, 전우殿宇가 스카이라인에 함께 어울리는데 장관이다. 현재 서원의 원 내에는 제오천 정정井亭 외에 동쪽 언덕의 강희 비정碑亭, 건륭 비정碑亭과 대월정待月亭이 있다.

근년에 연못 동쪽 수면에 황석가산[3]을 만들었는데, 돌의 사용은 적지 않았지만 너무 인공적인 냄새가 난다. 전체 원은 비교적 광활한 척도와 넓고 먼 수면과 자연스런 정취가 서로 조화한다. 연못 가운데 섬이 있어, 섬에는

1 이곳에 원을 만든 동기가 된 천하 다섯 번째 샘의 물맛은 그리 탐탁지 않은 환경 때문에 끝내 맛보지 못하였다.
2 연못 가운데 섬에 있는 제오천第五泉 정정井亭.

3 원의 동쪽에는 새로 만든 황석가산이 있어 자연적인 산세와 대조를 이루며, 산의 오른쪽은 강희 비정康熙碑亭이, 왼쪽에는 대월정待月亭이 있다.

선청船廳 삼간을 지었고, 연못 서북 모서리에는 성남 관음암觀音庵을 옮겨 와서 남목청楠木廳이라 하였으며, 연못 남쪽에는 옛 성에서 옮겨 온 백목청 柏木廳이 있으니 청석산방聽石山房이다.

4 강희 비정 내에서 창을 통해 원경을 볼 수 있는데, 근경을 두어 원근감이 생기게 하였다.
5 건륭 비정 안에서 내다보는 개구부가 인상적이다.

공간 해석

평산당은 크지 않은 사당이므로 정원으로서 특별한 점은 없다. 서원[9] 부분은 기본적으로 중앙에 연못을 두고 둘러싸는 회유식으로 강남원림의 형식을 벗어나지 않지만, 건축물들이 적은 편이고 회랑이 없으므로 비교적 열린 느낌이다. 삼신산을 상징하는 연못 중앙의 섬들에도 작은 건축들이 자리하여 관망 대상뿐 아니라 관망처의 역할도 한다. 그러므로 동서남북과 중앙부에 각각 주 관망처가 있는 셈인데, 산지이고 원의 형상이 불규칙하므로 각각 다른 경관을 연출하게 된다. 시야는 서로 교차하며 자연의 기는 산자락을 타고 내려와 대월정을 거쳐서 연못 위에서 한참이나 머문다. 각 관망처에서 발산되는 기는 연못을 감싸며 자연의 기와 함께 흘러가니 건축으로 막히지 않았으나 내향적 성격을 가진다. 연못 속의 섬과 회랑 없이 회유하는 형식으로 말미암아 일본의 회유식 정원을 많이 닮았다. 백목청의 남쪽으로 조성된 작은 원은 경사를 이용하여 가산을 만들어 고요하고 그윽한 맛이 있다. 이곳의 기는 거의 움직이지 않으며 조용한 흐름을 보이므로 정적 사념을 일으킨다.

6 원의 동쪽 언덕에 위치한 대월정은 정자답지 않게 폐쇄적인데, 전체 원이 비교적 열려 있으므로 오히려 대조적인 조화가 있다.
7 원 서쪽에 자리한 정자.
8 서쪽의 정자에서는 연못과 섬을 포함한 원 전체와 건너편 대명사 지역까지 관망할 수 있다.

9 평산당서원은 다른 강남원림과 달리 산지에 위치하고 건축물이 비교적 희소하기 때문에 자연적 풍모가 강하다.

기창원 寄暢園

북쪽과 남쪽에서 바라보는 주 원은 깊이감이 있으며 넓은 물 공간에 비해 유현한 맛이 있다

유현한 계곡과 산, 오래된 소나무와 잘 정리된 정원, 그리고 중국에서 둘째로 맛있는 샘이 솟는 곳, 고목과 해 그림자가 낮은 골짜기에서 함께 운다. 흰 학이 놀던 모래언덕에는 늙은 고목 가지 축 늘이고 거울연못에 팔을 담근다.

기창원의 전신은 1506~21년에 진금이 창건한 봉곡행와鳳谷行窩이며, 강소성 무석시無錫市에 있다. 무석 성외 혜산가는 혜산의 '두모봉頭茅峰' 아래 남조南朝시대의 고찰 혜산사 밑에 있는데, 경사진 산자락에 기대어 승방들이 면해 있고, 사묘祠廟와 서로 마주보고 있다. 옛날에는 푸른 벽돌이 바닥에 깔려 있고 복숭아꽃과 버드나무가 빽빽이 길가를 메우고 있었는데, "혜산의 거리 5리나 되는데 꽃을 밟고 돌아오니 신발에서 향기가 나네.惠山街五里長 踏花歸 鞋底香."라는 글에서 알 수 있듯이, 오래나 향내가 멈추지 않는 길이라고 하였다. 그러므로 혜산가는 속세와 선계를 잇는 무지개와 같은 것이다. 그 '선계仙界' 중, 길고 유현한 계곡과 산이 있고, 오래된 소나무와 맑게 흐르는 샘물과 잘 정리된 정원이 있는 곳, 그리고 그 샘물 중에 차성茶聖 육우가 그 품격을 정한 '천하제이천天下第二泉'[19]이 있는 곳이 바로 기창원

---

19) '차는 물의 정신이고 물은 차의 몸이다.'라고 할 만큼 차를 좋아하는 중국인들에게 물은 매우 중요하였다. 따라서 역대의 차 애호가들은 좋은 차를 고르는 것과 동시에 좋은 샘을 선정하였다. 전하는 바에 의하면 육우陸羽는 20여 종의 샘을 택하였는데, 첫째는 여산廬山 강왕곡수렴수康王谷水帘水, 둘째는 무석無錫 혜산사惠山寺 석천石泉, 셋째는 점주蘄州 난계석하수蘭溪石下水, 넷째는 소주 호구사虎丘寺 석천수, 다섯째는 양자강 남냉수南冷水, 여섯째는 양주揚州 대명사大明寺 수 등이다. 당대 장우신의 『전차수기前茶水記』에서는 육우와 조금 차이가 있는데, 첫째는 양자강 남냉수, 둘째는 무석 혜산사 석천수, 셋째는 소주 호구사 석천수, 넷째는 단양丹陽 관음사 수, 다섯째는 양주 대명사 수 등이다. 이후 다른 이들에 의해서 다른 등급들이 매겨졌으며, 청 건륭은 육우가 북쪽으로는 와보지도 않고 평가를 했다고 불만하면서, 은으로 만든 저울로 샘물들을 달아서 등급을 평가한바, 북경 교외 옥천玉泉을 첫째로 하여 『어제천하제일천기禦制天下第一泉記』를 썼다. 무석 혜산사 석천은 두 평가에서 모두 이등을 하여 그 이름이 널리 알려졌으니, 당대 재상 이덕유는 지방관을 통해서 장안까지 배달해서 차용수로 사용했고, 송 휘종 때는 공물이 되기도 했으며, 원대 시인 고계가 소흥에 살 때 무석에 있는 친구가 찾아오면서 석천수를 선물로 가져오기도 하였다.

의 자리이다.

기창원은 혜산동록惠山東麓에 자리 잡아서 동남쪽과 석산錫山을 마주본다. 이곳은 원대 승려들이 거주하던 곳인 '남은방南隱房', '회우방匯寓房'의 옛터인데, 당시 샘물이 졸졸 흐르고 종소리는 은은하며 이끼가 만개하고 새들이 집을 짓는, 먼지 한점 없는 청량한 곳이었다.

1511년 남경 병부상서 진금은 사직하여 회향하는데, 그는 이곳 스님들의 요사를 자신의 원정園亭으로 삼아, 소주 왕헌신이 대홍사大弘寺로 피해 갔다가 그곳을 졸정원으로 삼았던 것과 유사하다. 진금은 당시 원명을 '봉곡행와'로 하고, 또는 '봉곡산장鳳谷山庄', '용산봉곡龍山鳳谷'(혜산의 옛 이름이 '구룡산九龍山'이었음) 등으로 불렸고, 백성들은 '진원秦園'이라고 불렀다.

1560년 진금의 조카 진한, 손자 진량은 원을 일차 개수한다. 1591년 진량의 조카 진요는 전체 원을 대규모로 확장하고, 기창원이라 이름 짓는다. 원명은 진인晉人 왕희지의 『답허연答許椽』 중, "어진 자와 지혜로운 자가 좋아하던 산수를 취하여 즐기고, 산수의 그늘 속에서 정신의 자유로움에 기탁하네. 계곡과 여울의 물소리 맑고 시원하고, 소나무와 대나무 숲 맑고 산뜻하다. 取歡仁智樂 寄暢山水陰. 淸泠溪潤瀨 歷落松竹林." 및 난정수계시蘭亭修禊時[20]의 작품집《난정시蘭亭詩》의 "봄 기운이 만물을 생동하게 하니, 화창한 기운이 비롯하는 곳에 맡긴다. 三春啓群品, 寄暢在所因."에서 취했으니, 졸정원의 자조적 의미와 비슷하다 할 것이다.

이 확장작업은 1599년까지 계속되며, 완성 후에는 원의 남쪽은 혜산사, 북쪽으로는 청송방聽松坊까지, 동은 진원가秦園街, 서는 이천서원二泉書院이 인접한다. 원 중에는 가수당嘉樹堂, 청향재淸響齋, 금회의錦匯漪, 청어淸禦, 지어함知魚檻, 청천화박淸川華薄, 함벽정涵碧亭, 현종윤懸淙潤, 와운당臥云堂, 인범각隣梵閣, 대석산방大石山房, 단구소은丹邱小隱, 환취루環翠樓, 선월사先月榭, 학

---

20) 蘭亭修禊: '난정蘭亭' 300쪽 참조.

보탄鶴步灘, 함정재含貞齋, 상대爽臺, 비천飛泉, 능허각凌虛閣, 서원당栖元堂 등의 20경이 있다.

   1644~61년 동안 진요의 증손 진덕조는 당대 조원 거장 장련과 그의 조카로 하여금 대대적인 개조작업을 시켜 기창원 역사상 가장 빛나는 새로운 장이 연출되었다. 당시 주인은 장인을 믿고 일체를 맡기어, 후일 백 년간의 광휘와 세세손손 전해지는 예술적 지위를 획득한다. 1684년에서 1784년까지 100년 동안, 강康, 건乾 두 황제는 매번 강남으로 올 때마다 이 원을 들렀는데, 심지어 올 때와 갈 때 모두 들른 일도 있을 정도이며, 전후 열네 차례나 다녀갔다. 1722년 한때, 궁정 내 투쟁의 파급으로 기창원이 궁으로 넘어가, 원 남단에 고절사考節祠, 전무숙왕사錢武肅王祠 등이 건립되고, 혜산사에는 패방, 문청, 영사각永思閣, 송분루頌芬樓, 병례당秉禮堂 등을 건축하여 원림의 경상은 많이 훼손된다. 1860년 태평천국의 난과 항일전쟁 시기에도 역시 심하게 피해를 입었다.

팔음각八音閣
가수당嘉樹堂
칠성교七星橋와 함벽정涵碧亭
학보탄鶴步灘
지어함知魚檻

입구

1.욱반郁盘 2.지어함知魚檻 3.학보탄鶴步灘 4.함벽정涵碧亭
5.칠성교七星橋 6.가수당嘉樹堂 7.매정梅亭 8.팔음각八音閣
9.함정재含貞齋 10.사당祠堂 11.병례당秉禮堂

기창원寄暢園 | 강소성 무석시 혜산직가 江蘇省 無錫市 惠山直街

사의寫意와 사실寫實

중국 전통원림은 사의적寫意的인 것과 사실적寫實的인 것 두 가지 유형으로 나눌 수 있다. 전자를 한마디로 표현하면, '이천축지移天縮地', 즉 하늘을 옮겨 오고, 땅을 축소하는 것이다. 크기를 줄여서 작은 공간에 존재하는 대자연의 산수를 만드는 것으로, 결과적으로 유람자는 원림 속에서 대규모 분재 같은 경관을 즐기는 것이다. 현존하는 대다수의 원림은 이 부류에 속하며, 졸정원 · 망사원 · 환수산장 등이 대표적이다.

후자는 '절계단곡截谿斷谷', 즉 척도를 줄이지 않고 교묘하게 옮겨진 것처럼 만드는데, 자연산수 경관 중에 작은 일부분을 잘라서 층을 바꿔 가면서 그림을 삽입하는 것으로, 원 밖의 자연과 한데 어울려 사실적인 자연을 상상하게 하는 것이다. 구체적으로 말하면, 척도가 자연과 다르지 않으며, 과정과 변화가 풍부하고, 완만하고 간단하며, 소박한 풍모이다. 이런 수법의 대가가 증삼과 기창원의 건설책임자 장련인데, 소주 예포 또한 이런 수법이 사용되었다. 기창원을 통해서 본 장련의 조원이론은 다음과 같다.

원의 수면이 남북으로 길게 놓여 있고, 건축과 산림이 물을 사이에 두고 동서로 마주보고 있다. 수면 동쪽의 중간에 있는 방정方亭의 지어함,[3] 서쪽의 평평하고 완만한 언덕(학보탄)[5]과 높고 큰 교목이 돌출한 연못 지안池岸 등이 서로 호응하고, 수면으로 수렴되며, 수상 공간을 분할하고, 시각의 층차를 증가시킨다. 수면의 남북양단은 건축으로 에워 쌓는데 서로 대경이 된다. 양단에서 돌아보면 수면의 깊이감은 다르지 않으나, 돌출한 정은 전체 원의 시각적 초점이 된다. 이런 수법은 소주 졸정원 중부와 비슷하고, 명 만기 및 청 초의 상용수법이다.

이 원에는 특별히 돌출한 봉우리가 없고, 그나마 첩산도 혜산의 언덕지세에 의존하여 원 서쪽에 만들었으며, 동쪽을 향해서 완만하게 내려와 연못에 이르고, 원 주위의 담장에 숨은 듯이 자리하고 있다. 언덕에는 나무를 열식하고 인공적인 흔적을 최대한 없애, 일반적인 야산의 풍모이다. 원의 동

1 기창원은 산자락에 있으므로 어색한 가산은 없다. 멀리 보이는 산들도 함께 보는는 풍모와 함께 우리 정서에 맞다. 전체 원의 구성은 연못 너머 길게 펼쳐진 산을 따라서 회랑과 정자들이 변화하면서 관망이 이어진다.

2 원의 북쪽 회랑에서는 문과 창으로 액자를 만들어서 다른 감각을 느끼도록 하였다. 늘 등장하는 월량문도 빠지지 않았는데, 작은 나무 한 그루 앞을 가리고 주 원을 꿰어본다.

3 동쪽을 따라가는 회랑의 중간 부분에 위치한 지어함은 연못을 향해 돌출해 있으며, 건너편의 학보탄과 마주하며 연못 중간을 살짝 조이고 있어 원 전체의 흐름에 묘미를 준다.

4 지어함의 건너편, 사진 왼쪽의 돌출부가 학보탄이다.

5 오른쪽 돌출부가 학보탄이다. 학보탄 끝의 나무조차 지어함을 향해 약간 기울어져 전체 그림을 조화롭게 한다. 그러고 보면 나무와 함께 학보탄은 주 원의 전체 분위기를 살아 있게 만드는 매우 중요한 요소이다.

6 학보탄에서 남쪽을 향하면 인공건축물이 만드는 주요 원경과 먼 산의 탑까지 아우르는 시각이 형성된다. 쉼터와 통로의 막힘과 열림의 조화로운 구성은 대상으로서도 아름답다.

쪽에서 바라보면, 혜산의 맥이 담장을 넘어 자연스럽게 원에 들어와, 척도가 사실적이고 교묘한 장식을 볼 수 없다. 팔음각八音閣(구 '현종윤')[7]은 실상 흙언덕 속의 돌로 이루어진 계곡인데, 이천二泉[8]의 물을 길어 연못과 폭포를 만들며 무한하게 변화하고, 양측에는 고목이 높으며, 깊은 곳은 유현하고 중후하여 아름다움의 극치이다.

기창원 역시 수면이 중심인데, 수상의 회랑은 70여 미터에 이르며, 지어함과 학보탄, 칠성교,[10] 낭교廊橋[11]에 의해서 여러 층으로 구획된다. 이천을 통해 위에서 유입된 물은 아래 자연 하천으로 내려가 늘 연못의 물을 움직인다. 이천수二泉水는 연못으로 들어오기 전에 한 갈래는 소리가 울리는 계곡 음윤音潤을 통해서 연못에 들어오고, 다른 갈래는 남쪽 담장 쪽에서 연못으로 들어온다. 원의 건축은 모두 만청 이후 건립된 것으로, 그 중 가수당[12]은 잘 정돈되어 정갈하다.

함정재 동쪽 현재의 바닥 포장은 금산석金山石과 청전감체青磚嵌砌로 되어 있는데, 깔끔하고 소박하며 예술적 수준도 높다. 금회錦匯漪 동남 일대의 회랑길은 돌을 가로로 사용하였으며, 청 초의 유구이다.

기창원과 소주 호구虎丘 옹취산장擁翠山庄 및 천평산天平山 고의원高義園은 강남 지역 산록원山麓園의 대표이다.

[7] 팔음각은 계곡의 소리가 주제인 가산. 계곡 물이 가산 아래로 지나가게 되어 있다.
[8] 중국에서 두 번째로 물맛이 좋다는 제이천은 기창원 남쪽의 혜산 자락에 있다.

9 원의 서쪽에는 최근에 복원된 회랑과 연결되어 사방으로 열린 세 칸짜리 건축이 있어 때때로 고전악기 연주를 들을 수 있다. 지어함에 앉아도 그 광경이 보이며 분위기와 어울리는 음악 소리도 은은하게 들린다.

10 동쪽 회랑에서 북쪽 가수당으로 연결되는 칠성교. 이 다리를 지나면 함벽정 연못에 다다른다.

11 함벽정과 북쪽으로 이어지는 낭교廊橋는 더 깊어지는 북쪽 작은 연못과 함벽정 공간을 분할하는 역할을 하면서, 원의 동쪽 끝에서 서쪽 끝까지 기가 흐르게 하는 연결 창구이기도 하다.

12 함벽정에서 바라본 가수당.

공간 해석

물을 건너 산을 바라보며 이어지는 회랑은 다른 모양과 다른 성격의 쉼터를 만들면서 북쪽으로 천천히 움직인다. 주 원의 돌출된 지어함은 마주보는 학보탄과 함께 원의 주 의경이다. 가수당은 남북으로 긴 연못의 북쪽에서 전체 원을 바라보며, 칠성교[13]로 구획된 함벽정 주위의 원은 주 원과 대조적으로 안으로 깊이 침잠한다. 그래서 원 전체의 기 흐름은 대체로 쾌활하지만 지어함에서는 오히려 잠깐 동안 사념에 빠지며, 함벽정에서는 관자의 주위에서만 조용히 오락가락한다.

13 칠성교로 구획되어 회랑으로 둘러싸인 함벽정 공간은 시각적으로도 개활한 연못이 들어오지 않는 배치이며, 나무 그늘을 만드는 자연과 기하학적 인공이 결합한 하나의 빛나는 교향곡이다. 왼쪽이 함벽정.

14 남쪽에 복원된 건축은 원을 회유하는 회랑의 시작점으로 자리를 잘 잡았다. 남쪽에서 진입할 때 원을 살짝 보여주는 운치도 훌륭하며 소박한 형식도 전체 원과 조화된다.

- **15,16** 북쪽과 남쪽에서 바라보는 주 원은 깊이감이 있으며 넓은 물 공간에 비해 유현한 맛이 있다.
- **17** 북경 이화원의 해취원偕翠園은 기창원을 모방한 것이다. 그러나 기창원과 같이 산자락에 조성했음에도 유현한 맛이 매우 부족하다. 물론 기의 흐름도 전혀 다르다.
- **18** 일반적인 강남원림과는 다르게 연못의 종심을 향하는 주 청인 가수당은 원경까지 포함하는 비교적 크고 개방적인 시각을 가지고 있으며 더군다나 남쪽을 향하고 있다. 그러므로 성격이 반대인 작고 폐쇄적인 후원이 북쪽에 만들어졌다. 창을 통해서도 고즈넉하고 단순한 원을 감상할 수 있다.

19, 20, 21 액자효과는 시각적 연구의 결과이지만 온몸으로 체감할 수 있다. 원의 일정 부분을 재구성하여 새로움을 창조하는 수법은 경탄할 만하다. 이미 존재하는 요소들의 원근까지 조절하면서 그럴 듯한 그림을 만들어낸다. 소주 유원의 것과 비교할 만하다.

주 건축이 아닌 벽광정은 정자치고는 조금 크지만 연못과 중심부에 돌출하여 원의 주인이 되었다.

도화담을 중심으로 하는 공씨원은 각 건축이 다른 틀을 통해서 원을 내다본다. 이와 달리 물을 상징하는 포장된 내원을 중심으로 하는 심씨원은 건축과 자연을 서로 넘나드는 수많은 액자들의 유희가 있다.

추하포는 성황묘의 부설 원림이다. 추하포의 전신인 공씨원龔氏園은 명대 1522~66년 가정嘉靖 연간에 공부시랑 공홍이 건립하였다. "아침마다 성황묘에 나아가고, 저녁마다 소산당에 오른다. 朝朝城隍廟, 夜夜小山堂."이라고 했으니, 만청시대 가정 사람들은 대단히 분주하여 일터로 가기 전에 성황묘를 찾고, 또 일이 끝난 밤에나 성황묘 원림에서 소요할 수 있었나 보다. 이곳에는 극장 희대戱臺, 차를 마시며 대화를 나눌 수 있는 차방茶坊, 서점 등이 있어 늦은 밤의 산보도 가능하였는데, 차방과 책방이 있는 것이 일반적인 읍묘邑廟 부설 원림의 형식이었다.

공씨의 조상은 이미 1042~48년 북송기에 장씨章氏와 함께 강남원림 역사상 중요한 창랑정을 구입하여 경영한 바 있었다는 사실은 바로 원림의 역사적 배경이 된다. 공씨 일가는 남송대 이전에 이곳으로 이사 와서 1174~89년에 공종원이 원정을 건립하였는데, 사실상 이것이 추하포의 시작이라 할 수 있다. 공홍이 원림을 조성한 후인 명 1555년, 공씨 집안이 쇠락하여 안휘상인 왕씨汪氏에게 원이 넘어가지만, 명 1573년 공홍의 증손자 공석작龔錫爵이 과거에 급제하자 왕씨는 원을 공씨 집안에 되돌려준다. 이에 대한 일화가 전해지는데, 공석작이 판 가격에 웃돈을 얹어서 재매입하기를 요구했을 때, 왕씨는 공씨 집안에서 과거에 급제하면 구입가격으로 되돌려줄 것을 약속하였고, 공석작이 급제하자 왕씨는 그 약속을 지켰다. 다시

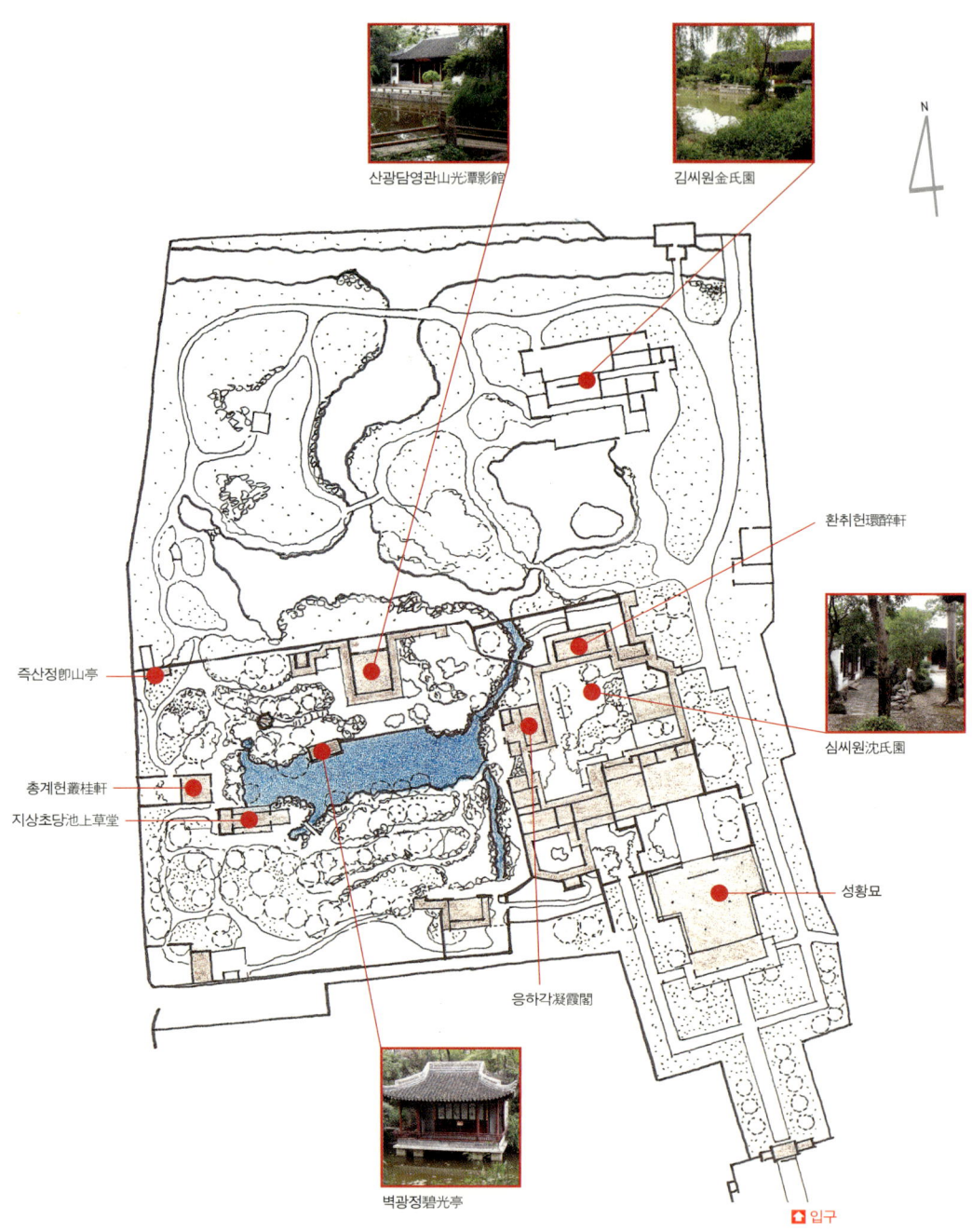

추하포秋霞圃 | 상해시 가정구 동대가 314호 上海市 嘉定區 東大街 314号

원의 주인이 된 공석작과 '가정사선생嘉定四先生'으로 유명한 당시승, 루건, 정가수, 이류방은 거의 종일 이곳에서 한데 어울렸으며, 이때가 문인원으로서 공씨원의 황금기였다.

청 1645년, 청에 끈질기게 대항하던 가정이 함락되면서 대항의 주축이었던 공씨 집안도 몰락하고 원도 자연히 피폐해졌다. 그 후 원은 다시 왕씨汪氏 후손에 의해서 재건되는데, 그때의 이름이 추하포이며, 원에 대규모공사가 이루어지고, "송풍령松風嶺, 앵어제鶯語堤, 한향실寒香室, 백오대百五臺, 세한경歲寒經, 층운석層云石, 수우재水雨齋, 도화담桃花潭, 제청도題靑渡, 쇄설랑灑雪廊" 등의 십경을 갖추니 다시 문인원의 면모가 드러나게 되었다.

청 1726년 추하포는 읍 성황묘가 되는데, 이때 동쪽의 심씨원도 함께 묘원에 편입되었으며, 태평천국 이후부터 1894년까지 종계헌從桂軒, 연록헌延綠軒 등이 중건되었다. 민국 1920년에 개량학교가 들어온 후, 원의 20채의 누대를 수리하며, 주 청당인 산광담영관山光潭影館(벽오헌碧梧軒)을 1922년에 중건한다. 산광담영관이라는 이름은 주희의 시 《관서유감觀書有感》, "반묘 크기의 네모난 연못에 하나의 거울 열리니, 하늘빛과 구름 그림자가 함께 배회하네. 半畝方塘一鑑開, 天光雲影共徘徊."에서 나왔다. 이 시에서는 작은 연못에 반사하는 하늘의 풍경을 노래하였으나, 산광담영관은 하늘의 풍경 대신 산의 풍경이 주제가 된다.

김씨원과 심씨원

현재의 원은 북쪽의 김씨원 유지[1]를 포함하는데, 일묘삼원이 합해진 것이다. 김씨원 부분은 새로 지어진 것이고, 심씨원 부분[2,3]은 옛날 격국이 조금 남아 있는데, 회랑과 건축으로 둘러싸인 하나의 연결된 원에 불과한 매우 단순한 구성으로서 각도도 분명하며, 마치 중수 후의 편석산방처럼 현대중정형 건축을 연상하게 하므로 강남의 일반적인 원의 분위기는 아니다. 그러나 주 정원을 중심으로 배치된 다양한 청당과 회랑이 서로 결합하며 발생한 작은 공간들이 격이 있고 시각적 변화도 적지 않으며, 특히 창과 문으로 작게 재구성된 자연은 아름다운 그림들이 담긴 수많은 액자보다 생동감과 정취가 있다.[4~11]

1 원래 김씨원 유지에 새로 복원한 상태.
2 심씨원의 공간구성은 매우 훌륭하다. 건축적 공간과 자연으로 이루어진 공간이 잘 어울린다.
3 심씨원의 각 공간들은 반외부공간과 서로 교차한다. 대부분 작은 공간들은 풍격이 있다.

4~11 살아 있는 액자를 만드는 수법은 강남원림의 특징이다. 추하포는 각양각색의 액자들이 살아 숨 쉰다. 이러한 기의 흐름이 동아시아 건축의 핵심이다.

공씨원

물론 공씨원 부분이 비교적 수준이 있고, 옛 면모를 보존하고 있어 전체 원의 으뜸이다. 공씨원은 동서로 뻗은 도화담[15]이 중심인데, 북쪽은 건축 위주이고, 남쪽은 호석산 위주로 서로 대비된다. 북안에는 연못의 중간쯤에 작고 네모난 정자인 벽광정碧光亭[12,13]이 남산을 바라보며 돌출하여 맞은편 산 위의 숲과 호응하는데, 본래 좁은 물 공간이 더 압축되어 이 지점에서 분리되어 보인다. 연못의 동서 양측은 건축들로 둘러싸인 편인데, 서로 대경이 되고, 주 청당 산광담영관[14]은 연못에서 한 발짝 후퇴하여 수면에 대한 직접적인 압박을 피하고 있다. 연못 양끝에서 돌아보면, 층차가 풍부하고 삼면이 물에 면한 벽광정은 전체 원의 시각 중심이 된다.

12,13 주 원의 중심은 벽광정이다. 약간 물을 향해 돌출하여 물 공간을 구분하므로 공간이 풍부해졌다.
14 주 청당인 산광담영관은 뒷짐을 지고 점잖게 물러나 있다.
15 역시 도화담으로 불리는 물 공간이 중심이다. 졸정원처럼 물 공간은 동서로 길게 펼쳐져 있다.

공간 해석

강남원림 설계 시, 연못을 건너 가산을 두는 수법에서 건축은 왕왕 산석과 멀지 않은데, 그것은 가산이 높지 않고 후면의 높은 담장으로 차경요소가 없기 때문이며, 그래서 비교적 가까운 곳에 산의 단편인 깊은 계곡과 봉우리와 만灣, 그리고 고목을 조성한다. 담장 밖에 차경할 만한 풍경이 있으면 비교적 평평하고 곡선으로 된 연못이 시야의 정면으로 길게 펼쳐진다. 이곳에도 차경요소가 없기 때문에 북안에는 건축 외에 비교적 보존상태가

16 연못 북안의 황석가산 송풍령.

17 남안에는 호석을 이용해서 가산을 만들었는데, 절벽이나 절벽 아래의 좁은 길, 오목한 만 및 돌다리 등으로 풍부한 경관을 연출하며, 고목과 함께 정돈된 분위기를 끌어낸다.

18 벽광정에서 바라본 서쪽 건축군.
19 심씨원은 경직되지 않은 단정함이 느껴진다.
20 돌을 이용해서 깊은 상징을 만들어내는 솜씨가 매우 훌륭하다.

218

양호한 황석가산 송풍령이 있고, 남안 호석산 물가의 절벽, 절벽아래 물가에 낮게 깔린 길, 물이 오목하게 들어온 만, 돌다리 등으로 역시 전형적인 명대의 수법에 기초하지만 이미 훼손이 심하다.

추하포의 또 다른 특징은 심씨원에 적용한 물이 없는 상징적 연못을 만드는 수법인 '한원수작旱園水作'이다. 원에 정돈된 평지를 만들고, 주위에는 상대적으로 완전한 산석의 경계면을 돌려서 물을 상징적으로 표현하였으며, 물 없는 '수水'에는 섬까지 만든 데다가 파도형 바닥 포장 문양에 이르러서는 물 위를 걷는 듯한 일련의 연상작용을 일으킨다.

공씨원 지역과 심씨원 지역은 대조적이면서 유사한 개념을 가지고 있다. 공씨원 지역은 동서로 긴 연못이 중심인데, 가까운 고의원이나 기창원 및 졸정원의 기본 개념과 유사하다. 공간의 경계가 흐트러질 우려가 있는 곳에 건축은 적당하게 자리 잡아서 제어한다. 남쪽의 가산과 동쪽의 심씨원의 담장 부분은 공간의 기를 막아서는 형국이며 북, 서쪽은 조금씩 걸러주는 양상이다. 그러나 서쪽의 연못은 깊고 그윽하여 기가 쉽사리 빠져나가지 못하고 느린 속도로 움직인다. 비교적 작은 건축들과 자연산세의 조합으로 이뤄낸 공간의 변화는 회랑으로 통제하는 일반적인 강남원림에 비해서 편안하게 다가온다.

심씨원 지역은 마치 전체 원림에서 원 중의 원처럼 보인다. 건축과 회랑으로 거의 완전하게 둘러싸인 원은 원림 속의 건축군답게 비대칭적으로 구성되어 있다. 서로 연결되어 있지만 느낌이 다른 공간들의 조합은 변화무쌍하다. 서로 교차하는 시각적 융합은 한곳에 초점을 멈추게 하지 않고 다층차의 입체적 그림들을 만들어낸다. 가끔씩 틈 사이로 담장 너머의 풍경들이 끼어 들어오는 점도 이 원을 풍부하게 하는 요소이다.

古猗園
고의원

서화방에서 부균각을 본다. 물과 산을 자르듯이 단정하게 물가에 자리한 부균각 뒤로는 산을 오르는 계단이 있고, 그 끝 낮은 산 위에는 보궐정이 있다.

기수

오목한 강변에 대나무가 푸르구나. 마치 글 잘하고 다재다능한 군자처럼, 도덕은 곧게 다듬어서 올바르고, 학문은 갈고 닦아서 찬란히 빛나네.

고의원의 전신은 의원猗園으로, 현재의 상해시 가정구嘉定區에 명대 1522~1622년 사이에 하남 숭현崇縣 통판通判 민사적이 처음 건립하였다. 명 중후기의 유명한 조원가인 주치정이 주도하여 건설한 것으로 알려졌고, 당시 면적은 약 2천여 평으로 크지는 않았지만, "곡수에 잔을 띄우고 시를 짓는데, 대 그림자가 어지럽게 널려 있는 曲水詠回, 竹影紛披." 분위기였으니, 이는 『시경』, 「위풍衛風」의 시 《기오淇娛》 가운데 "푸른 대나무가 무성하다. 綠竹猗猗." 에서 원의 이름을 취하였기 때문이다. 숭정崇禎 연간(1628~44)에 원은 서화가 이류방의 조카 이의지가 구입한 후 차례로 육陸씨와 이李씨의 소유가 된다.

청대 1746년 겨울 동정동산인洞庭東山人 엽금이 원을 구입한 후, 원을 약 세 배로 대규모 증설을 하고 고의원이라 불렀다. 1788년 주성황행사州城隍行祠의 부속 원림이 되지만 이름은 바뀌지 않는다. 만청 시 도시의 공산업 발전 초기의 공유公有 현상에 영향을 받아, 원 중에 진鎭 내의 같은 업종 업체들의 집회장소를 건립하기 시작한다. 항일전쟁과 문화혁명 등으로 인해 몇 차례 훼손과 중건을 거듭하면서, 옛 모습을 거의 잃어버리고 단지 전체 배치와 공간만 남았다.

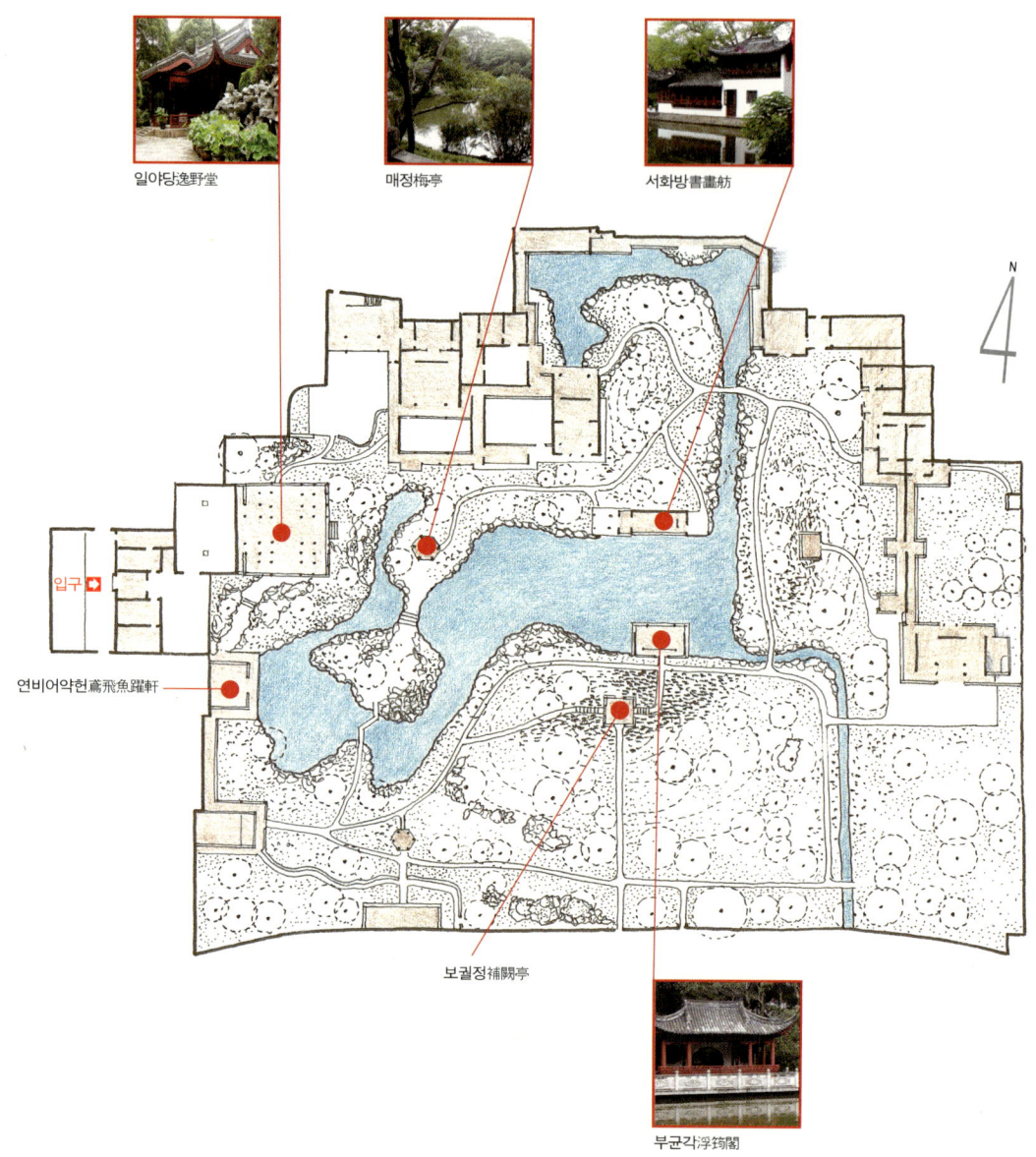

일야당逸野堂
매정梅亭
서화방書畫舫
연비어약헌鳶飛魚躍軒
입구
보궐정補闕亭
부균각浮筠閣

고의원古猗園 | 상해시 가정구 남상진 호의로 218호 上海市 嘉定區 南翔鎭 滬宜路 218号

1 일야당은 야취가 별로 없다. 물론 자연의 흥취를 느끼는 것보다 주 청으로서의 품위가 더 중요할지도 모르지만, 이 두 요소를 살릴 수 있는 방법도 있을 것이다. 중국 근대건축에서 중요한 자리를 차지했던 필자의 중국 스승의 스승께서 설계한 것이므로 더욱 아쉬움이 남는다. 그나마 입구 부분의 창조적 처리가 돋보인다.
2 마주보는 면은 일야당의 측면 벽이고 왼쪽은 연비어약헌이다.
3 연비어약헌에서 동쪽을 보면 섬처럼 돌출한 자연스러운 황석가산이 주 연못을 막아서고, 대신 연결하는 다리는 인공적인 느낌이 강조되었다.

고의원은 대나무가 기본 조경요소이다. 앞서 언급한 『시경』, 「위풍」, 《기오》에 있는 "기수 오목한 강변에, 대나무가 푸르고 무성하구나, 마치 글 잘하고 다재다능한 군자처럼. 도덕은 곧게 다듬어서 올바르고, 학문은 갈고 닦아서 찬란히 빛나네. 瞻彼淇娛 綠竹猗猗 有匪君子. 如切如磋 如琢如磨."에 의거하였기 때문이다. 주치정과 그의 후계자들은 이 시구에서 기본 의장 개념을 도출하였는데, 다른 강남원림에서도 종종 볼 수 있는 것으로, 시골풍의 개울 변 울창한 대나무 숲은 원의 주인과 설계자의 심미안과 정신세계를, 휘어지고 꺾어지면서 드러내고 있다.

원의 주요 청당은 이름과는 잘 어울리지 않을 정도로 우아하고 거창한 일야당逸野堂[1]인데, 주체 수역의 중간에 노대가 앞으로 나와 있고 물과는 거리를 유지한다. 또 하나의 물에 면한 방형 건축 '연비어약헌鳶飛魚躍軒'은 물이 꺾어져 들어간 부분에 몸을 감추고 있는 형국이다. '연비어약'은 솔개가 나는 것이나 물고기가 뛰는 것이나 다 자연적인 현상으로 자신들이 스스로 터득한다는 뜻이며, 천지간 어디에나 도리가 있다는 것을 의미한다. 실제로 여기는 금방이라도 솔개가 날고 물고기가 뛰어놀 것 같은 느낌이다. 희아지戱鵝池 북쪽 연못에 면해서 '움직이지 않는 배不系舟' 서화방書畵舫이 있고, 남쪽에는 원래 대나무로 만들었으나 지금은 중건된 부균각浮筠閣[7]과 산속에 살짝 숨어 있는 보궐정補闕亭이 있다. 연비어약헌에 못 미쳐 서쪽에는 연못 가운데 돌출한 소송강小松岡과 매

4 부균각의 입구는 월량문이다. 문과 난간과 열린 구조가 만드는 틀을 통해서 우아하게 출항 준비를 마친 서화방이 들어온다. 그 순간 건축공간은 확장된다.

5 주 연못에서는 서로 마주하는 부균각과 서화방이 주 건축이다. 건축의 이름만으로도 모두 물 위에 떠 있음을 알 수 있지만, 서화방은 매정과 주 청인 일야당을 향해서 움직이고, 부균각은 물가에서 피동적으로 부유할 뿐이다. 비교적 적은 양의 건축군이지만 핵심건축들이 중요한 지점에 자리를 잡았기 때문에 전체 흐름이 자유로운 데 비해서 긴장감이 있다.

6 보궐정 서쪽으로는 연비어약헌까지 회랑도 없이 긴 자연적 조경이 이어진다.

7 서화방에서 부균각을 본다. 물과 산을 자르듯이 단정하게 물가에 자리한 부균각 뒤로는 산을 오르는 계단이 있고, 그 끝 낮은 산 위에는 보궐정이 있다.

정梅亭이 있는데, 연못 둘레는 자연스럽고 만은 깊고 멀며 대나무는 잡나무들과 구분되지 않고 건축은 희소한 편이다. 이런 전체 분위기와 주체 청당 이미지가 결합하여 이 원림을 맑고 담백하게 만들고 있으며, 『시경』의 분위기를 비교적 잘 표현하고 있다.

　원의 남쪽으로는 대규모 연못과 그에 면한 몇 개의 청당과 호수를 굴곡 지면서 가로지르는 다리 및 호심정이 있는데, 근대 이후의 것이다. 연못의 남쪽은 제법 울창한 숲으로 역시 대나무가 주 수종이다. 또 이 새로운 연못의 동북쪽에는 흑백색으로 구성된 기이한 풍모의 정자가 있는데, 작고 예쁜 연못에 면해 있고, 연못에 연꽃이 한창일 때는 한 폭의 그림이 된다.

8 매정에서 동쪽을 보면 달려오는 배인 서화방(왼쪽)과 떠 있는 대나무인 부균각(오른쪽)이 대조적이다.

공간 해석

이상향으로 나아가는 배, 서화방과 그를 바라보는 부균각은 주 원의 역할을 하고 있다. 그래서 주 경은 자연적 풍경 속에 떠가는 배인데, 물이 동서로 펼쳐진 데 반해서 배에 해당하는 건축물들은 남북으로 대면하고 있다. 물로 격리된 두 건축물은 그 안에 들어서면 서로 유기적 관계를 가진다. 원은 비교적 열려 있어 쾌활한 기세이고, 강남원림의 주 특징인 아기자기한 맛은 발하기 어렵다. 그러나 주인이 원하는 주 공간은 오히려 서쪽 주 청 일야당과 연비어약헌이 나란히 접하는 호복형 연못이다. 동쪽의 쾌활함과 완전히 반대되는 으스름함이 잔뜩 배어 있는 이곳은 단지 여름의 더위를 달래기 위한 배려일까. 흡사 아무렇게나 버려진 시골 개울가처럼 난삽하기조차 한 공간이 마음을 움직인다. 그것은 그 속에 감춰진 오묘한 기의 흐름 때문이다.

9 주 연못이 넓지 않으니 농촌 물길을 닮은 도랑들도 좁아 보이지 않는다. 숲이나 건축들 사이에 낀 이 물길들은 원 전체의 분위기를 유현하게 만드는 데 일조한다.

10 물과 떨어진 동쪽 건축군은 일반 강남원림 건축군들처럼 밀도가 있고, 건축요소가 공간 형성의 중심에 선다.

11 달 모양을 통해서 달을 그리고자(회월繪月) 한다.

12 산 위 보궐정에서 매정을 향해 보면 주 원의 야취를 인정해줄 만하다.

13 새로 만들어진 남쪽 원에도 마을 어귀의 물가를 연상시키는 분위기를 만들었다.

14 건축이 적은 대신 숲은 건축과 어울려서 공간의 상관관계에 참여한다. 단순함은 화려한 것을 살려주며 강력한 이미지를 만든다.

회경루에서 옥화당에 이르는 회랑과 연못 중앙의 돌다리

예원도

다른 도심의 정원처럼 많이 훼손되었지만 강남 원림의 특성이 담긴 흔적들은 곳곳에 남아 있다. 하나의 기준에 의해서 지속적으로 관리되지 않았으므로 뚜렷한 성격을 발견하기 어려운 대신 다양함을 만끽할 수 있다.

상해 도심의 유일한 원림인 예원은 명대 형부상서 반은의 둘째 아들 반윤단이 최초로 건립하였다. 반윤단은 1559년 봄 과거를 보기 위해 북경으로 가던 중 송강부松江府 상해현上海縣에서 괴화와 버들잎을 바라보며 가족들 생각에 잠긴다. 그 몇 개월 후 과거에 낙방하고 돌아와 주택 서쪽에 작은 원을 건립한 것이 예원의 전신이다.

그 해에 진사가 된 고명세는 성 동북쪽에 노향원露香園을 세우고, 다시 1589년에는 대복시소경大僕寺少卿 진소온이 성 동남쪽에 일섭원日涉園을 세우니, 상해성 역사에서 가장 찬란한 문인원들이 등장하는 때이다. 반윤단의 과거 실패로 인한 실의의 세월이 작은 상해성에 문인원의 전성시대를 연 셈이다. 3년 후 반윤단은 결국 과거에 급제한 후 임직에 힘쓰느라 원을 가꿀 시간이 없으므로 원의 경영은 끊어진다. 1577년 사천우포정사四川右布政使를 사직하고 귀향하여, 다시 열심히 재능을 다하여 원을 보완하면서, "늙은 부모님을 기쁘게 한다. 豫(愉)悅老親."는 기치를 내걸었으므로 '예원'이 되었다.[21] 그러나 안타깝게도 부친 반은은 원이 완공되기도 전에 세상을 떠났다. 그래서 실제로 원명은 『시경』, 「소아小雅」, 《백구白駒》 중에서 "안락은 그 정

---

21) '예豫'는 『역易』 64괘 중 1괘다. '평안'과 '안태安泰'의 뜻이 있다. 『역경易經』 16괘는 전지예電地豫로서 진상곤하震上坤下이며, 『서괘전序卦傳』에 말하기를 "有大而能謙必豫, 故受之以豫."라 하였다. '豫'는 '和樂'의 뜻이 있고, 다른 음효陰爻는 모두 이 괘에 복종하므로, 뜻을 얻고 심중에 기쁨이 있다. 아래의 괘 '곤坤'은 순順, 위의 괘 '진震'은 동動이므로 유쾌하게 움직이는 형상이다.

1.구사헌九獅軒 2.회경루會景樓 3.유상정流觴亭 4.득월루得月樓 5.희대戲臺
6.환운루還云樓 7.가이관可以觀 8.정관당靜觀堂 9.옥화당玉華堂
10.노군전老君殿 11.화후당和煦堂 12.타창대打唱臺 13.점춘당點春堂
14.만화루萬花樓 15.역방亦舫 16.췌수당萃秀堂 17.양의헌兩宜軒
18.어락사魚樂榭 19.앙산당仰山堂 20.삼수당三穗堂

예원豫園 │ 상해시 안인가 218호 上海市 安仁街 218号

해진 기간이 없다. 즉 늘 편히 즐긴다. 逸豫無期."라는 구절에서 그 의미를 찾아야 할 것이다.

당시의 예원은 산이 웅장하고 물은 넓은 형국이었고, 면적은 14,000여 평이나 될 정도로 큰 규모였다. 그래서 당시 태창太倉 왕세정의 엄원弇園과 함께 동남명원의 최고로 알려졌다.

명 말 한때 반윤단의 손자사위인 통정사참의通政司參議 장조림에게 넘어갔으나 이미 많이 훼손된 후였다. 1662~1722년 성 내의 동업공소가 원의 청당을 사용하면서 개조하여 집회장소 등으로 사용하였고, 원에 청화서원 淸和書院을 세운다. 1760년 상해 사신갹자士紳醵資[22])에서 반씨의 후예로부터 염가로 예원을 구입한 후, 확장하고 읍 성황묘를 옮겨 오며 서원西園으로 개명한다. 또한 원 동쪽에 동원을 건립하니 그것이 오늘날 내원內園이다. 현재의 삼수당三穗堂, 췌수당萃秀堂, 호심정湖心亭은 이때 만들어진 것이다.

준공 후 읍묘도사邑廟道士가 관리하였으며, 명절 때에는 사람들이 유람하였고, 그 뒤 매년 사월 하순에는 난화회蘭花會, 구월 중순에는 국화회菊花會가 열려서 시민들이 관람하였다. 그러므로 당시 예원은 이미 고고한 문인원이 아니고 향내가 진동하는 번잡한 도시형 사묘원림寺廟園林이 되었다.

1842년 제1차 아편전쟁 시, 영국군이 상해를 점령하고 예원 일대에 5일간 머무르며 원경을 훼손하였는데, 따지고 보면 그로부터 20년 후 원명원圓明園 약탈만행을 예행 연습했던 셈이다.

1843년 원 내에 두미업豆米業이 중건되나, 부분 원경은 시 소속이 되었다. 1853년 소도회小刀會가 상해를 점령하였을 때 복건방은 원 내의 점춘당點春堂을 지휘소로 삼았다.

1860년 태평군太平軍의 상해 공격에 대한 방어를 지원하던 프랑스 군 주

---

22) '사신士紳'은 일정한 정치적·경제적 권력을 가진 지식층 집단을 말하며, 과거에 급제한 사람과 은퇴 관료들을 포함한다. '사신갹자'는 '사신'의 공동자금을 말한다. 오늘날로 치면 지방유지들이 갹출하여 공동 관리하는 자금이다.

둔지가 되어, 철수 후에는 상당히 훼손되었으므로 각 공소에서 수복하였다. 1867년 21가家 공소公所가 분할 점거하여 사실상 순수 공소원림이 되는데, 훼손이 제일 적은 삼수당, 췌수당, 만화루萬花樓 주변구역은 가장 세력이 큰 두미업에서 차지하고, 점춘당 일대는 1872년 화당업花糖業이 수복하며, 득월루得月樓 일대는 1894년 포업布業이 수복한다.

당시 시대적 영향으로 예원은 초기 해파海派원림의 여러 특징들을 지니고 있다. 호심정, 하화지荷花池 일대는 원래 원의 핵심 경관 지역이었으나 이 시기에 그 주인자리를 떠나게 된다.

민국시대 원 내에는 두미업, 화당업 소학이 개설되고 '역방亦舫'이 증설된다. 1937년 '8.13' 항전 중 예원은 '난민구難民區'가 되어 또 한 차례 심각하게 훼손되고 만다. 현재 예원은 1956년 이후 중수된 것이다.

현재의 예원은 험난한 역사의 소용돌이를 거치면서 축소되고 옹졸해진 것으로 최초 예원의 흔적은 북부 일각에 불과하다. 가장 최근에 복원한 동남쪽 지역의 내원 지역을 포함하여 예원은 여섯 지역으로 구분할 수 있는데, 즉 대가산·췌수당을 포함한 삼수당 일대, 어락사魚樂榭를 포함한 만화루 일대,[6,7,9] 회경루會景樓 일대,[2] 점춘당 일대,[14] 옥화당玉華堂 일대, 정관당靜觀堂 일대[15]이다. 원래 내원이었던 정관당 일대를 제외한 지역은 세 개 공소 소속이고, 건조 연대가 서로 다르나 각각 구획 내에서는 관계를 유지한다. 그러므로 오늘날의 예원은 각각 다른 소원림이 집합된 형태라 할 수 있다.

1 옥화당 지역과 연결되는 월문 쪽에서 남북으로 길게 이어진 물길을 바라보면 상당한 깊이감을 느낄 수 있다. 봄기운이 완연하여 연둣빛 수양버들이 제멋대로 늘어졌다.

2 구사헌에서 남쪽을 바라보는 회경루 지역에서는 작은 정자인 유상정이 오히려 원의 주인이다. 물은 정자를 지나 회경루 앞에 한동안 머물다가 옥화당 전면의 원으로 빠져든다.

삼수당三穗堂

삼수당 부분이 원상보존이 제일 잘 되어 있어 가치가 제일 높은 편인데, 전체적으로 명대의 대가산과 산 남쪽의 연못이 중심을 이루고, 동쪽으로는 점입가경의 유랑遊廊이 있으며, 산에는 물을 바라볼 수 있는 소박한 정자 세 개가 있으며, 산 후면에 조용히 숨어 있는 췌수당은 별도의 작은 구역을 이루며 의외의 기쁨을 안겨 준다.

원래 삼수당 북쪽 연못은 삼수당 전면의 주 연못, 즉 원 밖에 있는 현재의 호심정이 있는 하화지에 대비하여 수수하게 호복형濠濮型으로 만든 것이다. 그러나 현재 그러한 분위기를 느낄 수 없는 이유는 권우루卷雨樓 등의 물에 면한 건축의 규모가 워낙 크므로, 수 공간이 척도상 압박을 받기 때문인데, 공소원림이 되면서 그 건축 면적의 요구를 받아들이면서 발생한 문제이다. 이것은 서구건축의 몰자연적인 대건축 지향의 초기 해파원림건축의 좋지 않은 특징 중의 하나이다.

3 정자가 셋이나 있는 앙산당 북쪽의 산은 다리와 계곡과 동굴이 두루 갖춰진 황석가산이다.
4 원의 동쪽 끝은 삼수당에서부터 점입가경의 유랑을 지나 심하게 변화하면서 만화루를 돌아 나온 회랑이 점춘당 지역을 향하는데, 반대편에서 담장을 타고 돌아 나온 용 한 마리가 거친 숨을 몰아쉬며 머리를 원 안으로 불쑥 내밀고 있다.
5 삼수당과 북쪽으로 붙어 있는 앙산당仰山堂에서는 연못 건너의 북쪽 주 가산을 올려다 볼 수 있다. 산이 작지 않음에도 집이 너무 커서 시원한 맛은 아니다.

만화루萬花樓

만화루 일대는 작지만 동·서 양 원으로 구분되어 있는데, 누각이 원의 중심에 있는 형식이다. 큰 규모의 건축이 작은 정원을 압박하는 것을 막기 위해서, 만화루와 동원 사이에 양의헌兩宜軒을 두어 과도적 단계로 삼았고, 동원의 선도적 공간을 살리기 위해서 서쪽에 어락사 정원을 배치하였다. 이 작은 정원은 만화루에서 작은 건축들과 함께 차경이 되어 깊은 맛이 있다. 양 원 사이에는 공식수화장拱式水花墻이 공교拱橋 모양과 조화를 이룬다. 소주 서원西園의 양식수화장梁式水花墻에 비해서 명성이 높다.

6 만화루 남쪽 정원은 좁고 긴 물길을 따라 동서로 펼쳐지고 구획된다. 어락사는 구획된 서쪽 원의 서쪽 끝에 자리하여 동쪽을 향한다.

7 만화루 남쪽에서 구획된 동쪽 원은 호석가산이 중심이다.

8 남쪽 소원을 구획하는 담장과 물길을 연결하는 아치형 문은 양 원의 기를 연결하면서 조정한다. 오른쪽 물가의 작은 건축은 양의헌이며 만화루 앞에 비켜 자리하여 만화루의 관망을 깊게 한다.

9 만화루 일대 작은 공간에서 생뚱맞게 마주친 귀 달린 도자기형의 문.

회경루, 유상정流觴亭

회경루 일대는 예원에서 가장 여유로운 정취가 있는 곳이다. 주 건축은 회경루이지만 남북으로 긴 연못을 중심으로 하는 원을 깊이 있게 관찰하기에는 구사헌이 적당하다. 유상정은 원의 서남쪽 연못가에 자리한 육각형 정자인데, 이 원에서 제일 좋은 자리라 할 수 있다. 돌다리를 건너 옥화당 부분으로 가는 월문[10]은 남쪽 담장의 초점이 되며, 옥화당 쪽에서 월문을 통해 회경루 일대를 보는 맛이 특별하다. 회경루에서 옥화당까지 연결되는 동쪽 회랑[11]은 서쪽 정자를 중심으로 하는 풍경을 관망하기에도 적합한 장소이다.

[10] 회경루 지역에서 옥화당 지역으로 넘어가는 월문은 암벽으로 이루어진 강변 같은 가산, 다리, 연못과 일체를 이루며 독특한 풍경을 연출한다.

[11] 회경루 지역의 동남쪽에는 회경루에서 옥화당에 이르는 회랑이 있어 물 위를 가로지르며 연못 중앙의 돌다리와 함께 색다른 흥취를 일으킨다.

[12] 유상정에서 바라본 구사헌 방향. 오른쪽은 이 지역의 주 청인 회경루.

[13] 유상정에서 바라본 옥화당 방향.

공간 해석

여섯으로 분할하여 공간을 들여다보면, 성격들이 모두 다름을 알 수 있다. 전형적인 강남원림의 배치방식인 삼수당의 북쪽 주 원은 높게 솟아 삼방을 가리면서 깊이가 있는 산이 적극적으로 둘러쌌기 때문에 관망의 대상으로서 정적 공간이 되었다. 산은 복잡하지만 공간은 복잡하지 않으며 기 흐름도 연못 위를 조용히 맴도는 유형이다.

길고 좁은 물에 기교가 담긴 산이 주 관망 대상인 만화루 일대는 크지 않은 네 동의 건축들이, 물가에 혹은 상징적 물 위에 서로 불규칙하게 자리하여 수많은 시각적 공간과 다양한 기 흐름을 만들어낸다. 좁은 공간에 겹회랑까지 이용하여 연출한 독특한 표정의 공간에서 기 흐름의 한계를 잊어버

14 점춘당 일대에는 수목이 부족하고 기괴한 가산과 모서리가 솟아오른 회색 지붕이 결합하여 삭막하기까지 하다.

15 남쪽 끝의 정관당 일대는 북쪽의 자유스러운 원과 남쪽의 정형의 희대戲臺 원이 있다. 희대는 전통극을 감상하던 극장공간이다.

리며, 공간구성 규칙의 무의미함을 느끼게 된다. 이 원의 기 흐름은 때로는 요동치기도 하며 때로는 적막할 정도로 차분한데, 그것은 하나의 공간 안에서 함께 기를 내뿜으며 흐르는 관자와 그 공간의 기를 구성하는 건축과 조경요소 및 늘 유동하는 자연의 기가 결합해서 새로운 기유형氣流型이 반복적으로 탄생하기 때문이다. 이 작은 원의 변화는 그처럼 한걸음 움직일 때마다 일어난다.

    삼수당으로 진입하였다면 만화루 다음 원이 되는 점춘당 지역[14]은 건축과 원이 뒤섞여 좋은 기 흐름을 느낄 만한 건축공간이 아니다. 서로 조화되지 않은 건축들이 원림건축답지 않게 남북을 축으로 줄을 서 있으며, 동쪽 벽에 기대어 산을 만들고 올려놓은 건축들은 다소 억지로 만든 듯한 연못들과 함께 서로 어긋난 표정을 하고 있다.

    회경루 일대는 비교적 건축밀도가 낮아서 긴 연못에도 불구하고 거의 하나의 공간으로 연결된다. 그러나 유상정에서 바라보면 유상정 북쪽과 동쪽으로 구분되며, 북쪽은 단순하며 그윽하고, 동쪽은 조금 변화가 느껴진다. 그것은 아마도 원 동쪽의 회랑이 사람들의 주 동선을 유도하기 때문일 것이고, 연못의 형태와 물을 건너는 돌다리 및 움직임을 유도하는 월문 등의 존재 때문일 것이다. 그러나 전체 원의 기는 연결되어 흐르며, 대체로 느리며 유형은 완만한 곡선이다.

16 예원의 지붕은 기교가 만발한다. 이미 지역의 전통이 아니라 당대의 온갖 유행이 융합된 것이다.
17 예원에서는 담장을 타고 있는 쌍룡머리를 비롯한 여러 용머리들을 볼 수 있다. 담장의 지붕들은 꿈틀거리는 용이 되어 예원을 휘돌고 있고 그 기세가 동하면 황포강에 들어 장강을 타고 대해로 들 것이다.

曲水園 곡수원

정자 영희迎曦(왼쪽)와 소호랑小濠梁(오른쪽). 크기가 비슷한 정자 둘이 서로 비켜 보며 연못으로 돌출했다. 이 두 정자가 연못의 북·동쪽 경계를 이루고 주 원의 공간을 한정한다.

곧바른

물이 자유로운 곡선의 물이 되고, 겹겹의 무거운 원院이 산림을 향한 가벼운 원園이 된다. 또한 정자와 다리에서도 딱딱한 직선이 활발한 곡선으로 변하며, 이것은 엄격한 절제를 끝내고 편하게 쉬는 공간이 된다.

1745년 청포현青浦縣 사민士民이 합력하여 곡수원을 만들었다. 당시 강남 지역에서는 성황묘城隍廟를 조성하지 않는 곳이 없을 정도로 지역 성황묘 건립이 성행하였고, 이에 따라 부속원림도 함께 만들어졌으며, 곡수원도 이 시기에 건립된 것이다. 『청포현지』에 기재된 「영원기靈園記」에 쓰기를 "건륭 연간 1745~46년에 건립, 당堂은 유각有覺, 헌軒은 득월得月, 누樓는 가훈歌熏, 각閣은 영휘迎暉라 하였고 …… 1767년에는 계류의 연안에 방舫을 만들고, 방의 뒤에는 석양홍반夕陽紅半이라는 누를 건립하였고, 응화당凝和堂을 만들었다."라고 하였다. 이것이 초기의 상황이며, 아직 원의 이름은 없었다.

1784년 왕의이가 현령으로 부임하여 원을 확장하고, 원에서 24경이 서로 빛을 발하고 울창한 모습이 볼 만하였다. 1798년 강소성 교육행정 책임자인 강소학사江蘇學使 유운방이 청포지현青浦知縣 양동병의 초청에 응하여, 이 원에서 시를 짓고 술을 마시며 놀았다. 그때 원 내의 대숲 그림자에 싸인 계곡이 돌아 흐르는 것을 보고, 문득 진나라 사람들의 난정수계蘭亭修禊가 생각나서 곡수류상의 풍류놀음을 한바탕 했는데, 이후 '곡수원'이라고 이름하게 되었다.

태평천국으로 훼손된 뒤 1884~98년까지 여러 차례 복원·중수되었고, 1911년 읍묘에서 이탈하여 공원이 된다. 항전 시 또 한 차례 훼손되었다가 중수되었고, 건국 후 원이 확장되어 동쪽으로 성 밑까지, 또한 1950년대에

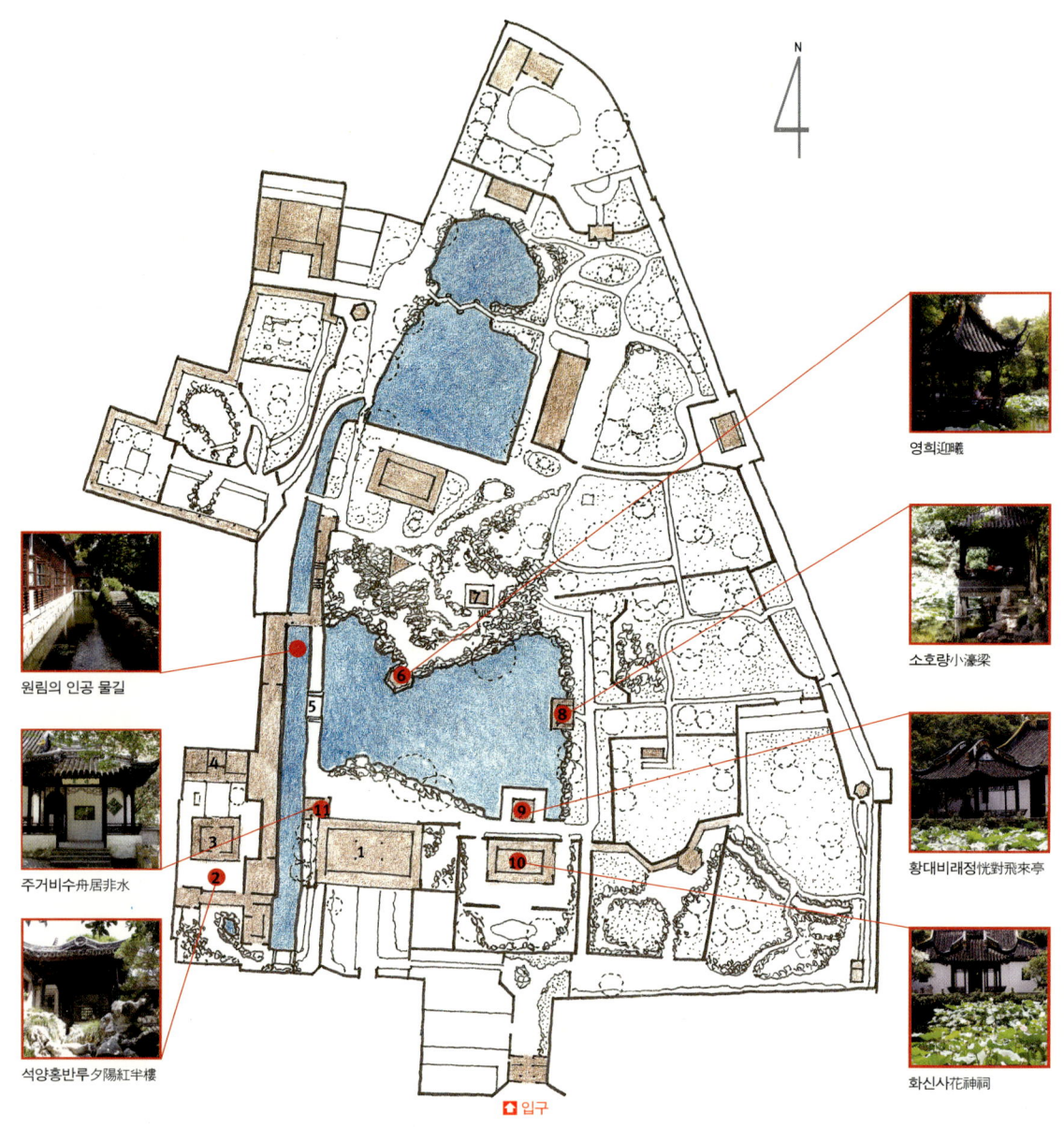

1.응화당凝和堂 2.석양홍반루夕陽紅半樓 3.어서루御書樓 4.각당覺堂
5.희우교喜雨橋 6.영희迎曦 7.구봉일람각九峰一覽閣 8.소호량小濠梁
9.황대비래정恍對飛來亭 10.화신사花神祠 11.주거비수舟居非水

곡수원曲水園 │ 상해시 청포구 공원로 612호 上海市 靑浦區 公園路 612号

는 역시 동과 북으로 확장되어 성호城濠까지 이르게 되었고, 서쪽의 산림 일대도 원에 소속되게 된다.

곡수원과 상해 남쪽 지역 도시 원들은 외국의 영향을 받기 시작한 초기 해파원림海派園林인 경우가 많다. 곡수원은 개인 소유가 된 적이 없고, 건륭 때부터 현재까지 공공성을 유지하고 있다. 원림 조성의 출자와 관리에서 향수享受까지 모두 읍의 민중들이 주체였으므로, 다른 전통적인 문인원의 특징들과 다른 점이 많은데, 각 부분에서 따로 격格이 성립된다든가, 건설과정이 오래 걸려 각 부분이 서로 다른 시기에 건립되었거나, 세부처리에서 과장이 심하다든가 하는 것들이다. 원의 이름에 비해서 완만하게 굽이치는 물의 흐름이 없음에도 학사의 한 마디에 대명사가 되어버린 곡수원이라는 이름 자체도 대표적인 과장이다.

화신사花神祠, 황대비래정恍對飛來亭, 영희迎曦와 소호량小濠梁

원은 성황묘의 동쪽에 자리 잡았으며, 한 줄기 직선의 남북 하천이 원을 동서로 가른다. 서부와 묘는 연결되어 있고, 각 구역마다 축선이 살아 있으며, 원림 공간은 비교적 작다. 동부는 가산 '비래봉飛來峰'을 중심으로 대형토석들로 이루어진 산과 비교적 큰 수면이 남북에 걸쳐 있다. 산의 북쪽은 조금 허전하여 한번에 볼 수 있고, 산 남쪽이 원의 주 경상 공간이다. 이 부분 역시 물이 중심이며, 주 청당은 응화당凝和堂이고, 화신사도 연못 남쪽에 있어 물을 사이에 두고 비래봉을 마주볼 수 있는데,[1,2] 이는 전형적인 수법이다. 화신사와 주요 물 공간 평대에 '황대비래정'이 돌출하여 있는바, 단층의 모임지붕 정자로 단정하면서 흐트러지지 않아 마치 신사神祠 앞의 향정香亭과 비슷하다. 연못 주위에는 '영희', '소호량' 두 채의 정자가 있는데, 위치가 너무 단조롭게 중복되는 감이 있다.[4]

1 화신사(뒤쪽)와 황대비래정(앞쪽)은 연결된 하나의 건축으로 보인다.
2 화신사와 황대비래정은 강력한 축선에 묶여 있어 주 건축이 아님에도 전체 원의 중심이 된다.

3 주 연못은 북쪽의 돌출된 정자와 남쪽 주 건축 앞의 월대 부분이 마주보면서 좁아지는 형식이다. 전체적으로 길지 않은 장방형이므로 단순한 편이다.

4 북쪽과 동쪽에 자리하는 영희(왼쪽)와 소호량(오른쪽) 두 정자는 각각 육각형과 사각형이다. 그러나 시각적으로는 별 변화가 없는 두 정자가 반복되는 것처럼 보인다.

5 원의 동부 지역과 분리하는 회랑을 배경으로 연못 동쪽 중앙에 자리한 소호량은 주요 경관인 남, 서, 북쪽을 관망하고 동부 지역도 가늠할 수 있는 위치이다.

물길을 따라가는 건축

원에 가장 특징적인 것은 물 공간처리 수법인데, 30미터의 긴 제방이 남쪽 수면을 둘로 분할하면서, 서부는 하천 길처럼 직선이 되고 동부는 완만한 곡선의 연못이 되었다. 긴 제방의 중앙에는 희우교喜雨橋가 높이 솟아 있어 흡사 아래로 배가 통하는 다리처럼 보인다. 이처럼 물길과 연못으로 수면을 분리하고, 물길의 다리와 둑길의 의장을 모방하여 제방과 무지개다리를 만드는 수법은 강남 지역에서 늘 볼 수 있는 교통성 수면과 휴게성 수면이 결합한 것인데, 이처럼 과감하게 모방한 것은 이 원림뿐이다. 또한 물길 서쪽 푸른 돌이 깔린 둑 위에 하천을 따라서 2층의 누랑樓廊 7이 있는데, 마치 강남 지역 수향水鄕의 물길을 따라 꺾이며 계속되는 집과 같은 모습이다. 남쪽은 단층으로 물 없는 물속의 배인 한선 모양 '주거비수舟居非水'를 머리로 하며, 9 북단은 물길을 건너 주 산 북서쪽 옥자랑玉字廊 근처까지 연결된다.

6 인공 물길이 원림의 주요 풍경이 되면 이미 역사가 담긴 반자연적 대상이 된다.
7 다리를 건너 북쪽을 향하면 돌출된 2층 누각 아래부터는 회랑이 연결되어 산모퉁이를 돌아서 끝을 맺는다. 2층 누랑과 산 사이의 회랑은 다소 어두운 골목의 인상이다.
8 물 건너 집의 창은 북쪽 끝의 쉼터와 어울려서 강남 수향의 일상적인 풍경과 같다.
9 인공 물길의 남쪽 개방적인 건축은 물길을 타기 위해 잠시 대기 중인 한선루선舟船이다.

축선과 선형의 움직임

곡수원은 묘 부속원의 좋은 실례가 되는데, 축선의 호응과 선형의 전환이 그것이다.

축선築線의 호응: 원 서쪽의 각당覺堂, 어서루御書樓 구역은 성황당 동쪽 길의 축선 상에 있다. 원 동쪽의 화신사, 황대비래정, 구봉일람각九峰一覽閣 사이에도 하나의 축이 형성되어 있는데, 묘에서 원으로 이동하면서 축선이 서서히 풀리는 형국이다.

선형線形의 전환: 원 중앙의 긴 제방은 묘廟의 근엄한 규칙과 원의 자유스러움 사이에서 변화를 추구한다. 서와 남으로부터 동과 북을 향하여 모든 것이 변화하는데, 곧바른 물이 자유곡선의 물이 되고, 겹겹의 무거운 원院이 산림을 향한 가벼운 원園이 된다. 또한 회랑과 정자와 다리 등에서도 시작되어, 경직된 직선이 활발한 곡선으로 화하는 것이며, 그것은 엄격한 절제를 끝내고 편하게 쉬는 공간으로서 합당한 환경이다.

10 회랑 끝을 나와 산을 오르면 삼각형의 특이한 지붕을 가진 정자가 눈에 들어온다.

11 서남쪽 작은 구역에 밀집된 건축군이 입체적으로 조합되어 있는데, 고저 차가 큰 편임에도 일관된 축을 형성하고 있다. 가파른 산 위에 위치한 석양홍반루夕陽紅半樓.

12 작은 연못이 있는 원은 다소 억지스러워 보인다. 주 원에서 건너온 개울 쪽에는 사방으로 열 수 있는 건축이 있어 답답함을 다소 해소한다.

13 남서쪽 소원과 주 원의 연결부는 마치 한 마을에서 전혀 다른 건축군이 마주하는 모습이다.

공간 해석

성황묘의 연장선에서 남쪽 원림 속의 건축군에는 축이 존재하며 그러므로 단정한 기가 흐른다. 그러나 서남쪽 원림의 각당 부분은 좁은 공간임에도 급한 경사의 가산들을 조합하여 면하는 직선형 연못에서 대조적인 기 흐름을 감지할 수 있다. 물의 형태가 가져오는 공간적 변화는 물 흐름만이 아니라 공간 속의 기 흐름도 바꾸어, 서쪽의 도시적인 풍모와 동쪽의 전원적인 정취를 묘하게 결합시킨다. 동쪽은 이미 크게 확장되어 성 밑 하천까지 열려 있으며, 원래 풍모는 어떠했는지 알 수 없지만 성황묘의 성격상 지금과 유사하게 열려 있었을 것이다. 때문에 주 공간의 기 흐름은 서남쪽 주 청당 앞으로 모아지고 동북쪽 산과 정자 사이를 통해 흘러 나간다.

14 주 원을 나와 남서쪽 소원에 드는 중간에는 마을 입구의 쉼터처럼 편안한 공간이 있다.

15 원과 원을 연결하는 월량문과 주변 처리수법은 다른 강남원림과 매우 유사하다.

醉白池 취백지

이 원에서 살아 있는 것들 가운데 가장 나이가 많은 고목은 마치 취한 백거이처럼 연잎 가득한 연못을 내려다보고 있다.

물에 닿아 있는 윤곽이 아름다운 작은 정사亭榭를 통하여 주택과 원이 하나가 되고, 주택 외곽의 담장은 높지만 변화하면서 풍경과 만난다.

취백지가 있는 송강은 상하이가 아직 작은 마을일 때부터 주변 도시의 중심이었다. 취백지는 1650년 고대신이 건립하기 시작하였는데, 예전 송강 고성松江古城 서문 밖 즉 현재 상하이시 송강구 인민남로 64호에 위치한다. 1573~1620년에는 예부상서를 역임하였고 서화 대가인 동기창이 술을 마시고 시를 읊었던 상영지처觴詠之處였다. 당시 이곳에는 작은 연못이 하나 있었고, 연못의 동쪽에는 오래된 느릅나무가 한 그루 있었다 하나 현재는 없다. 다만 원 밖의 소항小巷을 '유수두榆樹頭'라 부르는데, 나무 아래에는 '노수헌老樹軒'이, 헌의 북쪽에는 '심유독서당深柳讀書堂' 등의 건축이 있었다.

청대 초에 이곳을 화가 고대신이 사들였으며, 현재 강남 지역의 각 박물관에서 그의 그림들이 자주 발견된다. 그는 명대 옛 원을 새롭게 복원하되, 자신이 방랑하고 싶은 외부세상의 도원桃源을 원 안에 만든다. 그는 당나라 사람 백거이의 「지상편池上篇」에 나타나 있는 연못의 '중은中隱'하고 초연한 정취와 원의 풍치를 홀연히 결합하고자 하는 마음을 담고, 또한 송대 현상 한국공韓國公 한기가 이미 백거이의 고풍스러움을 추모하여 고향 안양安陽에 '취백당'을 지었다는 것에 기인하여, 당당하게 그 두 사람을 따라서 연못의 이름을 '취백지'로 짓고, 전체 원의 이름 또한 똑같이 칭한다.

그가 죽은 후 60여 년 동안 수차 주인이 바뀌다가 단도현丹徒縣의 훈도인 고사조가 주인이 되었으나 이미 이전에 비해서 많이 변했다.

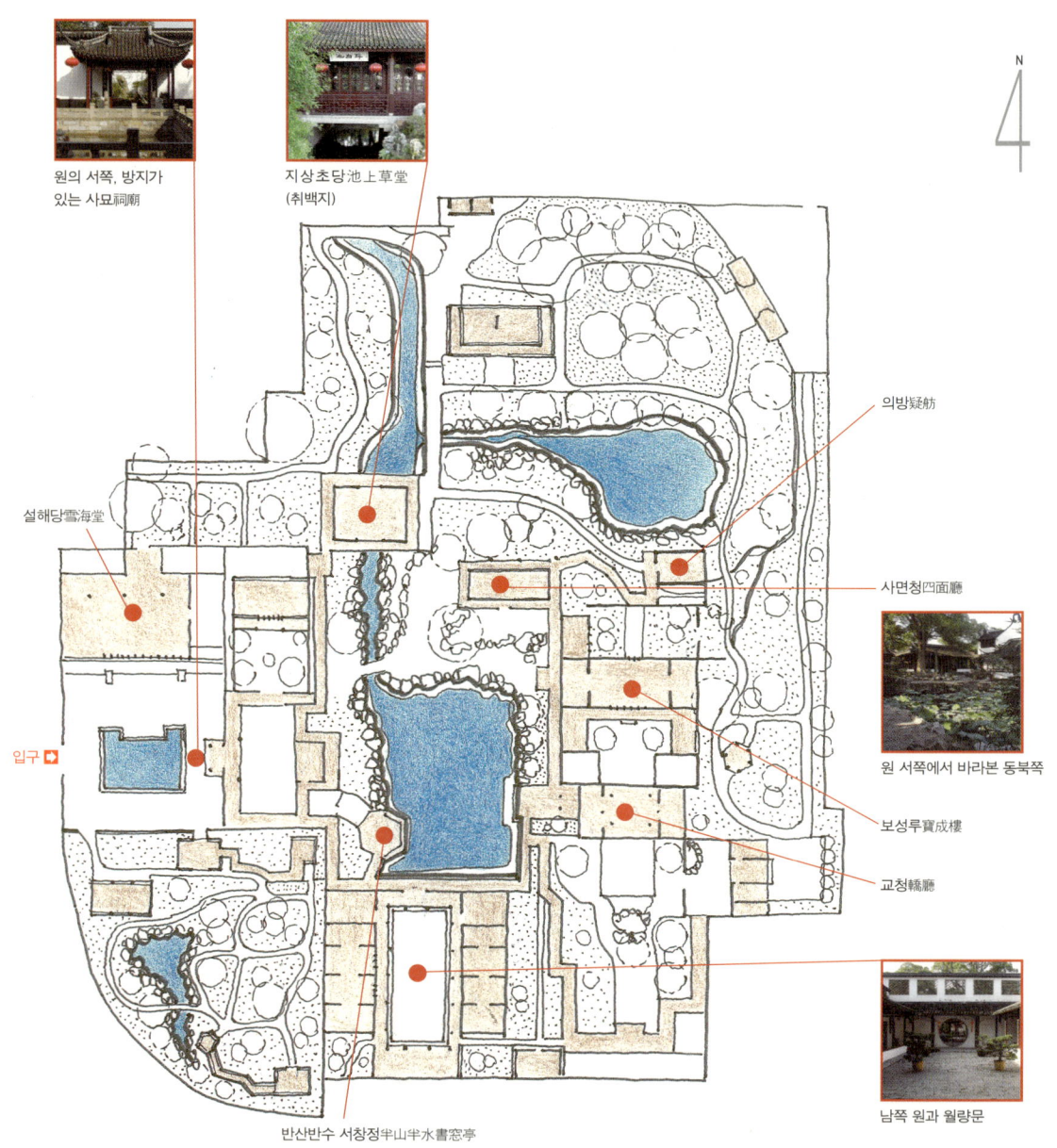

원의 서쪽, 방지가 있는 사묘사廟

지상초당池上草堂 (취백지)

의방疑舫

설해당雪海堂

사면청四面廳

원 서쪽에서 바라본 동북쪽

보성루寶成樓

입구

교청轎廳

반산반수 서창정半山半水書窓亭

남쪽 원과 월량문

취백지醉白池 | 상해시 송강구 인민로 64호 上海市 松江區 人民路 64号

1 서쪽으로 주 원을 진입할 때는 방지가 있는 사묘를 지난다.
2 현재의 입구에는 솜씨 있는 장인이 취백지를 전각한 안내판이 있다.
3 사슴이 천진스럽게 뛰노는 곳이 도화원이니 원림의 지향을 보여주는 것 같다.

취백지의 현재 입구를 들어서면 적지 않은 전 원前園이 있는데, 휴식공간과 일부는 오락장으로 활용하고 있다. 그 전 원에도 역시 여름이면 연꽃이 흐드러지게 피는 연못[4]이 있으며, 한 쌍의 마주보는 정자와 연못을 구획하는 긴 회랑이 있어 자칫 취백지로 오해하기 쉽다. 연대와 건립자를 자세히 알 수 없었지만, 취백지보다 주변의 건축이 적기 때문에 훨씬 자연스런 분위기이므로, 오히려 원래의 취백지를 연상하게 한다. 그 연못에 면해 있는 건축군에는 늘 차를 마시며 카드나 마작을 즐기는 노인들이 진을 치고 있다. 입구에서 이곳에 닿기 전에도 정적인 분위기가 감도는 전형적인 사합원 형식의 건축군[5]이 있는데, 옅은 바람이 불고 햇빛이 나면 마당에는 그림자와 함께 영혼이 살아 숨쉰다.

주 원은 방형의 연못이 중심이 되며,[8] 연못 동쪽에는 주택이 있고 북쪽에는 주요 청당이 있다. 서남쪽으로는 누창과 회랑을 두어 원 밖의 전 원 인가들이 얼핏 보이게 하였다. 청 중엽에는 지방 선당善堂에서 구입하여 본격적으로 읍묘 소속 원이 되는데, 내부에 육영당育嬰堂과 수조처收租處를 세웠다.

1821~61년에는 '보성루寶成樓', '정조청征租廳'(현재 '교청轎廳'), 대호정大湖亭'('화로함향花露涵香'), '소호정小湖亭'('연엽동남蓮葉東南'), 장랑 등을

중수했고, 1897~99년에는 '의방疑舫', '반산반수서창半山半水書窓'정을 건립했다. 1909~10년에는 '지상초당池上草堂', '설해당雪海堂' 및 두 채의 모정茅亭을 건립하였고, 설해당 앞에는 매화를, 연못 북쪽에는 복숭아·매화차茶·은행나무를 심었다.

백거이 「지상편」에 있는 "10묘의 저택과 5묘의 원림, 물을 채운 하나의 연못과 천 그루의 대나무, 땅이 협소하다 말하지 말고 땅이 편벽하다고 말라. 이를 통해 몸을 쉴 수 있으니 대청과 공부방, 정자와 다리, 배와 책, 술과 안주가 있으니 …… 여유를 갖고 즐기며 내가 장차 그 속에서 늙고 싶다네.

4 배경으로 간단한 회랑이 지나가고 정자 하나 달랑 놓인 취백지 입구 연못은 원래의 취백지 모습을 연상시킨다. 특히 청대 말에 와서 건축이 너무 많아진 강남원림은 원래 취지인 자연 모방과는 거리가 멀어졌다.

5 취백지의 주 건축군에 들기 전 만나는 오래되지 않은 건축군은 일반적인 중국건축처럼 사합원 형식이며, 이 지역에서는 보기 드물게 북방식처럼 모서리가 조금씩 열려 있다. 하나의 외부공간단위로서도 그 품격이 높고, 사방으로 연결된 회랑과 모서리의 작은 반외부공간들이 결합하여 건축적으로도 풍부한 공간을 연출한다. 원 가운데 한 그루의 나무는 마치 한국 전통건축군의 마당에서 볼 수 있는 것처럼 적당한 위치에 자리 잡아서 원 내에 흐르는 생명의 기들을 조화롭게 조절한다.

6 성격이 다른 물 공간을 분할하며 길게 뻗어나가는 회랑은 매우 간결하며 소박한데 근래에 증축한 것치고는 군더더기가 없는 편이다.

7 펼쳐진 연못에 이르기 전 현재의 입구에서 마주치는 산골짜기형 연못과 한 쌍이 되는 건축.

8 주 원의 주체는 비교적 간단한 방형의 연못이며, 쉽게 파악이 안 되는 작고 낮은 산이 결합되어 있고, 그 둘레를 갖가지 형식의 건축군이 포위하고 있다.

9 물 위에 걸터앉은 주 청 지상초당池上草堂에는 '취백지'라는 편액이 걸려 있다.

10 원의 동쪽은 일련의 격식 있는 건축군과 연결되고 북쪽은 큰 산이 없는 대신 거목이 주체가 되며 주 청인 취백지는 그 뒤로 한 걸음 물러나 연못을 본다.

11 원의 서쪽 회랑에서 바라본 동북쪽.

12 남쪽의 회랑은 동쪽으로 이어지며 시간에 따라서 풍경은 변화한다.

13 남쪽 회랑에서는 변화하는 주 원의 풍경이 다 들어온다. 회랑의 난간과 처마가 이루는 수평화면은 마치 파노라마 사진 같다.

14 남북으로 긴 남쪽 원은 교묘한 누창으로 주 원과 과하지도 모자라지도 않는 관계를 유지하며, 숨통처럼 열린 월량문은 주 원의 정수를 보여준다.

15 마치 렌즈로 피사체를 보듯 월문을 통하여 보는 주 원은 조화로운 조합이다.

16 남서쪽의 원은 작은 건축들, 연못, 자연물들로 구성되어 있어 아기자기하다.

17 북쪽의 원은 아직 이끼가 덜 낀 상태이지만 후원처럼 고요하기를 원한다.

十畝之宅, 五畝之園, 有水一池, 有竹千竿, 勿謂土狹, 勿謂地偏, 是以息肩, 有堂有序, 有亭有橋, 有船有書, 有酒有肴 …… 優哉遊哉, 吳將終老乎其問."라는 내용이 취백지를 잘 설명하였다.

백거이의 시와 대조해 보면, 취백지의 원과 주택의 관계를 알 수 있다. 만일 읍묘邑廟로 귀속되지 않았다면, 상하이 지역에서 유일하게 주택이 있는 원이 되었을 것이다. 주택은 삼진인데 각 진마다 원림에 직접 연결되며, 윤곽이 아름답고 물에 면한 작은 정사(화로함양, 연엽동남 및 사이의 장랑)를 통하여 주택과 원이 심리적으로 일체화되고, 주택 외곽의 담장은 높지만 변화하면서 경관에 결합한다. 또한 원의 연못(유수일지有水一池), 지상초당(유당유서有堂有序), 한쪽 모퉁이에 있는 의방(유선유서有船有書) 및 옛 연못 북쪽의 대나무와 바위가 늘어선 면모(유죽유간有竹有竿) 등을 비교하여 볼 수 있다

물 공간은 장방형이나 외곽선은 완만하고 꺾어지고 휘어짐이 적다. 연못에는 섬도 없고 다리도 설치되지 않았으나 물의 높이도 비교적 높고 물가에는 높은 바위도 없어 사람들이 쉽게 물에 접근할 수 있다. 이곳은 바라보는 대상으로도 기교가 적어 사실적이며, 척도 또한 과장되지 않은 순수한 자연 형식이다.

현재의 취백지 중심 연못은 북쪽을 제외하고(북쪽도 건축이 약간 후퇴되어 있을 뿐이다.) 건축물로 둘러싸여 있어 아무런 감흥이 일어날 것 같지 않다. 연못 남쪽의 당원에는 강남지방 원에서 보기 드문 형식인 남북으로 긴 정원이 있는데, 단정하며 비례도 적절하다. 연못의 남쪽은 북쪽 주 당의 배경이 되므로 당의 북쪽 외벽 위에 추가로 한 켜의 가벽을 올리고 아홉 칸의 누창을 만들었다. 취백지라는 편액이 걸린 주 청[9]은 주 연못과 연결되는 남북으로 긴 계류 위에 걸터앉아 있어 색다른 맛이 있으나, 이미 다른 건축물로 포위된 연못을 배려하기엔 너무 멀어져 버린 감이 있다.

공간 해석

　주 원은 사합원의 내원처럼 사면이 거의 막혀 있다. 원 북쪽의 거목이 워낙 크므로 원의 중심이 되었으며, 대신 산은 미약하고, 연못은 한여름 연꽃이 한창일 때면 꽃향기 그득한 별천지가 된다. 폐쇄된 듯 에워진 연못에는 기가 비교적 오래 머문다. 틈새가 많음에도 기의 움직임이 내향적인 것은 하늘을 덮는 고목의 존재 때문이기도 하다. 그러나 주위의 다른 공간과 연결된 통로는 다양한 성격과 크기로 기의 움직임을 교묘히 유도한다. 남쪽 당의 원은 월문을 통해서 들어오는 주 원의 기 흐름을 정돈한다. 남서쪽의 원은 작은 건축들과 호복형 연못으로 공간의 기는 흩어져 있지만 활발하지 않은데 숲이 우거진 편이고 사람들의 왕래가 드문 까닭이다. 주 원의 북쪽 원[17]은 서쪽에서는 밀도가 높다가 동쪽에서는 다소 싱겁게 외부를 향해 열리므로 기 흐름도 갈피를 잡지 못한다.

18 흑백의 인공물에 초록이 함께하여 도시적 삶과 생명의 소리가 공명하였다.
19 개구부의 모양은 그 창조의 끝이 없다. 물론 열린 개구부를 통해서 보이는 것은 더욱 다양하므로 그 풍부함을 잘 이용하는 것이 건축공간 창조의 열쇠이다.

20 작은 원들 내의 건축공간적 유희는 뚫림과 막힘, 밝음과 어둠, 빛과 그림자의 상호작용, 자연 식생과 인공물의 교묘한 결합 등 고도의 의도적 구상에 의해 이루어진 것이다.

21 북북 원과 연결되는 좁은 사이에서 남으로 시선을 돌리면 의외로 종심終深이 깊다. 막힐 듯 열린 남쪽 누창 벽의 역할이 발한다.

22 옛 입구인 동쪽 입구.

23 옛 입구의 작은 전 원은 차분하다 못해 일본 방장 정원처럼 유현하다.

24 남서쪽 부속원의 건축들은 재미있는 공간연출을 위해 벽과 개구부의 조합을 구상하였다. 연결공간들은 물론 밀접한 관계를 가진다.

25 서쪽으로 진입하면 사묘와 주 원 사이에 있는 원에 면해서 작은 원을 가진 방이 하나 있고 그 공간 사이의 연결부는 월문이다. 휘파徽派건축의 천정처럼 작은 원은 다소 어둡지만 두 눈과 입을 크게 벌리고 기를 받아들인다.

小蓮莊
소련장

남동쪽 소원과 연결되는 물길은 시선과도 일치한다. 소원에서 낭정의 개구부를 통해서 북안의 육각정이 중심에 들어온다. 의도적이라면 자연과 인공을 관통하는 공간계획은 매우 훌륭하다.

넓은 연못에 꽃이 핀다. 향기가 멀리 멀리 날아간다. 꽃이 진다. 꽃향기 오래도록 남아 있다. 길게 이어진 둑길에 시원한 바람이 불면 노젓는 아낙네도 저절로 휘파람을 분다. 꽃향기 둑길 넘어 화려한 도시로 흘러든다.

소련장은 절강성浙江省 남심진南潯鎭[1]에 위치하며, 청 말 유용의 개인정원이었으므로 유원이라고 불렀다. 유용은 1885년부터 이 원을 만들기 시작하였는데, 원 말 서화가 조맹부를 흠모하여 그의 '연화장蓮花莊'의 이름을 따 소련장이라 칭하였다. 유씨 부자는 40년간 원을 건설하여 1924년 완성한다. 가묘와 원림은 인접해 있으며 묘는 서쪽에, 원은 동쪽에 있고, 원림은 내원과 외원으로 분리된다.

외원은 대규모 연못인 하화지 위주이며, 서안四岸[3,4]에 누대와 정각을 설치하였다. 서안에는 긴 회랑을 두고, 회랑 아래 연못 주위에는 금방이라도 맑은 향기가 나는 시를 읊을 것 같은 '정향시굴淨香詩窟'과 수사水榭[4] 및 프랑스식 '동승각東升閣'을 세웠다. 동반東畔에는 오곡교五曲橋로 격리된 조어대釣魚臺[5]를 만들었으며, 남에는 퇴수소사退修小榭,[7] 원정圓亭 등이 회랑과 연결되어 있고, 북안에는 회랑이 없는 대신 긴 버드나무 제방으로 시선을 차단하고 중간에는 작은 육각정이 하나 있어 단조로움을 해소되었다.

원 중 원인 내원은 동남부에 있는데 가산 위주의 배치이다. 동남쪽은 고산과 높은 담장으로 외원과 격리되어 있고, 남쪽으로는 하늘을 배경으로 태호석으로 만든 병풍과 같은 산이 펼쳐진다. 동쪽 언덕에는 고송이 심어져 있고, 휘어져 오르는 산길은 정상까지 연결된다. 산에는 작은 정자가 있어 멀리 전답을 조망할 수 있고, 가까이는 서쪽의 계곡 물이 완만하게 흐르는

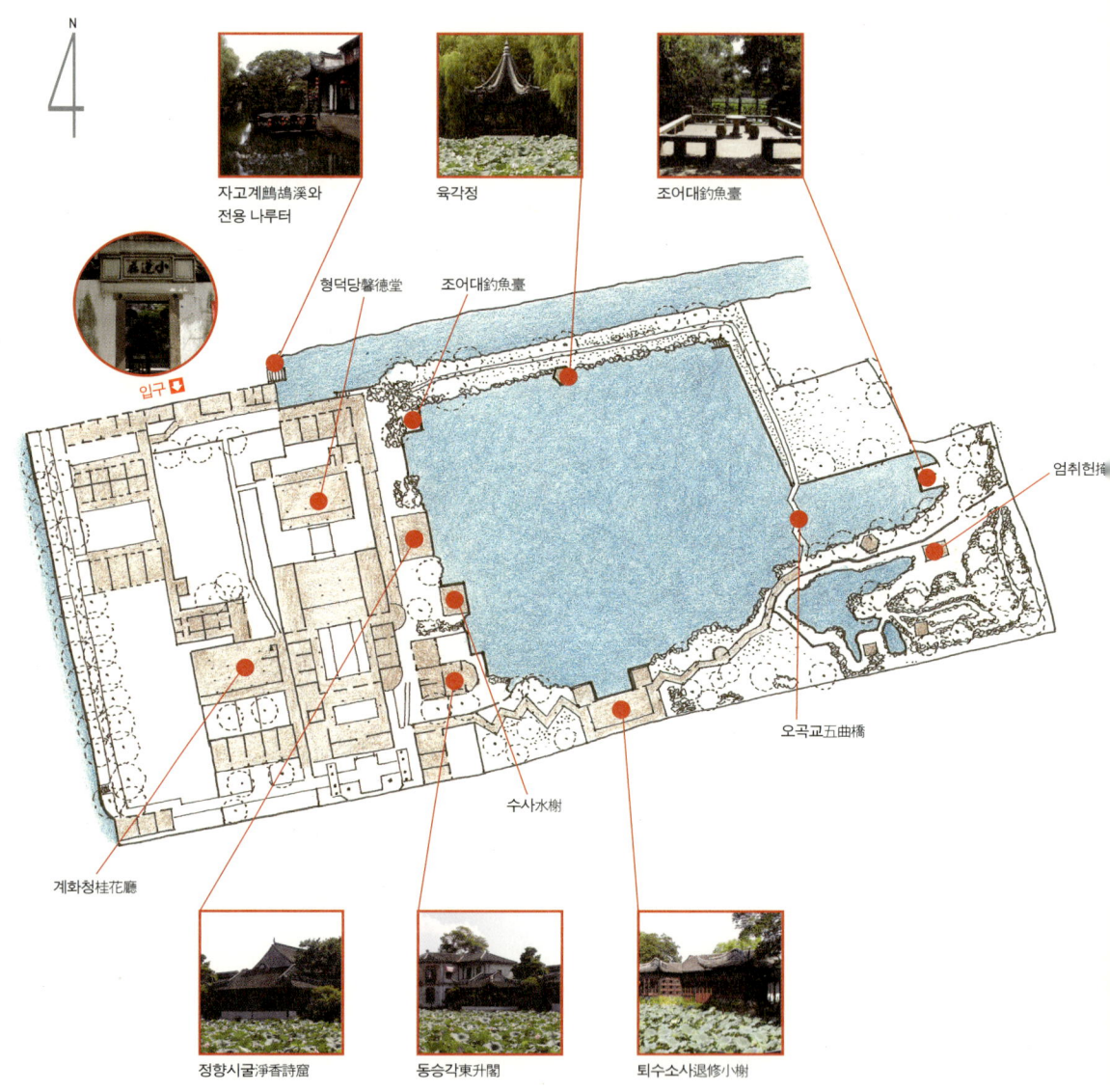

소련장 小蓮庄 | 절강성 남심진 만고교 浙江省 南潯鎭 萬古橋

1 소련장이 있는 저장성 남심은 전형적인 강남 수향 마을이다. 이미 대표적 관광지가 되어 주말이면 관광객들로 흥청거린다.
2 원의 입구는 지붕장식과 서로 격이 맞지 않아 보인다.
3 서안의 수사에서는 근경과 원경이 파노라마처럼 시원하게 펼쳐진다. 오른쪽 건물이 퇴수소사.
4 서안의 건축은 다양한데 오른쪽부터 정향시굴, 수사, 동승각이다. 수사는 연못으로 돌출하여 주요 관망처가 되며, 좀 어울리지 않는 듯한 동승각은 당시 서양문물의 영향을 뚜렷이 보여준다.

5 동안 깊숙이 자리한 조어대에서는 오곡교 너머 주원과 가까이에 있는 호복형 연못을 동시에 접할 수 있다.

6 동안으로 들어온 연못에 면하여 정자 하나 걸터앉아 있다.

7 남안은 길고 긴 회랑에 접하면서 다양한 모양의 건축들이 이어진다. 오른쪽의 퇴수소사는 양쪽으로 돌출한 방이 있는 형식으로 이전에는 보기 드물었다. 중간에 돌출한 원형 정자가 있고, 왼쪽 즉 동쪽에는 회랑 중에 배경 벽을 만들고 지붕을 다시 씌운 낭정이 있다.

8 연못 물이 안 보일 만큼 연잎이 한창인 때이지만 연못가에 이어지는 조경석들을 볼 수 있다. 어울리지 않을 것 같은 각기 다른 지붕들이 자연 속에서 일체를 이룬다.

것을 위에서 내려다볼 수 있다.

전체 원을 보면 내외가 질서가 있고, 건축산석의 배치는 정교하다. 수면은 개활하면서 농촌풍경을 닮았고, 여름날 연못 속의 연꽃이 한창일 때는 더위를 식히기에 최적이며, 버들 제방 역시 시원하게 펼쳐져 있다. 이것은 또한 일반 강남원림의 맛은 아니며 일반 시골길의 풍치이다. 그 외에 원의 최대 특징은 원, 주변환경, 건축들이 긴밀하게 협조한다는 것이다. 입구 원의 출입문 이외에 나루터인 수마두水碼頭[9]와 북쪽을 경계 짓는 물길인 자고계鷓鴣溪가 있고, 원 내에는 수마두 일각의 조어대 아래로 물이 통하는데, 연화지로 유입된다. 조어대 또한 경직되어 분리되지 않도록 처리하였고, 가산

[9] 물길을 타고 원에 이르면, 원 북쪽 경계인 자고계와 연결이 되고 수마두라 불리는 전용 나루터가 있다.

[10] 서안의 가묘 벽을 이용한 회랑 벽에는 전각들이 전시되어 있다. 일종의 미술관이며 전시관이다.

[11] 주 원에서 가묘를 향하면 패루가 양립하는 진입 마당에 들기 전에 중간 공간이 있어 서로 다른 성격을 용해하여 희석시킨다.

[12] 패루의 풍격을 보면 당시 남심에서 대단한 가문이었음을 알 수 있다.

13 잘 정돈된 직선의 물길과 비교적 질서 있게 도열한 고목이 어우러진 서남쪽의 후원에는 독특하고 고요한 생명의 기가 흐른다.

14 입구에서 주 원을 향해 왼쪽으로 꺾어지지 않고 오른쪽의 개구부를 지나면 이 원의 역사가 오래되지 않았음을 보여주는 서양 분위기가 물씬 나는 원을 만난다.

15 일종의 사설 도서관인 가업장서루는 원의 동쪽에 면하고, 전체적으로 사합원 형식이며 전면에는 최근 복원된 연못이 있는 원이 있다.

의 배치나 식재도 원 내외의 경관을 고려하였다. 또한 원북의 버드나무가 늘어선 제방은 사실상 자고계에 연하여 내외를 분리하면서, 제방 위로는 걸어다닐 수 있게 하여 일반적인 강남원림에서 경험할 수 없는 기분을 느끼게 한다.

서쪽의 긴 회랑[10]은 유씨 가묘와 형덕당馨德堂의 벽에 의지하여 건조되었는데, 벽에는 명가의 흔적이 남은 전각 사십여 편이 있어 원 내 근경의 하나가 된다. 내·외원 역시 격리되지 않고, 물 공간과 다리 위의 가사架榭와 내외의 물이 연결되어 일체가 되며, 큰 수면은 곡절이 있고 심원한 작은 수면으로 전환되며, 뭍으로 올라가 가산이 되니 격리되면서도 한편으로는 연결된 것이다.

전체 원은 하늘을 배경으로 명쾌하고, 경관은 풍부하여 자연의 품성이 드러난다. 원 가운데 정향시굴은 최고의 경지인데, 지붕 형상과 입면의 형태 등이 격이 깊고 극히 정갈하며, 위치 또한 그에 적합한 자리가 더이상 없을 듯하다. 소련장의 원림 부분은 남심이 일본군에 점령된 동안 심하게 훼손되었으므로 연못 주위의 건축들은 원 면모와 다르다. 그러나 다행스럽게 그동안 상당 부분 원상을 회복하였다.

가묘의 서쪽으로는 의장義莊으로, 이진의 작은 규모이며, 앞은 평방平房이고 뒤는 누방樓房이다. 정원 내에는 오래된 계목桂木이 두 그루 있어 계화청으로 부른다. 서쪽 후원의 개천은 맑고, 오래된 담은 높으며, 잡초는 옛 정취가 풍기는 집을 에워싸니, 맑고 조용하며 깊고 유현하므로, 영화 '야반가성夜半歌聲'의 촬영장이 되었다. 원의 서쪽으로는 저명한 사가장서루私家藏書樓인 가업당嘉業堂[15]이 있는데, 이는 유용의 손자 유승이 수집한 고적을 보관하기 위해 세운 것으로, 1925년에서 1932년 사이에는 약 60만 권의 장서가 있었던 것으로 알려져 있다.

공간 해석

주 원은 일반적 강남원림의 형세와 달리 넓고 크게 열려 있어 매우 동적이면서 단순한 편이고, 원 중 원인 동남쪽 암취원은 높은 담장과 산으로 에워싸여 정적이면서 세밀하여 복잡하다. 동측 조어대 부분은 주 연못에서 만곡된 작은 연못이 오곡교로 구분되는데, 숲이 우거지고 남쪽에 육각정이 있어 정적 공간이 되었다. 수면의 남쪽에는 다양하게 굴곡진 회랑이 이어져 있는 반면, 북쪽에는 원 외의 계류를 따라 직선의 제방이 펼쳐져 있어, 기의 흐름도 이와 같이 대비된다. 남쪽 담장과 회랑[21] 사이에 생긴 공간은 일반적인 강남원림의 성격을 가지고 있다.

16 낭정은 서쪽으로 기울어져 북쪽 제방의 육각정과 북서쪽 모서리의 조어대 사이를 향한다.
17 퇴수소사 돌출부에서 남으로 눈을 돌리면 제방을 배경으로 육각정이 외로이 시야에 들어온다. 북쪽이 주요 관망 대상이 되는 점은 다른 강남원림과 다를 바 없다.
18 산 위주의 원 가운데 소원의 산 정상에는 날아갈 듯 가벼운 지붕의 정자가 있다.
19 주 원과 물길이 이어지는 소원의 작은 연못은 산과 걸맞게 깊은 계곡의 맛이 있다.

20 주 원 동남쪽 소원의 출입문은 조어대 쪽에서 연결되어 있어 유현한 느낌이 더욱 깊다. 통유 通幽는 졸정원 새 출입문에도 붙어 있다.

21 남안의 굴곡진 회랑은 그 긴 길이와 사이를 채우는 식생들과 단순한 형식의 공간 관통 등에 의해 평지회랑의 백미가 되었다.

綺園 기원

숲에 가까운 돌다리는 숲 그림자를 먹고 산다.

옛날 소금장수들이 잘 나가던 때 이곳의 전설은 애틋한 사부곡思父曲이다. 한낮 햇살이 상큼한 빛을 담아 옹달샘에 나누고 깊숙이 숨은 연못에까지 살금살금 찾아든다. 호수를 가로지르는 무지개 다리를 지나 숲 속 그늘로 간다.

한가로운 구름 사이로 달이 방 안 엿보고,
네모난 연못이 거울처럼 들어앉아 바람소리 듣는다.
손님 찾아와 문장과 술로 서로 휘파람 불고 읊조리던 곳,
손님 떠나고 물고기와 새만 그대로 남아 있다네.
閑云入帘月窺案, 方塘鏡座風鳴泉.
客來文酒互嘯詠, 客去魚鳥相留連.
청 황섭청,《의청루위겁화소훼倚晴樓爲劫火所毁》

해염부상海鹽富商 풍찬재가 1871년 절강성 가흥시 해염현에 건립하였다. "3생을 돌 위에서 보낸 옛 정령과 영혼들, 풍월을 감상하고 즐기는 것 논할 필요 없다오. 그리운 님 멀리서 찾아오는 것 부끄러워함은, 이 몸이 다른 물성으로나마 항상 존재해서라오. 三生石上舊精魂, 賞月吟風不要論, 愧情人遠相訪, 此身雖異性常存." 기원의 옛 정령과 영혼들은 명대 1558년 팽소현이 조성한 팽씨원으로부터 시작되는데, 무원진武原鎭 역사에 기록된 첫 번째 문인원이며, 명이 멸망한 후 사라진다. 강희 연간 때의 대유학자 주이존, 황종희의 제자가 팽씨원 터에 졸의원拙宜園을 건립하는데, 원 중에 "태경苔徑, 힐방헌擷芳軒, 득수당得樹堂, 만석재晚碩齋, 서사西榭, 청운각晴云閣, 잉방剩舫, 소경루巢經樓" 등을 세운다. 건륭 연간에 활동하던 시인이며 극작가인 황섭청의 조부

지면와홍수각　　　엄화교䨑畵橋　　　가산군과 연못 사이의
池面臥虹水閣　　　　　　　　　　　　　정자

향장香樟

담영헌潭影軒

기원綺園 | 절강성 가흥시 해염현 화원롱 浙江省 嘉興市 海鹽縣 花園弄

황경산은 이 원을 구입하여, 원의 의청루倚晴樓에서 아침저녁으로 유하였고, 그의 대표 극작《의청루칠종곡倚晴樓七種曲》이 이곳에서 탄생하였다.

1862년 원과 의청루가 태평천국운동으로 훼손되는데, 화를 피해서 무한에 간 황섭청이 그곳에서 객사하고, 원은 차녀 황수의 소유가 되나 해염부상 풍찬재에게 시집을 가므로 원이 풍씨의 소속이 된다. 졸의원에서 장성한 황수는 잔원殘園을 배회하고 부친을 추념하다가 아직 남아 있던 많은 산석과 화목을 이용하여 풍씨 주택 '삼락당三樂堂' 북쪽에 경치가 아름다운 새로운 원을 꾸미는데, 이것이 기원이다. 기원은 소주 사자림이나 양주 개원처럼 상가원림의 화려한 형식에서 이미 탈피하였고, 세밀하고 유약하며 복잡한 분위기에도 물들지 않았는데, 식자는 그 원이 졸의원의 후신이라 하였으며, 소위 "위치는 다르나 정신은 그대로 존재한다. 地雖異而神猶存."고 하였다. 황수는 옛 원에 대한 자신의 꿈으로 노출되지 않는 이 원을 만들었고, 지하에 묻힌 부친에게도 한 가닥 위로가 될 것으로 여겼다.

원 중의 주요 수면[1]은 삼면이 산으로 둘러싸여 있고, 완연하게 굽이치는 둑이 수면을 가르며, 동양화의 홍탁烘托 기법처럼 수묵으로 외곽을 그려놓은 듯 산세가 드러나고, 층차가 풍부한 데다 주와 부 또한 분명하여, 항주 서호의 경색과 신기할 정도로 유사한데 남제南堤, 동제東堤는 백白·소蘇 양제兩堤와 빼닮았다.

주요 청당 담영헌潭影軒[2] 둘레는 산석과 수목이 삼면을 에워싸고 있어, 한 구역을 이루는데, 비록 규모가 크지만 주체 경상공간을 형성하는 데 아주 우수하다. 이 구역도 삼면이 물이며 느낌이 서호의 고산과 유사하다.

원 동북쪽 산에는 작은 연못[3]이 있고, 그 연못 속에는 또 작은 섬이 첨가되어 있는데, 경상景象의 심도를 증가시키는 예상하지 못한 요소이다. 전 원 중에 건축은 비교적 희소한 편이며, 수목은 무성하여 자연 산림의 분위기가 짙은데, 이것은 산수의 격을 대범하고 크게 보는 형식에 힘을 쏟은 결과이다. 양주 대명사 서원의 자연스런 야생적 정취를 떠올리게 하며, 소주 졸정원 중부의 유사한 분위기보다 무게가 조금 더 있다.

　담영헌 남쪽의 연못은 글자 그대로 아름다운 담영을 만드는데, 특히 오래된 높은 수목 몇 그루가 잘 어우러진 한여름의 정취는 그윽하면서도 빼어나다. 산 정상과 아래로 이어지는 산책로에서는 담영헌이 비교적 규모가 있고 그 자체로도 격이 있지만, 자연 속에 동화되어 일체가 되므로 오히려 잘 어울리는 대상이 된다.

1 항주 서호의 축소판인 주 연못은 작은 대신 오히려 깊은 맛이 있다. 숲은 적당히 우거졌고 제방과 다리는 적소에 아름답게 자리 잡았다. 물은 하늘과 숲과 바람을 담고 생명의 기를 불러온다.
2 담영헌은 연못에 온몸을 담그고 있다. 빛은 하늘로부터 내려와 숲을 헤치고 물속에 빠졌다. 건축은 이미 인공적 자연과 일체가 되어 새로운 자연이 되었다.
3 산 가운데 작은 연못은 제 품에 작은 섬을 안고 있다.

4 왼쪽은 연못의 주 청 지면와홍수각. 다른 강남원림처럼 회랑도 없고 대응하는 건축도 없이 홀로 산과 물을 거느리고 있으나 그 자체로 족하다.

5 연잎을 헤치고 곧 앞으로 나아갈 기세인 지면와홍수각은 제법 규모가 있는 '배'이다.

6 숲에 가까운 돌다리 엄화교는 이미 건축의 자연스런 일부가 되었지만, 오히려 지붕만 살짝 보이는 건축이 분위기를 해친다.

공간 해석

주 연못은 주요 청당인 담영헌에 면하지 않고, 연못의 북쪽에 '지면와홍수각池面臥虹水閣'[4]이 있으며 한방旱舫을 사의寫意한 것이다. 이곳에서는 동남쪽으로 펼쳐진 제방과 엄화교罨畵橋[6]를 높고 짙푸른 수목들을 배경으로 볼 수 있는데, 물에 비친 다리와 일체가 된다.

이 원은 소주蘇州식의 기교와 양주揚州식의 생경함도 없으며, 저장식의 자연스러움이 담긴 데다가 강남원림 특유의 변화가 풍부하고, 나름대로 기백도 있어 필자 소견으로는 조원분야에서는 강남원림 중 최고의 경지로 보인다. 다만 원 주위에 이미 고층건축들이 많이 늘어서 있어 원경의 고매한 정취를 방해함은 매우 유감이다.

남쪽의 정적 원과 북쪽의 동적 원으로 양분되어 있다. 그러나 남쪽 원의 물들이 계곡형으로 정적이나 산 위로는 동적인 회유길이 있고, 북쪽 물은 항주 서호를 축소 모사한 호수형으로 동적이면서 산 위에는 정적 공간인 가라앉은 작은 연못이 있다. 북원의 풍부한 산자락은 정자와 제방에 걸린 홍교인 엄화교 및 산이 잠긴 연못과 함께 일체를 이루며 야성적인 정취를 드러내고, 남원의 담영헌은 지붕에 이끼마저 덮어쓰고 짙은 녹색으로 물든 연못과 함께 고색창연함을 자랑한다. 건축은 희소하고 공간은 자연이 중심이 된다.

7 물결 위에서 잘게 떠는 빛과 색.
8 매미가 요란하게 울어 젖히는 고목 숲.
9 가냘픈 정자는 산 때문에 표도 잘 안 나는 가산군과 연못 사이에 있다. 애교같이 뚫린 항아리형 창.
10 선과 나뭇잎 하나 그리고 그림자.

11 꽃이 없어도 향기가 난다. 조금씩 자라는 작은 식물과 의도적인 바위가 만들어내는 이 풍경은 우연이라고 할 수 없지만 저 낡은 녹빛 이끼는 계획된 것일까?

12 기원의 입구는 매우 정갈하여 입구에서부터 예사롭지 않은 품격을 드러낸다.

동쪽 담장의 월문을 통하여 서호가 들어온다. 서호에 연꽃이 만발하면 꽃향기도 따라 들어온다.

호수 풍경을 빌려오고 산의 아름다운 기세를 끌어들여 주위 환경을 충분히 응용하였다. 원 동쪽으로는 조용히 숨어 있는 작은 공간들이 깊이와 높낮이를 드러내 시원하게 열린 공간을 만든다.

"남송 이래로 원림의 흥성함은 4주 곧 호주, 항주, 소주, 양주를 으뜸으로 친다. 그런데 호주와 항주가 더욱 뛰어나다. 南宋以來, 園林之盛, 首推四州, 卽湖, 杭, 蘇, 揚也. 而以湖州, 杭州爲尤." 항주 서호에서는 만청기 원림이 성황을 이루었는데, 정가丁家산록의 유장劉莊, 금사항金沙港의 당장唐莊, 소제蘇堤상의 고장高莊과 장장將莊 등이 그것이다. 그러나 그 후 이 부근은 유락지가 되면서 옛 분위기가 대부분 훼손되고 주택들은 찻집이나 음식점 등으로 바뀌어, 옛날 문인원으로서 품격은 찾기 힘든데, 곽장은 최근에 복원되었지만 그나마 거의 유일한 현존 원이 되었다.

이곳은 원래 송장宋莊으로 불린 '단우별서端友別墅'로, 1907년 항주 비단상 송단보가 건립하였기 때문이며, 민국 시절 송장은 청하방淸河坊 '공풍춘孔風春' 향분점香粉店에게 압류당하고, 후에 복건의 비단상 곽사림이 구입하여 곽장이 된다. 곽씨는 산서성 분양汾陽의 군망郡望이므로, 분양별서라 불린다.

곽사림은 원 동쪽에 서양식 주택을 짓고, 원에 있는 건축들을 개축하였는데, 같은 시기에 출현한 해파원림海派園林의 영향으로, 전체 원의 예술수준은 오히려 저하되고 만다.

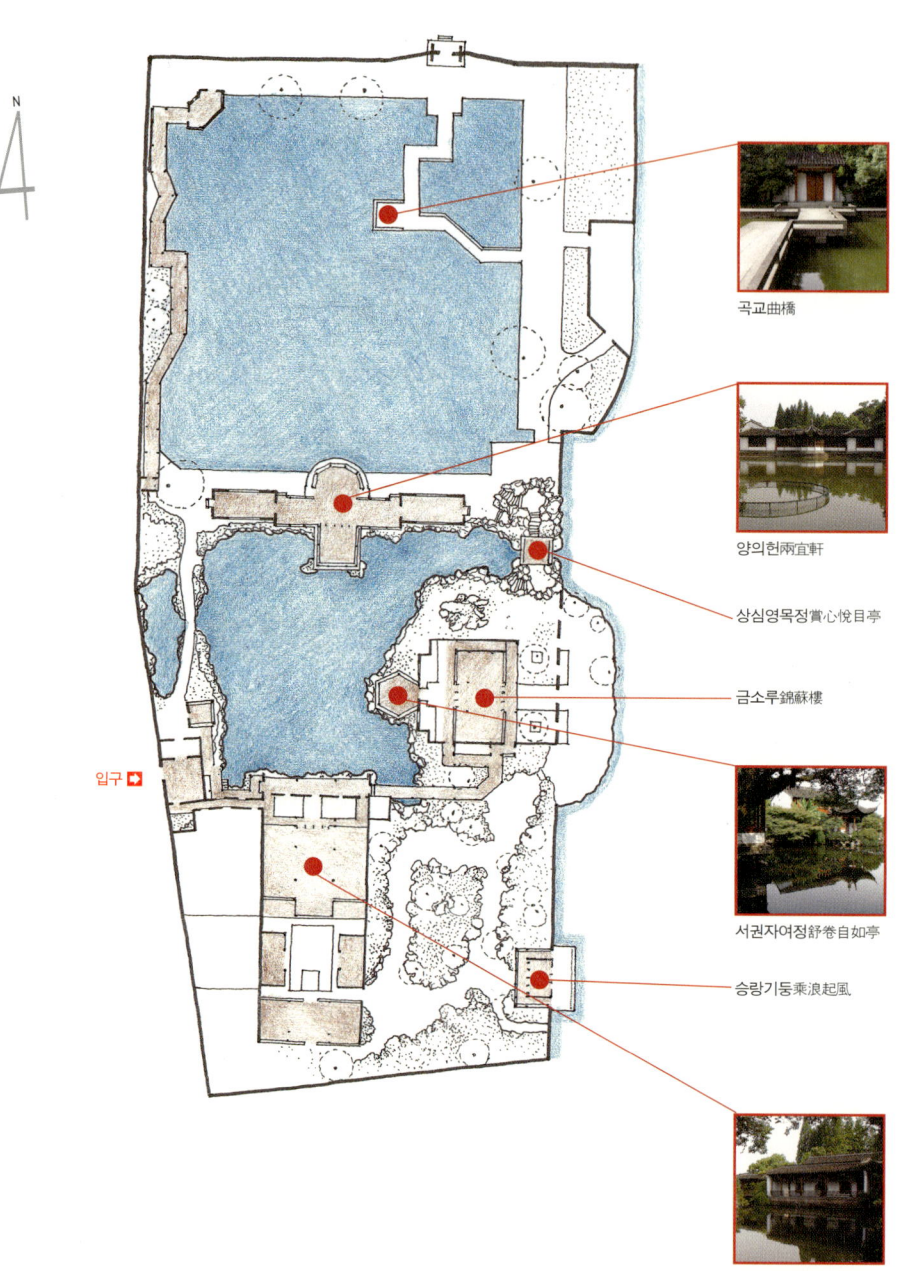

곡교 曲橋

양의헌 兩宜軒

상심영목정 賞心悅目亭

금소루 錦蘇樓

서권자여정 舒卷自如亭

승랑기풍 乘浪起風

설향분춘 雪香分春

곽장 郭庄 | 절강성 항주시 서산로 와룡교 浙江省 杭州市 西山路 臥龍橋

설향분춘雪香分春

곽장은 옆으로 긴 양의헌兩宜軒이 원을 남북으로 구분하는데, 남부는 천연 호수형 수면의 연못이 중심이다. 연못의 남쪽 '설향분춘雪香分春'이라는 사합원과 연못 북쪽에는 양의헌이 마주보고 있다. 연못 서쪽 일대에는 망사원 사압랑射鴨廊처럼 자유스럽게 처리하였고, 연못 동쪽의 금소루錦蘇樓는 연못에서 너무 강하게 솟아오르는 감이 있으므로 사이에 육각정六角亭을 두어 보완하였다.

1 주 원이라 할 수 있는 남쪽 원의 건축군은 기본적으로 정형화되어 있지만 연못은 곡선을 유지한다. 오른쪽 건축군이 설향분춘이며 전체적으로 열려 있어 시원하다.
2 설향분춘의 전 원은 문이 뚫린 가벽으로 주 원과 연결되는데 망사원과 흡사하다.
3, 4 설향분춘의 전 원에서 문과 창을 통해 양의헌이 들어오며, 오른쪽 가까운 곳의 서권자여정舒卷自如亭 전면 가산과 원경이 한데 어울려서 한 폭의 그림이 된다.

경지鏡池 중심의 북부

북부는 정형화된 지당형池塘型 수면인 경지가 중심인데, 서·남 양면의 수랑水廊과 양의헌이 감싸고, 동·북쪽의 담장은 낮게 원을 에워싸는데, 담장 밖의 높은 나무들과 평활한 호수면은 시각적 일체를 이룬다. 연못의 북·동쪽의 풍광은 다분히 현대적 절제의 미가 있다. 전체 구역의 건축, 담장, 교량 등은 낮게 깔리면서 수렴하는데, 질박하고 밝게 트였으며, 시야는 편안하게 평활하여 절강 농촌의 풍부한 야취가 흐른다. 전형적인 강호지江湖地의 원림이 되었으니 이 밖에 여러 특징이 있다.

5 양의헌 북쪽 연못은 남쪽 연못에 비해서 기하학적 선으로 이루어져 있고 방지라 할 수 있다. 다른 강남원림에 비해서 썰렁할 정도로 인공물이나 자연물의 장식이 적다.
6 북쪽 연못의 서쪽 부분은 비교적 단순한 회랑으로 구성되고, 회랑이 끝나는 북서쪽 끝 부분에는 부채형 정자가 있다.

차경, 호수에서 보는 원

원 주위환경을 충분히 응용하였는데, 호상 풍경을 차경하고, 산의 아름다운 기세를 끌어들였으며, 특히 원림공간의 상대적인 독립을 확보하였다. 원 동쪽으로는 열린 공간을 적절히 막아 주는 묘미가 있으며, 이렇게 조용하면서 적당히 숨어 있는 작은 공간들은 많은 경관의 심도와 층차를 드러내어 더욱 맑고 시원하게 열린 공간으로 만든다.

호수에서 원을 보는 것 역시 고려되었는데, 장의 동쪽 입면은 호수 면에서 낮게 전개되며, 일대의 제방과 담장이 형성되는 유력한 수평선의 조합은 서호면의 겹치는 파도 그림자와 상응하면서, 남·북으로 높고 웅휘한 산세와 조화된다. 상심열목정賞心悅目亭, 승풍요월헌乘風邀月軒(승랑기풍乘浪起風), 경소각景蘇閣(금소루錦蘇樓)[7]은 담장을 훌쩍 넘어 호수와 맞닿으니, 간결하고 평온한 가운데 드러나는 변화이며, 경소각은 이 입면의 중심에 선다.

7 남쪽 원의 동쪽을 막아서는 금소루와 서권자여정은 양의헌과 함께 물에 잠긴다.
8 서권자여정은 연못과 함께 건너편 입구 부분의 정자와 한 쌍을 이루어 양의헌과 설향분춘이 만들어내는 남북 축에 대응한다.
9 서쪽 주 입구 부분의 정자.
10 동쪽 담장의 월문을 통하여 서호가 들어온다. 서호에 연꽃이 만발하면 꽃향기도 따라 들어온다.

공간 해석

원 외에 광활한 수면이 있기 때문에 원 내의 수면은 그에 대응하는 국면을 취하였다. 남쪽 원의 연못은 완곡하며, 서로 마주보는 여만余灣처럼 자연스럽고, 거울 같은 경지는 소주 문인원에서는 찾아보기 어려운 대규모 규칙적 수면에 아무런 장식도 없는 경우인데, 주희의 시《관서유감觀書有感》에서 나오는 "반묘 크기의 네모난 연못이 하나의 거울처럼 열리니 半苗方塘一鑑開"가 무색하다.

원 외에 산이 있어 차경할 수 있으므로 원 내의 첩산은 최소화하였는데, 산의 기운만 남아 있으면 부족하지 않기 때문이며, 호수 면과 원경을 부감俯瞰할 수 있는 높은 시점을 제공하고, 원경 자체를 풍부하게 함으로써 절강 지역에서 최고의 위치를 확보하였다.

원 내 건축 중, '설향분춘'[14] 사합원은 경소각 및 육각과 교차되는 축을 형성하는데, 절강풍미 중 하나이며, 양의헌의 대칭과도 관련이 있다.

북원이 열려 있고 기하학적인 연못으로 조성된 반면, 남원은 대조적으로 자연형 연못과 함께 다소 폐쇄적인 구성이다. 한편, 북원의 서측 회랑과 정자 등은 불규칙적으로 굴절되어 있고, 북동쪽의 다리는 기하학적이지만 역시 불규칙한데, 남원의 건축들은 반대로 모두 대칭형으로서 직교하고 있어 공간의 대비가 서로 교차하고 있다. 그래서 북원의 기는 단정하면서 제한된 자유를 유도하고 있고, 남원의 기는 그윽하고 깊으면서도 너무 흐트러지는 것을 우려한다. 서호에 면한 이 원의 장점은 곳곳에서 서호를 차경하는 수법을 활용하여 기의 흐름을 무한대로 확대한 것이다. 작은 창문을 통해 들어오는 원경이 기의 교류에서도 어떤 상관성을 가진다는 것을 잘 알 수 있다.

11 반복되는 같은 모양의 창은 세 겹의 카메라 렌즈처럼 입체적인 그림틀을 만든다.
12 인공적 벽, 자연을 모방하여 인공적으로 뚫은 창, 자연의 어울림은 새로운 표정을 연출한다.
13 북쪽 연못의 북동 부분에는 드물게 직각으로 꺾어져 있는 곡교가 있어 변화를 주며 북쪽 문과 일체를 이룬다.
14 양의헌에서 본 설향분춘.

서령인사 西泠印社

계곡이 아닌 곳에 만들어진 물길과 다리

다른 원과 달리 담장이 없어 개방되어 있다. 전 원에는 금석金石, 서화, 산림의 기운이 한데 어울려 충만하고, 손가는 대로 써 내려갔으나 뺄 것 없이 소박하고 단정하다.

항주 서호 북부의 서남 산자락과 서령교西泠橋는 서로 마주보고 있는데, 이곳을 '서릉西陵', '서령西泠' 또는 '서림西林'이라고 한다. 전하는 바에 따르면, 남조南朝(남제南齊 479~501) 전당錢塘 명기名妓 소소소와 연인 원욱이 사랑의 맹약을 한 장소이다. 소소소는 시와 노래를 잘 하였고 재색을 겸비하였으나 아무에게나 정을 주지 않았던 지조 있는 기생이었다. 어느 날 마차를 타고 백제白堤에서 유람하던 중, 단교에서 말을 타고 유유히 다가오는 원욱과 마주쳐 두 사람은 첫눈에 사랑에 빠지게 되니 소소소의 집에서 놀다가 헤어지며 "첩은 벽에 기름 먹인 수레에 타고, 님은 청총마를 타고 가시네. 어디서 마음을 하나로 묶었는고? 서릉 송백나무 아래서라네. 妾乘油壁車, 郎跨靑驄馬, 何處結同心, 西陵松柏下."라는 시를 남긴다. 그 일화 때문인지 지금까지 1100여 년간 서령교 일대는 시종 유람객들의 발걸음이 끊어지지 않았는데, 이르기를 "화려한 유람선이 다 서령으로 들어가는 걸 보니, 호수 전체가 온통 봄빛으로 덮였나 보오. 看畵船盡入西泠, 閑却一湖春色."이라고 하였다.

1100년이 지난 후 마차도 끊어지고 말발굽 소리도 끊겼지만, 오히려 일군의 인인印人, 즉 낙관을 쓰고 새기는 명인들이 이곳에 모여 인학印學을 연구하기로 결사結社하여 뜻을 밝히는데, 이곳의 천고풍류가화千古風流佳話를 읽고 쓰는 것이다.

서령인사가 생기기 전부터 있던 건축은 백당柏堂, 양당凉堂, 죽각竹閣, 사

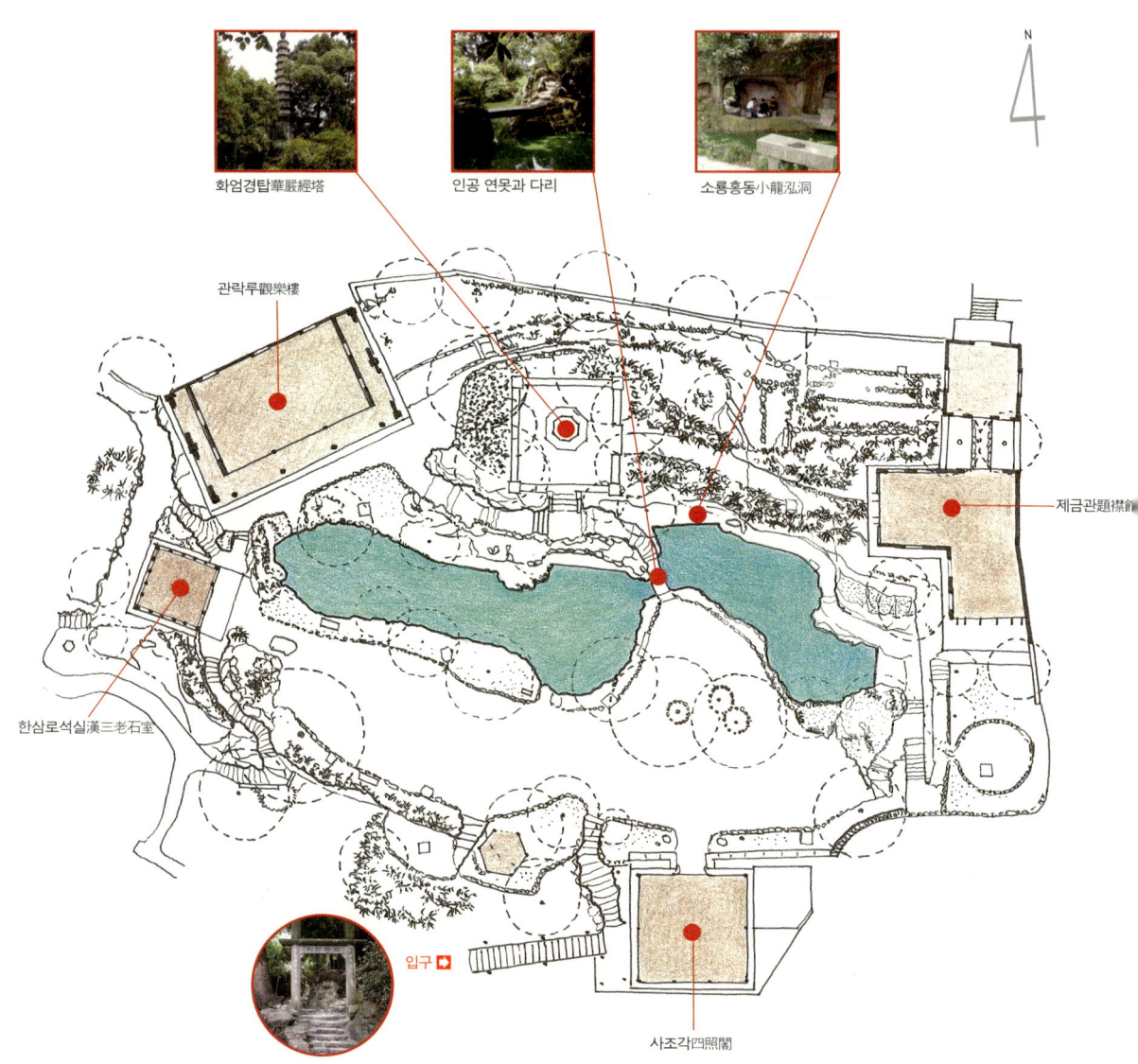

서령인사西泠印社 | 절강성 항주시 서호북 고산 서남록 浙江省 杭州市 西湖北 孤山 西南麓

조각四照閣 등이며, 배산임수의 좋은 터이기 때문에 오랫동안 사당祠堂의 집결지였는데, 서령인사지에도 주희의 주문공사朱文公祠와 청대 대학사 서조의 사당이 있었다. 1876년에는 장공사蔣公祠까지 건립되었는데, 태평천국을 평정한 절강의 상군장령湘軍將領 장익양을 기리기 위한 것이었다.

1904년 절강성의 인인印人 엽명, 정이, 오은 등이 고산孤山에서 모여, 전통 인학의 깊이 있는 연구를 위해 인사印社를 세우기로 결의하고, 장공사 일대를 매입하고 기초를 세우며, 근처 서령교에 근거하여 교명사橋名社라 칭한다. 1905년 봄 인사 동인들이 수봉각數峰閣 서쪽에 인단印壇 선배를 기념하기 위해서 앙현정仰賢亭을 세우는 것이 발단이 되어, 1912년부터 십수 년간

1 오른쪽은 백당柏堂, 왼쪽은 죽각竹閣이다. 상하로 구분되는 서령인사의 주 공간은 언덕에 자리한다. 아래쪽은 몇 개의 건축으로 구성되며 상부 주 공간의 전이공간 역할을 한다.
2 서호 쪽에서 월문을 통해서 들어오는 백당의 동쪽. 아래 공간은 지나고자 하는 관람객들에게 공간 한 쪽을 진입로로 내어준다.

3 산자락과 백당 한쪽으로 형성된 공간은 멀리 계단을 내밀어 주 공간의 방향을 암시하며 빛도 따라 움직인다.

4 계단 아래에 이르면 진정한 서령인사가 여기부터라고 알리는 간판이 걸린 독특한 패루가 기다린다. 이 패루는 일본의 도리나 우리 나라의 홍살문을 연상시킬 정도로 매우 단순한데 시대적 배경과 설계 책임자의 의도를 함께 읽을 수 있다.

5 녹빛 이끼가 잔뜩 낀 연못은 조금은 엉뚱하다. 계곡이 아닌 곳에 만들어진 물길과 인공적인 절벽과 다리는 쉽게 다가오지 않는다.

6 우거진 나뭇가지 사이로 내려다보는 서호는 이곳의 백미이다. 자연의 기는 닫힌 듯 열린 사이로 유동한다. 그러나 최고의 경관인 서호와의 관계는 잘 살리지 못하고 있다.

여러 채의 건축과 원을 조성하는데, 마음과 손이 호응하니 서호 호산湖山의 금석명원이 되었으며, 중국원림사상 사람들의 폐부를 감동시키는 명원으로 남았다. 현재 인사의 주옥主屋인 관락루觀樂樓 안에는 옛 대련이 남아 있는데, 저 백 년간의 역사를 잘 표현하였다. "모습마다 정이 넘치니, 둘러싼 물이 산을 껴안고 산도 물을 안고 있네. 마음마다 서로 통하니, 사람에 의해 땅으로 전해지고 땅도 사람에게 전하누나. 面面有情, 環水抱山山抱水. 心心相印, 因人傳地地傳人."

영산염화靈山拈花 미소의 경계에는 불佛이 있는데, 서령인사西泠印社는 그것을 얻었다. 또 이 원은 다른 원과 달리 담장이 없어 개방된 공공성을 실현하였다. 전 원에는 금석金石, 서화, 산림의 기운이 한데 어울려 충만하고, 손 가는 대로 써 내려갔으나 뺄 것 없이 소박하고 단정하다. 원은 약간 급한 경사지에 자리하는데, 서호를 향하고 있는 사조각이 중심이며, 상하로 구분된다. 상부는 산언덕에 있으며, 주요 원림공간이다. 북쪽의 관락루가 주 건축이고, 전체의 중심을 잡아주는 화엄경탑華嚴經塔[9]과 완만하게 꺾어지며 연결되는 문천文泉, 한천閑泉이 함께 하여 전체를 구성한다. 하부에는 백당柏堂이 중심이며 양쪽 회랑이 길 쪽 담장과 함께 일군을 이루는데, 들고나감이 있고, 공간의 긴장감이 있으며, 북쪽과 대비되어 사람들을 원으로 인도하는 공간처럼 느끼게 한다.

원에는 봉우리가 솟은 첨산이 없는데 고산과 웅장함을 겨룰 수 없을뿐더러, 천연절벽과도 비교할 수 없기 때문이지만, 자연과 결합하는 또 다른 방법으로 변화를 유도한다. 물을 다루는 솜씨 또한 산 아래 서호와 경쟁하는 듯한데, 문천이 주이다. 건축 또한 소박하고 중후한데 형문衡門, 사문탑四門塔, 밀첨탑密尖塔, 석굴사石屈寺는 송원宋元 이전의 건축양식이다. 서호에서 찾아볼 수 있는 상루대常樓臺의 자태는 금석가金石家가 삼대三代를 스승 삼아 배우는 것을 나타내는 듯하고, 세부의 정밀한 조형의 흔적들이 남아 있다. 석탑, 석담石潭, 경당經幢, 석교 등 소품의 운용은 흡사 일본원림에 감염된 것처럼

7 성모자상은 기독교의 그것과 너무 흡사하다. 남아 있는 다른 흔적들도 그 시대적 배경과 연관이 있다.

8 소룡홍동小龍泓洞 동굴은 느닷없이 카드놀이 장소로 변해 있고 원래의 뜻이 많이 훼손되어 있지만, 수련修鍊의 흔적이 보인다.

9 주 산의 화엄경탑은 원의 중심이다. 숲 속에 살짝 숨은 탑은 경쾌하게 하늘을 향해 뻗어 있지만 전체 원의 균형을 잡는다.

보이는데, 따지고 보면 당풍이 동진하였다가 천년 후에 회향한 것이다. 조원수법에서 원림취미가 점점 세속화되어 가던 만청 시기에 서령인사는 엄연하게 이를 초월한 은자가 되었다. 서구의 모든 경향이 크게 유행하는 오늘, 서령인사는 당송 8대가의 고문운동[23]을 이끈 한유와 유종원의 문장과 같다고 할 것이다. 소주 산지형 원림의 정품인 옹취산장擁翠山莊과 고의원高義園과 비교하여도 전혀 손색이 없고, 무석無錫의 혜산蕙山 기창원寄暢園은 옛 모습이 많이 변했으므로, 이만큼 순정한 완전성은 갖추지 못했다 할 것이다.

공간 해석

서령인사는 서호를 관망할 수 있는 높은 곳에 있으므로 기본적으로 서호 쪽으로 열고자 하는 공간적 욕망이 있다. 그러므로 서호를 향한 남쪽은 사조각으로 다만 구획을 짓고, 그 자신은 열린 원경 일체를 끌어들이는 창으로서의 역할을 앞장서서 한다. 산마루 가운데에 자리한 화엄경탑은 이 원림공간의 중심이다. 연못이 중앙부에 동서로 길게 놓이고 그 뒤에 산이 있으며 건물들이 원을 둘러싸는 형국은 일반적인 강남원림의 기본 개념과 다를 바 없지만, 주 관망점에는 작은 정자만 있을 뿐이다. 다만 가파른 계단을 힘들게 올라온 사람들이 자연스럽게 대면할 수 있는 원의 주 입구[4]가 그 자리를 대신한다. 건축들은 자연의 지세에 따라 제각기 방향을 잡고 있지만 서호에서 오는 기를 막아서는 역할은 게을리하지 않는다. 열릴 수밖에 없는 장소에서 또 다른 정적 기운을 함께 노리는 것은 대단히 힘들지만 기의 흐름에서 극적 효과를 끌어낼 수 있다.

---

23) 형식상의 미를 추구하던 문체(변려문)에 반대하여 자유스럽게 표현하는 문체(신문체)를 주장하는 운동으로, 고대문장으로 복귀하여 유교의 도덕을 밝히고 유교 사상을 선전하는 글을 짓고자 하였다.

蘭亭 난정

난정에 이르는 대숲 길

굽은 물길 옆에 자리하고, 술잔을 물 위에 띄워 보내 잔이 멈추는 곳의 사람은 시를 짓고 술을 마셨다. 물 위에 잔잎 띄우고 돌아가며 시흥을 노래하니 이것이 사대부의 놀이이다. 서로의 마음을 얻고 세상을 얻는다.

    난정은 절강 소흥紹興시 남쪽 13킬로미터 지점의 난저산蘭渚山 아래에 있다.『조절서趙絶書』에 기재되기를, 조왕 구천이 이미 이곳에 난저전蘭渚田를 일구었다 한다. 한대까지 이곳에는 역정驛亭이 하나 있었는데, 이름이 난정이었다. 역정이란 공문을 전달하거나 출장 중인 관원이 말을 교환하거나 잠시 머물다 가는 곳이다. 동진東晉 영화永和 9년(353) 3월 3일, 왕희지, 사안, 손작 등 회계 지역의 문인 42인이 이곳에서 '수계修禊[24]'를 하고, 흐르는 곡수에 잔을 띄우고 술을 마시며 시를 읊어 곡수류상지음曲水流觴之飮을 행하였다. 참가한 각 문인은 자신의 뜻을 시로 지었고, 왕희지가 사람들의 시를 모아서 서문을 썼는데, 이것이 유명한 「난정집서蘭亭集序」이다. 서문의 문장은 대단히 아름답고, 서법 면에서도 높은 예술적 가치를 가지고 있으며, 역사 이래 늘 서법예술의 보물로 대접받았다. 난정 역시 이때의《계음부시禊飮賦詩》및 「서序」때문에 이름이 후세에 알려져서, 중국서법예술의 성지가 되었다.
    난정은 원래의 위치에서 여러 번 옮겨졌으며, 송대까지 난계강蘭溪江 남안 산언덕에 있었는데, 명대 1548년 강북의 현재 위치로 옮겨졌다. 현재 난정의 주요 건물들은 모두 청대에 건축된 것이다.

---

24) 수계: 음력 3월 초 3일 나쁜 기운을 없애기 위해서 물가에서 행했던 제사 의식이며, 이때 곡수류상을 하며 시를 읊었다. 봄에 하는 것을 춘계라 하였고, 음력 7월 14일 가을에 행하는 것을 추계라 하였다.

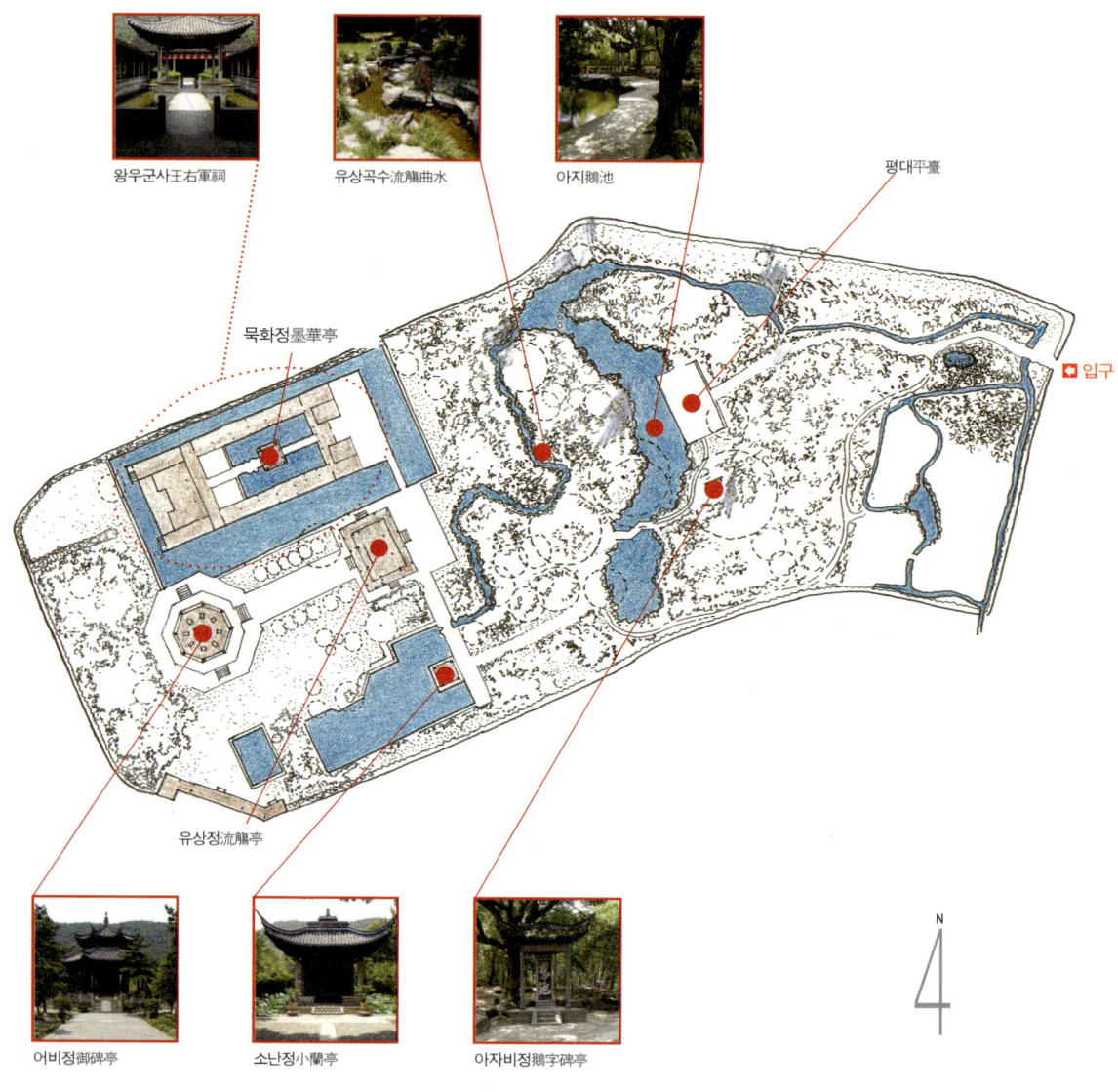

난정蘭亭 | 절강성 소흥시 난저산 浙江省 紹興市 蘭渚山

대숲 길을 지나 거위 연못

난정은 평지에 있으며 주위는 논이다. 남북 200여 미터, 동서로 약 80여 미터이고, 입구는 북단에 있으며, 문에 들어서면 일단의 휘어진 대숲[1]이 아지鵝池[2,3]까지 연결되는데, 전하는 바에 의하면 왕희지가 거위를 좋아해서 연못의 이름도 아지가 되었다 한다. 왕희지가 처음 난정에 왔을 때 연못에서 흰 거위가 놀고 있었는데, 이 모양이 너무 즐거워서 거위를 가지고 싶은 마음이 생겼다. 거위 주인은 마침 도교의 도사道士였는데, 그는 왕희지가 글씨를 잘 쓰는 사람인 줄 알았으므로 『도덕경』 한 부를 써주면 거위를 주겠다고 하여 탄생한 것이 오늘날 전해 내려온 『황정경黃庭經』이라 한다. 1700년이 지난 현재의 아지에도 거위들이 꿱꿱거리며 놀고 있으며, 연못 옆에는 우리 나라에서는 보기 힘든 형식인 삼각정이 있고, 그 안 비석 면에는 큰 글씨로 '아지鵝池' 두 글자가 새겨져 있다. 입구에서 연못에 이르면 넓은 평대가 있어 연못 남쪽의 산을 감상할 수 있으며, 산에는 숲이 무성하여 토산 후면의 난정 주경 부분을 은폐함으로써 '장경障景' 작용을 하는데, 한 번에 남김없이 다 보여지는 것을 피하기 위함이다.

1 난정에 이르는 길은 대숲 길.
2 쉬어가는 전이공간처럼 이어지는 숲에는 연못 아지鵝池.

3 작고 귀여운 삼각 정자에는 아지라고 쓰여 있다.
4 왕희지의 아들이 대大자를 썼다. 왕희지가 점을 하나 찍어서 태太가 되었다. 그 점이 없다면 글자는 예쁠지언정 힘이 없을 것이다.

난정蘭亭

아지鵝池 비정碑亭[3] 옆으로 꺾어져서 연못을 가로질러 앞으로 나아가면, 날씬한 지붕으로 마치 학이 되어 하늘을 날아갈 듯한, 혹은 거위가 날개를 편 듯한 '난정' 비정[5]에 도달하게 되는데, 이 정자는 방형의 모임지붕이고 지붕 끝의 양식이 특이하다. 소난정小蘭亭이라 불리는 난정 비정은 방형의 연하지에 면하여 있으며, 연하지는 남북으로 길게 놓여 있다. 그 남쪽 끝에는 작은 방지와 길고 단순한 건축이 나오는데, 아지와 대립하여 오히려 조화롭다. 또한 이 방지는 우리 나라에서 자주 발견되는 방지와의 상관관계를 생각하게 한다.

[5] 연못을 지나면 학이 곧 날개를 펼 것 같은 정자 소난정이 있다. 그 안에 난정이라고 쓰여 있다.

[6] 방형 연못 건너에는 소박한 찻집이 있다. 지은 지는 얼마 안 되지만 다른 건축보다 더 원형에 가깝다.

떠내려 온 술잔 앞에서 시를 짓고

그곳에서 오른쪽으로 꺾어지면 난정의 주 경관인 곡수와 유상정流觴亭이 나온다. 곡수류상은 육조六朝 때부터 당송 때까지 성행하였는데, 문인들의 일종의 우아하고 고상한 모임 형식이었다. 당송 이후에도 바위 위에 휘어진 수조水槽를 만들고, 상부에는 유상정을 세웠다. 사람들은 곡수 옆에 자리하고 술이 담긴 우상羽觴을 수면에 띄워 흘려보내며, 앞에 잔이 멈추는 사람은 즉시 시를 짓고 술을 마시는 것으로, 문인들이 서로 즐기며 문장을 겨루는, 격조가 매우 높은 놀음이었다. 당시 16명은 시를 짓지 못하여 벌주 세 잔씩을 마셨고, 15인은 각 한 수씩, 11인은 각 두 수씩의 시를 지어 37수의 시가 『난정집蘭亭集』에 수록되었다. 경주의 포석정이 어디에서부터 유래했는지 알 수는 없다. 그러나 당나라를 방문했던 신라의 문인들이 당시 유명했던 난정을 다녀왔을 확률이 높다.[9] 난정이 있는 소흥은 신라와 뱃길로 쉽게 닿는 곳이기도 했기 때문이다. 명청 시기에도 아직 유사한 풍치가 남아 있었는데 북경 중남해, 고궁 건륭 화원, 북경 담석사潭柘寺에도 이와 같은 유배정流杯亭의 예가 있고, 저주滁州 낭야산琅琊山 자락 구양수가 시를 읊던 취옹정醉翁亭 서쪽에도 한 예가 있다. 그러나 난정에 세워진 류상정은 하나의 기념정이며, 양식은 사면청四面廳이지만, 정자 내에는 곡수류상지거曲水流觴之擧가 없어 일반적인 중국의 유상정과 다르다.

7 문징명의 〈난정수계도〉

8 이렇게 술 마시고 춤추며 놀았다. 웃통을 벗고 있는 사람이 왕희지일 것이다.

9 우리 나라 경주의 포석정 원형은 바로 이곳 난정일 것이다. 서기 335년에 왕희지와 그의 친구 문인들이 곡수연을 하며 놀던 곳이다.

왕우군사王右軍祠

유상정 북쪽에는 팔각의 정자가 있는데, 정자 내에는 이곳을 기념하여 강희황제가 직접 쓴 『난정집서』 비가 있으며, 그 비가 워낙 커서 주인을 압도하는 손님 같다. 비정 동쪽은 왕희지의 사당으로서 속칭 '우군사右軍祠' [10,11]인데, 왕희지가 동진에서 우군장군이라는 벼슬을 했기 때문이다. 고로 왕희지도 자칭 왕우군이라 하였다. 사당은 방형의 연못 가운데 있는데, 건물에 비해 연못이 작아 건물 둘레의 정리된 물길처럼 보인다. 이 연못의 구성은 이 사당의 독특한 특징인데, 연못 안에 사당이 있고, 사당 내에 또 연못이 있으며, 또 그 연못 가운데 정자가 있는 형식이다.

10 왕희지의 사당이 있다. 이름하여 왕우군사. 별로 높지도 않은 벼슬자리이지만 왕희지의 벼슬이 왕우군이다. 붉은 현수막이 있어 더욱 빛이 난다.
11 왕우군사 밖의 연못.

공간 해석

난정의 배치는 곡절이 있으며, 대나무 숲이 알맞게 우거져 있고, 주위 환경과 분위기가 매우 아름답다. 곡수류상을 이용하여 난계강의 물을 아지로 끌어들이고, 유배거流杯渠를 지난 물은 연못을 거쳐서 북쪽의 작은 연못들을 지나 다시 강으로 흘러가는데, 이는 아주 훌륭한 처리방법이다. 하늘은 맑고 공기는 푸르며 기분 좋은 바람은 마음까지 후련하게 하는데, 이곳에서

12 강희 황제가 들러서 글씨 한 자 쓰는 바람에 배보다 큰 배꼽이 된 어비정.

13 그 옆 개울 너머 서예박물관을 가는 길목에는 아마도 훨씬 난정의 원형에 가까울 초막들이 있다.

그 옛날 수계가 열렸고 중국고대문화의 풍아한 정취가 퍼져 나갔다고 생각하면 그 감흥이 새롭다. 아쉬운 점은 소난정과 우군사 사이에 있는 유상정과 어비정[12]의 규모가 너무 커서 전체적인 조화를 훼손한다는 것이다.

전체적으로 왕희지가 살던 당시의 형세가 전혀 아니기 때문에, 그 고사와의 관계는 시대에 따라 재창조될 따름이다. 수계의 시절과 이미 천여 년이 지났지만, 그래도 문징명의 〈난정수계도蘭亭修禊圖〉[7]의 품격 정도는 되어야 그 맛의 일부라도 느낄 수 있을 것이다.

동쪽의 입구에서 주 동선인 아지를 지나 소난정까지는 건축적 공간이 거의 없으나 아지 비정과 아지 및 가산의 결합은 순수한 원림적 공간이다. 물론 입구에서 난원 쪽으로 꺾어지면 옛날 역정을 모사한 건축군이 있으나 건축적 성취는 거의 없다. 남쪽에는 유상정을 중심으로 하여 나란히 축을 이루는 세 개의 건축군이 있는데, 동남쪽 소난정 구역에 약간 변화가 있지만 모두 단정한 형식이다. 동북쪽의 왕우군사는 비교적 독특한 형식을 갖추고 있다. 건축군은 방형의 연못 안에 자리하며, 안으로만 열려 있는 회랑으로 둘러싼 내부 원은 다시 연못으로 이루어지고, 그 연못 속에는 묵화정이라는 이름의 정자가 있다. 이것은 유동하는 물과 고정된 건축의 대비적 반복·결합이며, 건축공간적 시간질서의식이 담겨진 것이다. 연못의 연꽃과 후면의 산이 결합되는 중정은 중심에 건축이 담겨 있지만 내부가 텅 비어 있는 정자가 마땅하다. 그러나 원래의 모습처럼 정자가 없었다면 오롯이 비어 정제된 공간을 만날 수 있지 않을까 여긴다. 하지만 원 내의 쉼터 같은 정자 때문에 산과 하늘의 기는 물의 기와 함께 내원을 맴돌다가 정자 난간에 걸터앉았다. 기운생동하는 글씨는 이런 공간에서 나오리라. 그러나 이 건축에 왕희지가 머물지는 않았다. 유상정과 강희의 비정은 덩그러니 덩치만 커서 전체 건축군을 주도하지만 개념적으로나 조형적으로 모두 적절하지 않다. 소난정과 연못 및 남동쪽 끝을 경계 짓는 건축군의 조합은 밀도가 낮으며 열린 성격이지만, 소난정을 중심으로 단정해 보인다.

정원을 나서며

　이 책을 다 읽었다면 중국원림건축의 절반 정도를 회유한 셈이다. 물론 이 책에서 다룬 강남 지역의 대표적인 사가원림건축들은 중국원림건축을 대표하기에 손색이 없다. 비록 규모 면에서는 황실원림건축의 근처에도 접근하지 못했지만, 황가원림건축이 그 거대함과 화려함을 제외하면 사가원림건축의 근간을 크게 벗어나지 않기 때문에 중국원림건축 전반을 개괄적으로 파악하였다 할 것이다.

　중국의 각 원림건축을 돌아보면서 마치 공식과 같이 반복되는 유사성을 발견하기도 하였고, 문화적으로 우리와 다른 측면이 적지 않음에 의아해 하기도 했을 것이다. 또는 편액이나 대련에서 볼 수 있는 글의 많은 부분이 우리도 일상적으로 사용하는 것이라는 점도 알아차렸을 것이다. 중국은 여러 면에서 우리에게는 멀고도 가까운 나라이다. 어떤 문화들은 우리에게 너무 익숙하여 마치 우리 문화로 착각할 정도이지만, 어떤 상황들은 도저히 이해하기 어렵다. 중국원림건축 역시 우리 문화와는 매우 거리가 있는 편이다. 우선 정서적으로 쉽게 공감되지 않는 첩석가산은 중국원림의 가장 중요한 조경요소이지만 우리에게는 너무 생소하다. 원림건축 내부에 산재한 수많은 문인들의 글과 의미가 우리 정원에도 통용되고 있는 반면, 그 결과의 하나인 인공적인 가산이나 회랑 등이 우리 나라에서는 거의 수용되지 않았다는 사실은 무엇을 의미하는가? 예를 들어 소쇄원을 지은 양산보는 평소에 당대 재상 이덕유李德裕를 존경하여 그의 평천장平泉莊을 참고하였다고 했으나, 이덕유의 평천장에는 건축물이 백 채에 이르렀고, 온갖 기묘한 나무와 바위들 및 진귀한 동물들이 가득한 별천지였다 하니 그 가치기준이 달라도 엄청 많이 다른 것이다. 우리는 이 책에서 청렴한 퇴직고관들이 소유했던 소위 '소박한' 원림들의 상대적인 화려함을 쉽게 이해할 수 없다. 우리는 개인원림건축들의 대규모와 사치스러움을 그대로 수용할 수가 없다. 단순히 대국이기 때문에 생긴 결과로 치부하기에는 너무 큰 차이가 존재하는 것이다. 그것은 999칸의 주택이 용납되는 것과 궤를 같이한다. 그것은 일국의 황제가 개인원림건축을 모방하여 황가원림건축을 조성하는 것과도 뿌리를 같이한다. 지방권력의 힘은 우리가 상상하기 힘들 정도이고, 권력자들의 무소불위는 역으로 공산혁명을 성공하게 만들었다. 그러나 벼슬과 함께 주어졌던 부는 원림건축이 번창하였던 중요한 연유가 된다. 특히 경제적으로 불행했던 고대 은사들의 은거처로부터 끌어온 원림건축은 상류층 문화예술의 재생산처가 되고, 정치·사회적 교류처가 되고, 여인들의 사랑과 질투와 고뇌의 바다가 되었다. 현실에 옮겨 놓은 이상향으로서 원림건축은 모든 것이 갖추어졌으니 가히 천국에 부러울 것이 없었지만, 그 부침의 세월을 보면 수많은 악연과 생사를 넘나드는 아픔이 병존했던 것이다.

끊임없이 이어지는 회랑을 타고 원을 배회할라치면 문득 우리 정원에서는 왜 회랑을 만들지 않았을까 의문이 생길 수도 있다. 물론 거꾸로 왜 중국인들은 굳이 회랑을 만들어 거기로만 지나다니려 했을까 하는 의문이 먼저 생길 수도 있지만, 강남지방의 강렬한 여름 햇빛을 만나면 스스로 회랑 그림자로 몸을 숨기며 곧 그 이유를 이해하기도 한다. 그리고 우리 정원의 기본은 중국처럼 회유식이 아니기 때문에 회랑이 필요하지도 않다는 사실을 알게 된다.

중국 고대산수화에서 볼 수 있는 정원들은 대부분 복잡하지 않고, 화려한 가산도 없고, 구불구불 이어지는 회랑도 없다. 그것들은 언제부터인가 중국원림건축의 주류로 등장한 것이다. 변화하기 전 중국산수화 속의 원림은 분명 우리 정원을 많이 닮았다. 명대 이전의 책 속에 묘사된 원림은 지금과 많이 다르다. 그것 역시 우리 정원을 서술하는 것과 큰 차이가 없다. 근원은 동일한데 어느 시점에서부터 확연하게 갈라지며 더 이상 모방이 일어나지 않는다. 원림 속의 건축이 가벼워질수록, 원림 속의 조경이 화려해질수록 은일한 정신적 도피처로서 도원경은 사라지고 화려한 물질적·시각적 포만감으로서 별천지가 출현하게 되었다.

주인들은 은수자를 들먹이며 고매한 이름을 걸고 왜 도시와 도시 주변에 둥지를 틀었는가? 그들이 진정으로 은거지를 찾고자 했다면 정말 아무도 찾아올 수 없는 심산유곡인들 찾지 못했을 위인들인가? 그들은 도시 주변에서 어슬렁거리며 정치·사회적 관계를 유지하기 위해 애를 썼다. 그리하여 또 적지 않은 인물들은 그럴듯한 기회가 생기면 자찬하며 노래하던 꿈속의 이상향을 미련 없이 버리고 벼슬자리로 다시 나아갔다.

사실 진정으로 도솔천을 향해 떠났던 처사들은 그리 화려한 집도 없었고, 심산유곡은 아니더라도 이름 없는 촌구석에 초라하게 자리 잡았기 때문에 오늘날에는 아무런 흔적도 남아 있지 않다. 진정으로 벼슬자리에 연연하지 않았던 이들이 만들고 살았던 원림들은 산 속의 오막살이로 주위의 풍부하고 아름다운 자연에 동화되면 그뿐이었다.

은수자로 가장한 기회주의자이든 용감하게 맞서 벼슬을 거부했던 은수자이든 그들의 관여 없이는 현재의 원림은 없다. 그러나 원림의 인문적 역사는 원림의 성격을 결정하며 그 가치평가에서 중요한 요소가 된다. 그에 관여했던 주인들의 마음 씀씀이는 세월이 지나도 원림의 한부분에 남아서 우리를 다시 일깨우며, 바위 속에 숨어 있다 뛰쳐나오는 원림의 영혼처럼 우리가 내뿜는 기와 함께 호흡하기 때문이다.

부록

건축공간유기론 개설
한·중·일 원림 비교
인명 해설
용어 해설
참고문헌
인명 색인
사항 색인
중국역사 연대표

강남원림의 월문(추하포)

건축공간유기론 建築空間流氣論 개설

　태초에 인간과 자연 사이에는 아무런 장벽이 없었다. 인간도 자연의 한 부분이었고, 대자연은 인간을 포함한 모든 존재였다. 그러나 인간은 자연으로부터 새로운 물질들을 만들어내고, 자연의 폐해에 대해서 적극적으로 대응한다. 일차적 대응의 유형이 옷이라면 더 적극적인 대응의 유형이 건축이라 할 수 있다.

　인간에게 가장 적합한 공간은 자연질서 속의 공간이다. 그러나 오랫동안 계속되어 온 자연으로부터의 보호습관 때문에 인간은 자연질서 속에 바로 노출되면 살아갈 수 없을 정도로 나약하게 변하였으며, 이제는 인공적인 건축과 도시의 질서 속에 더 잘 적응한다. 그러나 인간생활의 본질은 자연과의 소통에서 찾을 수 있다. 인간이 때때로 자연과의 부드러운 소통의 시간 속에서 최고의 행복을 느끼는 것이 그 실증이다.

　오늘날 건축은 대체로 외부로부터의 보호를 넘어서 격리의 방향으로 가고 있다. 건축재료와 시공법은 점점 밀폐성이 높으며 단열이나 차단 성능이 좋은 쪽으로 간다. 더군다나 도시의 환경은 많이 훼손되어 이미 원초적 자연으로부터 한참이나 멀어져 격리의 대상이 되었다. 그러나 자연의 기와 소통하지 않고 인간이 쾌적한 삶을 누릴 수 없음은 명백하다. 자연의 기氣와 소통하려는 욕구와 자연재해 및 오염된 환경의 피해를 막고자 하는 요구를 동시에 충족시키는 방법이 '개폐'이다. 고정된 창은 채광과 시각적 소통을 보장하지만, 열리는 창문은 모든 자연과의 소통을 가능하게 한다. 그러나 창문을 열었을 때 그 자연을 잘 보존할 만한 외부공간이 없으면 안 된다. 그러므로 외부공간은 인간의 원초적 욕구와 대응적 욕구를 함께 만족시킬 수 있는 중요한 건축요소이다.

유가의 휴한休閑철학은 자유를 추구한다. 도가의 휴한철학 역시 개인의 자유를 추구한다. 도가에서 이상적인 인간은 모든 물질적, 사회적 속박으로부터 벗어난 사람이다. 그로부터 자유로운 정신이 나오기 때문이다. 도가의 이상적 인간은 노자의 '무위자연'과 장자의 '자재소요自在逍遙'와 같은 방법으로 자유를 얻는다. 도가의 길은 자연으로부터 자유로운 초월의 길을 찾는 것이다. 자유로움이 삶의 주인이 되면 인간은 행복하고 편안하다. 그것은 구속되지 않은 여유이다.

모든 예술적 행위는 여유로부터 나온다. 건축미도 여유에서 나온다. 그러므로 근대의 새로운 건축운동의 구호인 '형태는 기능을 따른다.'라든가 장식을 죄악으로 규정한 아돌프 루스의 견해는 건축을 예술로서 볼 때 근본적으로 틀린 것이다. 건축 안에서 순수하게 기능적인 활동을 할 때는 어떠한 미적 체험도 발생할 수 없다. 순수한 미적 체험이 일어나는 것은 짧은 시간이라도 비기능적인 활동, 휴한의 시간, 즉 여유의 상태일 때이다. 고대로부터 건축에 있어서 장식은 우리가 보통 말하는 일차적인 생활기능이 아니라, 그 외의 요구나 순수 미적 요구에 의한 것이다. 그것은 건축공간에서도 마찬가지이다. 단지 잠자리를 위한 공간이나 한 끼 밥을 먹기 위한 공간으로만 만들어진 건축공간은 없다. 그 밖의 여유를 위한 공간이 건축예술로서 건축공간의 성격이 된다. 특히 고대 동아시아건축의 외부공간은 그 기능 밖의 여유공간에서 그 건축공간의 핵심인 정신성을 발견할 수 있다. 물론 공간과 관자 사이에 기의 소통이 없이는 그 정신성은 드러나지 않는다. 기가 통하는 여유로운 정신성 속에는 예술적 향기가 담겨 있다. 건축에 미적 자리가 있다면 '기의 흐름이 있는 자리'이며, 그것이 바로 건축미의 핵심이다.

오직 한 뜻으로 해라. 귀로만 듣지 말고 마음으로 들어라. 적막할 정도로 고요히 머물 수 있다면 우주의 모든 소리를 들을 수 있을 것이다. 그 사람은 바로 기가 있는 사람이다. 마음과 몸 모든 것을 비우면 모든 만물이 들어올 수 있다. 그렇게 한 점 없이 비우는 것이 '도道'이다. 이렇게 완전한 비움, 오직 비어 있으므로 밝은 상태를 심제心齊라 한다.[1]

관자와의 사이에 통하는 기는 자연과의 소통이다. 외부공간에 흐르는 기는 자연의 영혼이며, 인간은 원초로부터 자연의 기와 함께 살아간다. 인간 또한 생명체인 자연의 일부이기 때문이다. 건축은 함께하는 인간이 있기 때문에 생명을 얻는다. 그러므로 건축의 존재가치는 인간과 자연의 소통이다. 그러나 현대의 건축은 상당부분 인간과 자연의 소통을 차단하려 한다. 건축이 인간과 자연의 소통을 차단할수록 그 정신적 가치, 즉 예술성은 줄어든다. 그렇다면 자연과 대부분 차단된 실내건축의 예술성은 없다는 말인가? 그때에도 역시 자연 빛을 닮은 인공의 빛이 실내건축의 주도자일 것이다. 나아가서 우리는 그 빛이 자연 빛으로 대체된 동서고금의 위대한 건축공간들을 상기할 수 있다.

여유는 첫 관문인 시각에서 머물기 쉽다. 그것이 장식을 포함하는 건축의 형태이다. 그러나 한 걸음 더 나아가 건축의 공간이 여유와 결합할 때, 건축은 정신이며, 꽃이며, 시가 될 수 있다. 공간의 여유에는 맑은 바람이 실려 있고 깨끗한 빛이 소근거린다. 기능만 남은 건축은 단지 물리적인 건물이다. 반대로 과도한 장식이나 여유가 과도한 건축도 여유의 본뜻을 넘어선다.

동양적 건축미의 핵심에는 구체적인 건축물이 없다. 단지 비시각적 대상인 빈 공간이 있을 뿐이다. 그곳에서 실체인 건축적 요소는 보조적 장치로서의 구실을 한다. 비어 있는 자리는 기의 교감이 이루어지는 곳이다. 자연

---

[1] 『庄子』, 「人間世」

을 향해서 열려 있는 곳은 '원院'이 아니라도 기의 교감이 가능하므로 빈 자리에 속한다. 그렇다면 개폐 가능한 창호가 있는 곳은 모두 빈 자리에 속할 수 있는가? 물론 개폐 정도에 따라서 성격이 결정될 것이다.

  동아시아 건축은 이와 같이 빈 자리를 어떻게 만드는가에 심혈을 기울인다. 이 빈 자리는 인간 삶에 가장 중요한 천지자연의 기가 유통할 수 있는 공간이므로 '유기공간'이라 부르고자 한다. 동아시아 건축을 공통적으로 가리킬 수 있는 명칭은 '유기공간의 집합체'이며, 서양처럼 개별건축을 우선하기보다 유기공간군群으로 건축을 인식한다고 볼 수 있다.

  기는 때로 흩어지고 모인다. 모여 있는 기라고 해서 멈춰 있는 것은 아니다. 아무리 고정되어 보이는 기라도 모든 자연현상과 관계하며, 불규칙하게 조금씩 움직이며 느릿하게 변화한다. 기의 상태는 기가 움직이는 장소와 환경에 따라 달라진다. 그 환경은 시간적이고 공간적이다. 그 환경은 상황에 따라서 좌우된다. 그러나 만들어지는 기의 자리는 건축적 의도에 일차적으로 의지한다. 어떠한 기운을 만들 것인가가 건축적 목표이다. 물론 그 기운은 그 장소와 함께 하는 사람이 느끼는 주관적 기운이다. 모든 사람이 다 일치할 수 없는 주관적 기는 경험적 보편성에서 그 모범을 찾을 수밖에 없지만, 건축가의 창조성이야말로 좋은 기의 자리를 형성하는 필수조건이다. 건축의 공간은 모두 독자성을 지니고 있기 때문에 그것은 가능하다.

  기의 모태는 자연이다. 무위자연의 상태에서 기는 발생하며, 사람이 자연과 기를 교류하는 것은 사람 속에 자연적 기가 존재하기 때문이다. 자연적 기의 교류는 생명의 원초적 욕구이며, 지속적 삶을 위한 이상적 해법의 첫 번째 요소이다. 생기발랄한 자연질서는 삶의 쾌적함을 노래하고, 고요히 머무는 기의 모태에서는 참 생명의 숨소리를 들을 수 있다.

  건축미와 자연미가 잘 결합하면 힘찬 기운이 깃든 건축공간을 만들 수 있다. 인간은 자연적 산물이지 인공적 산물이 아니다. 그러므로 사람은 자연과 함께 기를 교류하면서 살아가야 한다. 도시화는 필연적이지만 도시화의 결과인 자연과의 격리는 날로 심화되고 자연과의 기 교류는 점점 줄어든다. 물론 자연의 원리를 흉내 내는 인공적 산물은 점점 자연의 특성에 접근하고 있지만, 근본적 차이를 채울 수는 없을 것이다.

건축은 어차피 인공적 산물이다. 그러나 건축이 이루고자 하는 것은 자연과 인간의 평화로운 공존의 장을 만드는 것이다. 가능하다면 풍부하고 질이 높은 자연과 인간의 '기 교류의 공간'을 만드는 것이다. 그것이야말로 악화되는 인공적 환경에서 인간을 살려내는 것이기 때문이다. '기 교류의 공간'은 자연의 기를 받아들여야 하기 때문에 자연에 적절히 열려 있어야 한다.

도시환경은 자연의 순수함을 훼손하여 사람들로 하여금 자연의 본질을 망각하게 한다. 그러므로 도시 속의 건축에 자연과의 '기 교류의 공간'을 만드는 것은 매우 어려운 일이다. 기를 실어오는 바람을 타고 도시의 매연은 수시로 침입하고, 기의 전령사인 햇빛은 무수한 차단 막들에 가려지며, 때로는 적절한 거름도 없이 과도한 노출을 야기한다. 그래서 오늘날의 건축은 결국 도시환경을 무시하고 그 질을 보장 받을 수 없다. 도시인들이 모이는 장소의 기는 대부분 신바람을 일으키는 촉매제이다. 그 열린 장소에 건전한 기가 모이면 축제가 되고 놀음이 되고 급기야 사회를 바꾸는 자유의 행진이 된다. 건축이 만들어야 하는 '기 교류의 장'은 이처럼 즐거운 삶이 꽃피는 장으로서의 가능성이 열려 있는 한편, 내면의 고뇌와 사념을 끌어낼 수 있는 공간으로서의 가능성을 동시에 요구한다. 그러므로 기의 교류는 다양한 층차의 성격을 갖는데, 극적 감성을 유발할 만한 격동적 교류에서부터, 고요히 머물며 깊게 내면으로 침잠하는 감지할 수 없는 수준의 미묘한 교류까지이다. 이는 마치 한국 선불교의 특징인 정혜쌍수선定慧雙修禪의 영역을 포괄하는데, 정定은 고요한 것, 체體라 할 수 있고, 혜慧는 움직이는 것, 용用이라 할 수 있다.[2]

---

2) 金承惠 外 2人, 『禪佛와 基督』, 바오로딸, 1998, 151쪽

'기 교류의 공간'은 독립적으로 존재하기도 하지만, 대부분 공간 간의 교류가 함께 일어난다. 공간 간의 교류는 다양한 층차 간의 연속 혹은 불연속의 교류이므로 복합적 교류의 상태이다. 때로 의도된 확고한 서열에 따라 일어나는 시공간 차의 서열적 교류가 존재하지만, 대부분 예기할 수 없는 시공간적 변화에 따른 우연성이 관계하는 복합적 교류의 현상은 기 교류의 특징이다. 자연현상은 대체로 어떤 규칙을 갖지만 구체적으로는 모두 다른 우연성이 포함되어 그 존재성을 표현한다. 자연의 구성원인 사람의 기 또한 늘 우연성을 내포하고 있어, 자연적 기와 함께 충돌하거나 융합하며 시시각각 변화를 일으킨다.

건축이 만드는 기 교류의 공간은 늘 기가 교류하는 유기공간이다. 유기공간은 주로 자연에 노출된 외부공간을 지칭할 수 있지만, 기가 소통하는 공간 모두를 지칭한다. 동아시아 고대건축은 한마디로 '유기공간'의 군이다. '유기공간군'을 이루는 핵심요소는 물론 기의 교류이다. 여기서 기는 인간을 포함하는 자연의 기이며, 자연의 구성원인 사람의 기는 자연의 기와 교류한다.

층이 다양한 기 교류의 성격은 건축이 요구하는 바에 따라 상정되며, 그 성격을 규정하고 그것을 이루어내는 것은 건축가의 창조성에 달려 있다. 성격을 이루어내는 과정에서 근대 이후 다양하게 실험된 서양건축의 공간론을 응용할 수 있다. 그러나 단순히 기하학적 공간구축이나 양식사적 미감에 의존하는 공간이론을 주 응용 이론으로 삼아서는 기 교류의 공간을 만들려는 원래의 목적을 망각할 수 있다. 왜냐하면 유기공간은 시각적 미감에 앞서 비시각적이고 정신적인 근본원리를 전제하기 때문이다. 그러므로 유기공간은 자연과 공존하고자 하는 사람의 입장에서 추구하는 건축공간이며 즉, 천인합일의 정신을 구현하는 건축적 해법이다.

유기공간의 형성과정에서는 과도한 기의 절제에서부터 죽어가는 기의 소생까지 모든 가능성을 위한 방법들이 요구되며, 동아시아 고대건축에서 우리는 그 오래된 비법들을 찾을 수 있다. 건축을 외관 중심의 양식사적으로 보지 않고 유기공간의 형성방법에 따른 기공간론에서 본다면, 유기공간군을 비교, 분석 및 해석할 자료가 필요하다. 그것은 배치도와 같은 공간군의 유기관계를 파악할 수 있는 자료이다. 물론 유기란 기의 감응이므로 현장에서의 느낌이 무엇보다 중요하며 그 느낌의 주체의 감각적 수준 또한 판단에 결정적인 영향을 미친다. 그러나 무슨 수로 그 많은 현장들을 다 돌아볼 수 있으며, 각 공간군들과 함께 변화하는 유기적 상태들을 느껴볼 수 있겠는가? 결국 미흡한 대로 선인들의 자료들에 의지하여, 부족하더라도 일차적으로 불확정한 결론을 내릴 수밖에 없다. 그 다음 하나씩 그 불만들을 채워 나감으로써 완성도를 높일 수 있을 것이다.

추하포 내 공씨원

한·중·일 원림 비교

원림園林이라는 용어는 중국에서 사용하는 것이다. 반면 한국과 일본에서는 일반적으로 정원庭苑이라는 용어를 사용한다. 모두 한자의 원래 의미와 관련이 있는 원園, 포圃, 원苑, 정庭, 경景 등이 사용되는데 이 글에서는 전체를 포괄적으로 '정원'이라 하였다. 중국에서 정원은 독립되지 않고 주택에 부속된 작은 '원園'을 말하지만 우리는 그처럼 구분되어 있지 않다. 특별히 중국 강남 지역 원림의 몇 가지 특색은 한국, 일본의 정원과 다른데, 첫째 규모가 일정 수준을 넘으면 주택과 독립된다는 점이다. 한국, 일본 모두 제법 규모가 있는 정원이라도 주택과 격리되지 않고 오히려 밀접하게 연결된다. 일본 상류층 주택의 정원은 대체로 사방의 정원과 긴밀하게 연결되어 있는 형국이며, 한국 상류층 주택의 정원은 주 방향으로 연결되어 있다. 둘째 중국정원의 주 요소는 연못과 가산이다. 특히 첩석가산은 중국정원만의 독특한 것인데 자연을 닮은 조산을 만드는 원래의 목적까지 망각해버리는 경지에까지 이르렀다. 이에 비해서 일본과 한국의 조산 방법은 대체로 억지가 없고 자연스럽다. 물론 일본의 용안사龍安寺 등의 사찰 방장정원에서 볼 수 있는 고산수정원枯山水庭園에서 모래와 바위를 이용한 의경은 중국 첩석가산보다 훨씬 추상적인 반면, 단순한 개념과 정갈한 실체를 가지므로 품격이 오히려 상승한다.

각국 정원예술의 발생은 당시의 사회경제적 상황에 기인하고, 특별히 권력과의 특수한 관계에서 그 규모가 결정되었는데, 규모에 관계없이 높게 평가되는 정원들은 그 주체의 심미안과 직결된다. 중국정원에서는 정원이 독립되면서 그곳에서 상당한 시간을 보내므로 건축물들이 많이 세워졌으며, 관람을 위한 길을 덮는 회랑들까지 정원을 둘러싸기 때문에 건축비율이 매우 높다. 반면 역시 일부 회유식 성격을 가지고 있는 일본정원은 비교적 자연적인 조경을 대상으로 하기 때문에 별도의 건축이 매우 드물고, 한국의 정원에도 역시 독립된 작은 정자 등 최소한의 건축이 있을 뿐이다.

일본은 사찰원림이 발달하였으며 주택에 병립한 정원의 기본 골간은 중국원림의 배치방식을 닮았다. 그러나 한국의 사찰정원은 산세가 수려한 자연적 지형을 잘 이용하는 것에 그치므로 정원의 범주가 크게 확장되나, 최소한의 인공적 가공으로 정원과 자연의 구분이 모호할 정도이다. 반면 사찰의 정원에도 기하학적 석축이 자주 사용되는 것이나, 주택정원이나 별서형 정원의 연못은 오히려 중국·일본과 다르게 대체로 기하학적 네모꼴의 방지方池인 것은 삼국의 정원 중 어느 나라가 더 자연적이냐는 판단을 유보하게 만든다. 그 점에서 유추할 수 있는 것은 원래 자연의 물이 자유스러운 산지의 정원은 오히려 방지를 만들었고, 주변 물의 형식이 기하학적인 도시의 정원은 자유곡선의 연못을 만들었다는 가정이다. 창덕궁을 비롯하여 소쇄원이나 임해전, 고란사皐蘭寺의 연못은 이런 추측과 맞아떨어지지만 경복궁의 연못은 맞지 않다. 자유곡선으로 이루어진 항주 서호와 접한 곽장의 연못이 기하학적이고, 물길이 격자형인 도시 속 정원 소주의 원림들은 일치하지만, 또 다른 서호 변의 서령인사와 산자락에 위치한 무석 기창원은 그 기준에 맞지 않는다.

동양 삼국의 정원은 건축만큼이나 유사점과 상이점을 함께 가지고 있다. 우선 정원의 출발점이 도가사상에서 유래하는 것은 아주 중요한 공통점이다. '무위자연'은 동양 삼국의 오래된 철학의 뿌리이며, 도원경은 인생 최후의 안거로서 아름다운 자연 속에 묻히는 것에 다름 아니다. 속세를 떠나 신선처럼 깊은 자연 속에서 살아가는 것은 많은 이들이 원하는 바이며, 비록 실현하지는 못하더라도 꿈처럼 늘 가슴에 품는 것이다. 더러는 실제의 자연 속에서 그 같은 안일을 누리는 행운을 얻기도 하여 많은 사람들에게서 부러움을 산다. 오래전부터 중국에서는 동해의 신선이 사는 세 섬이 전설로 내려오는데 영주, 봉래, 방장산을 상징하여 세 개의 섬이다. 궁극적으로 삼신산에 가고 싶은 욕망이 삼신산을 닮은 가산을 만들어서 스스로 환상에 빠지고자 한다. 결국 삼신산도 내 마음 안에 있는 것이니 그것은 깨달음을 얻는 촉매제이기도 하다.

현재 남아 있는 후기 중국정원은 초기의 분위기가 많이 사라진 양상이며, 초기의 기품은 산수화를 통해서 엿볼 수 있다. 중국산수화 속의 정원을 보면 건축물이 대체로 많지 않아 한국의 정원형식과 유사함을 알 수 있다. 계성의 『원야』에서 알 수 있는 것처럼 사람이 만들지라도 자연을 닮은 정원을 만들어내는 것으로 시작한 중국의 원림은 점점 건축이 많아지면서 건축도 관망의 대상이 되고, 조원造園 못지않게 건축의 배치 및 규모 등이 전체 정원을 좌우하는 원림건축이 된다. 그래서 원래 정원의 목적에서는 벗어나게 되었지만, 특별한 형식의 건축적 성취를 하게 된다. 건축이 따로 존재하거나 정원이 다만 건축의 보조자로 역할했던 것에 비해서, 건축과 조원이 함께 호흡하여 이상적인 공간과 장소를 만들어내는 계기가 된 것이다. 이는 사실상 건축의 오랜 꿈이다. 건축만으로는 달성하기 어려운 이상적인 인간 거주환경을, 자연과의 적극적인 결합으로 인하여 훌륭한 결과로 이끌어내게 된 셈이다.

아름다운 자연 속에서만 삶을 누린다면 가장 행복하겠지만, 사회적 동물인 인간에게는 불가능한 일이며, 가끔 그곳에 가서 완상, 소요하는 것으로 만족해야 했다. 한걸음 더 나가 자연을 화폭에 담아와서 대신하기도 하지만, 그 형상을 본뜬 축소된 자연을 건축 안에 만들어 즐기려는 발상은 가장 인공적이면서 가장 적극적인 방법이다. 가장 자연적인 것의 인간적인 성취는 가장 인공적인 것으로부터 나온다는 가정은 모순이지만 의미심장하다.

조원에서 자연미를 그대로 살리는 것이 삼국 조경가들의 동일한 목적이었지만 그 방법은 서로 달랐다. 우선 정원의 주 대상인 산을 얘기하면, 중국의 가산은 자연을 상징하지만 온전히 인공물처럼 보이고, 일본의 가산은 역시 자연을 상징하거나 자연의 일부처럼 만들었지만 인공적 냄새가 덜하며, 한국의 산은 인공적인 보완이 있지만 대체로 자연을 그대로 살리는 것이었다. 그런데 중국을 대표하는 강남원림의 인공성은 지형이 평지이므로 발생한 면이 크다. 즉 현재 연구결과가 희소한 중국의 산지형 원림을 조사분석한다면 한국이나 일본의 것과 같은 성격의 원림이 많이 발견될 것이다.

전체 원의 공간으로 볼 때, 중국원림은 건축과 높은 담장이 둘러싸서 외부와 격리된 주 원에 가산과 물이 있고, 또한 주 원과 연결되어 열려 있거나 독립적인 다양한 크기와 성격의 작은 원들이 있다. 원은 외부에 대해 폐쇄적이지만, 원의 높은 곳에 위치한 누나 정에서는 원경을 볼 수 있는 경우도 적지 않다. 한국은 별서로 주택과 독립된 경우가 많은데, 마치 자연 속의 정자가 조금 확장된 개념이다. 그러므로 대부분 가깝고 먼 자연을 향해서 열려 있다. 일본은 건축물을 둘러싸고 원이 이루어지는 형식이 많으며, 궁원을 제외하고 주 원은 건축물의 전면에 펼쳐지고, 고산수정원은 중국원림의 독립된 부속정원과 유사한 성격이다. 주 원은 대체로 담장 외부까지 시야가 확대되고, 다소 폐쇄적인 고산수정원도 담장 밖의 외부까지 시야와 기가 통한다. 그러므로 중국원림이 한, 일 양국의 원림에 비해서 폐쇄적이다.

중국원림의 대표는 역시 강남원림이다. 강남원림의 특성은 건축의 교과서처럼 거의 모든 공간이론을 담고 있다. 강남원림을 연구하는 것만으로도 새로운 건축이론을 충분히 도출해낼 수 있을 것이다. 그러나 황실원림이 규모 면에서는 타의 추종을 불허하고, 위엄 있는 격식도 독특하며, 특히 고대의 원은 매우 웅장하고 화려하다. 또한 승덕 피서산장이나, 자금성 내의 부속 정원들의 공간구성과 성격은 분명 한 분야로서 독특성이 있다.

한국원림은 규모 면에서는 상대적으로 왜소하다. 그러나 자연을 가장 자연스럽게 활용하는 개념은 탁월하다. 궁전원림인 창덕궁 후원이나 소쇄원의 자연 속에 숨어들기 수법과 방지나 화계 등의 인공적인 표현을 더 강렬하게 하기는 서로 모순되는데, 이는 인공성 드러내기의 중국원림과 유사한 개념이다. 일본원림 가운데 규모가 큰 것들은 중국의 회유식 원림을 닮아 독창성이 떨어지는 반면, 고산수정원과 차실정원茶室庭園은 세계적으로도 고유한 형식이다.

실례비교

1) 임해전과 아스카 원지

1999년 발굴된 일본 아스카 시대의 원지[飛鳥園池] 연못 호안석과 유수용 석조물 등이 우리 나라 임해전臨海殿의 것과 매우 유사하다.[3] 두 연못에는

1 경주 임해전은 일본 아스카 시대 연못의 원형으로 보인다.(사진 제공 강태호)
2 아스카 시대의 연못에 물 대는 석재의 조합.
3 임해전 전경.
4 아스카 원지는 임해전과 너무 닮았다.

3) 田中哲雄 監修, 『庭院茶室』, 山川出版社, 東京, 2001, 8~9쪽.

모두 삼신산이 조성되었던 것으로 추정된다.

연못 속에 삼신산을 만드는 것은 중국에서 유래된 것으로 당의 태액지에서도 볼 수 있는데, 삼국 모두 즐겨 사용하는 수법이다.

2) 이화원, 창덕궁 후원, 계리궁

중국 이화원의 연못은 자연적이고 인공적 제방이나 섬이 주 관망대상인 항주 서호를 모방한 것에 그 근원이 있지만 인공적이다. 무엇보다도 자연지형에 자리한 건축군들은 고전적으로 정형화되어 있다. 정연한 축들과 대칭형으로 구성된 건축군들에서는 자연의 모사로서의 이상적 원림은 더 이상 찾을 수 없다.

창덕궁 후원에는 자연산세에 단순한 정자를 주로 하는 건축군들이 불규칙적으로 산재해 있다. 각 군별로는 규칙도 있고, 기하학적인 구성기법들이 사용되지만 전체적으로는 자연 속에 묻혀 있는 양상이다.

5 이화원은 자연 속에 만들어졌지만 축을 맞춘다.
6 창덕궁 후원은 축이 없다. 물론 대칭도 없다.
7 계리궁. 정원도 축이 없고 대칭도 아니지만 규칙적으로 꺾어지는 소위 안행형이라는 질서가 있다.

일본 계리궁桂離宮의 원림은 대칭형은 아니지만 질서가 있는 서원조 건축군을 중심으로 이루어진 자연적인 형식의 회유식 정원이다. 연못과 그를 둘러싸는 산이 중심인 것은 기본적으로 이화원과 같은 개념인데, 연못 속에는 신선도가 자리하고 몇 개의 정자가 있을 뿐이다.

3) 피서산장, 이화원, 보길도

중국의 피서산장이나 이화원은 개별적인 작은 원과 산들을 아우르는 하

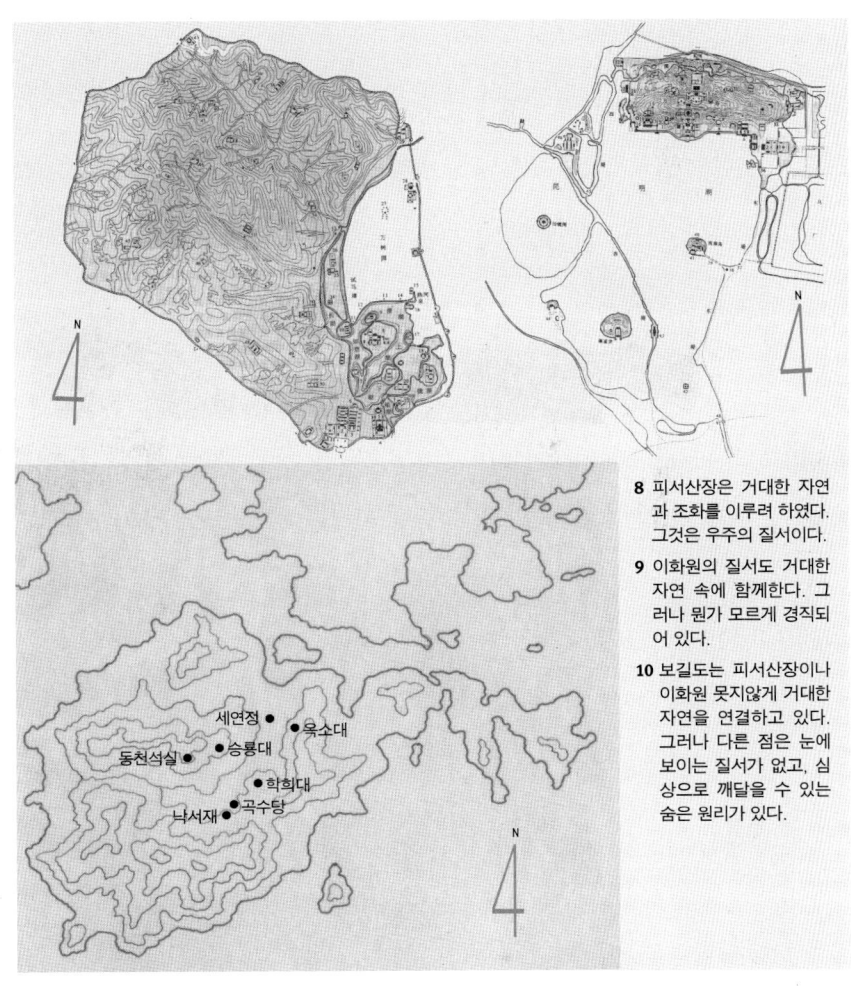

8 피서산장은 거대한 자연과 조화를 이루려 하였다. 그것은 우주의 질서이다.

9 이화원의 질서도 거대한 자연 속에 함께한다. 그러나 뭔가 모르게 경직되어 있다.

10 보길도는 피서산장이나 이화원 못지않게 거대한 자연을 연결하고 있다. 그러나 다른 점은 눈에 보이는 질서가 없고, 심상으로 깨달을 수 있는 숨은 원리가 있다.

나의 원림이라는 관점에서 이루어졌는데, 보길도 역시 몇 개의 원이 별도로 만들어진 것이 아니고 섬 전체를 하나의 큰 원림으로 보고 조성한 것이다.

4) 망사원, 소쇄원, 제호사 삼보원

망사원은 연못과 가산을 중심으로 건축군들이 둘러싸는 중국 강남원림 건축의 기본적인 양식을 잘 간직하고 있다. 관망 대상은 언제나 맞은편 건축들과 함께하므로 건축의 비중이 매우 크다. 그러므로 다양한 건축적 해법으로 원은 매우 풍부해진다. 연못과 가산은 자연곡선형으로 구성되어 있다.

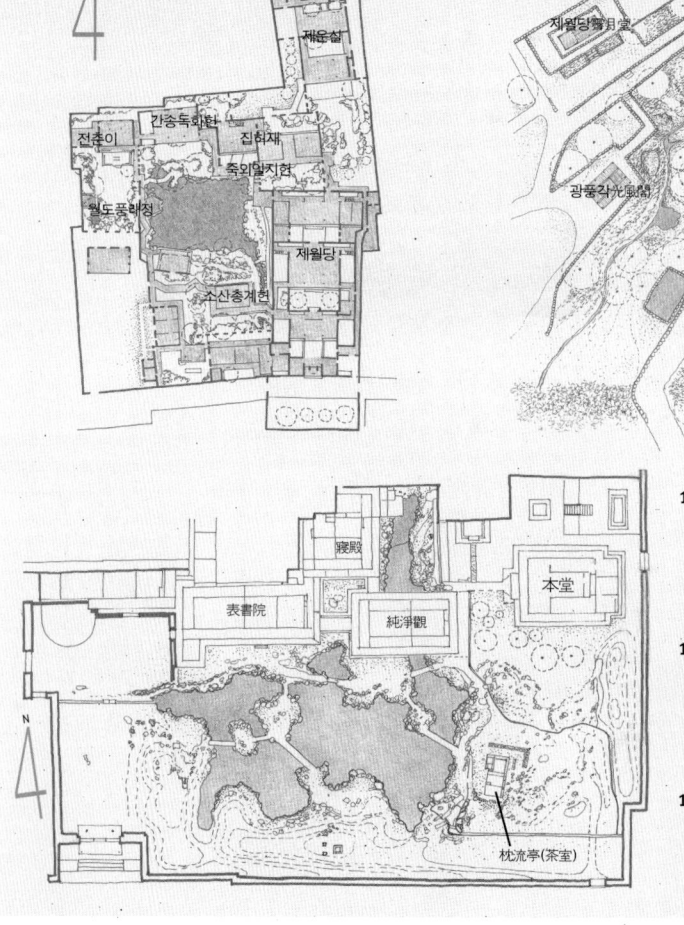

11 대부분 중국정원은 건축이 없으면 성립되지 못한다. 그래서 원림건축이라고 한다. 대체로 중앙에 산과 연못을 만들고 한 바퀴 돌면서 느끼게 하는 회유식 정원이다. 중국 강남원림의 개념을 아주 단순하게 설명할 수 있는 정원이 망사원이다.

12 소쇄원의 건축은 세 채밖에 안 된다. 소쇄원으로 진입할 때는 에둘러 가게 하였으므로 회유식 정원과 닮았지만, 소쇄원은 제월당에서 달을 바라본다거나 광풍각에서 바람소리를 보고 찬란한 빛을 듣는 것이 주제이다.

13 일본 제호사의 삼보원은 회유식 정원이다. 중심에 곡선의 연못과 산이 있고 남쪽에 회랑이 없는 점도 망사원과 유사하다.

소쇄원瀟灑園은 산지에 자리한 별서형 정원이므로 자연적 지세에 둘러싸여 있다. 두 동의 중심건축이 있지만 자연의 비중이 훨씬 크다. 물 요소는 자연계곡을 이용하지만 작은 방지형의 연못이 있고, 자연적인 언덕 조성에서 직선적인 석축을 사용하였다. 회유식 정원이라 할 수 없지만 진입방법이 회유식 정원처럼 원 전체를 회유한다.

일본 제호사醍醐寺의 삼보원三寶園은 망사원처럼 도시형 원림이며, 회유식이지만 북쪽 주 건축 부분을 제외하고 건축들은 희소하여 망사원처럼 회랑도 없다. 연못과 산들은 망사원과 유사하게 자연스런 곡선으로 되어 있다.

5) 환수산장, 세연정, 은각

중국 환수산장은 거의 하나로 형상화된 가산을 중심으로 연못이 둘러싼

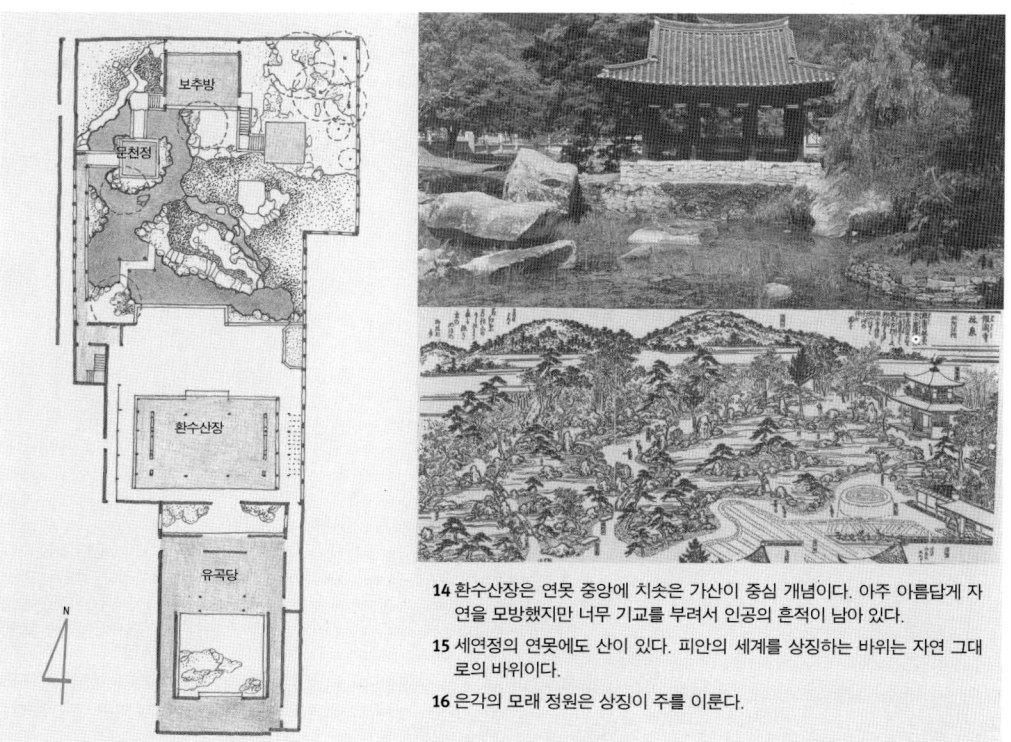

14 환수산장은 연못 중앙에 치솟은 가산이 중심 개념이다. 아주 아름답게 자연을 모방했지만 너무 기교를 부려서 인공의 흔적이 남아 있다.
15 세연정의 연못에도 산이 있다. 피안의 세계를 상징하는 바위는 자연 그대로의 바위이다.
16 은각의 모래 정원은 상징이 주를 이룬다.

형세인데, 최대한 자연으로 보이도록 만들었지만 인공적 기운이 가득하다.

보길도 세연정洗然亭의 연못은 원래 있던 자연적인 바위들을 주로 이용한 것이나, 대나 보의 형식은 오히려 기하학적이다.

일본 은각銀閣의 원은 자연스러운 것과 상징화된 것이 병립되어 있다.

6) 유원 오봉선관, 영선암, 용안사

중국원림에서 서재용 원이나 주인의 휴식을 위한 원의 주 형식인, 오봉선관의 원은 물 없이 높은 담장을 배경으로 한 가산 위주의 관망용 원이다. 가산은 상징적이며, 구성과 형태 변화가 매우 심하다.

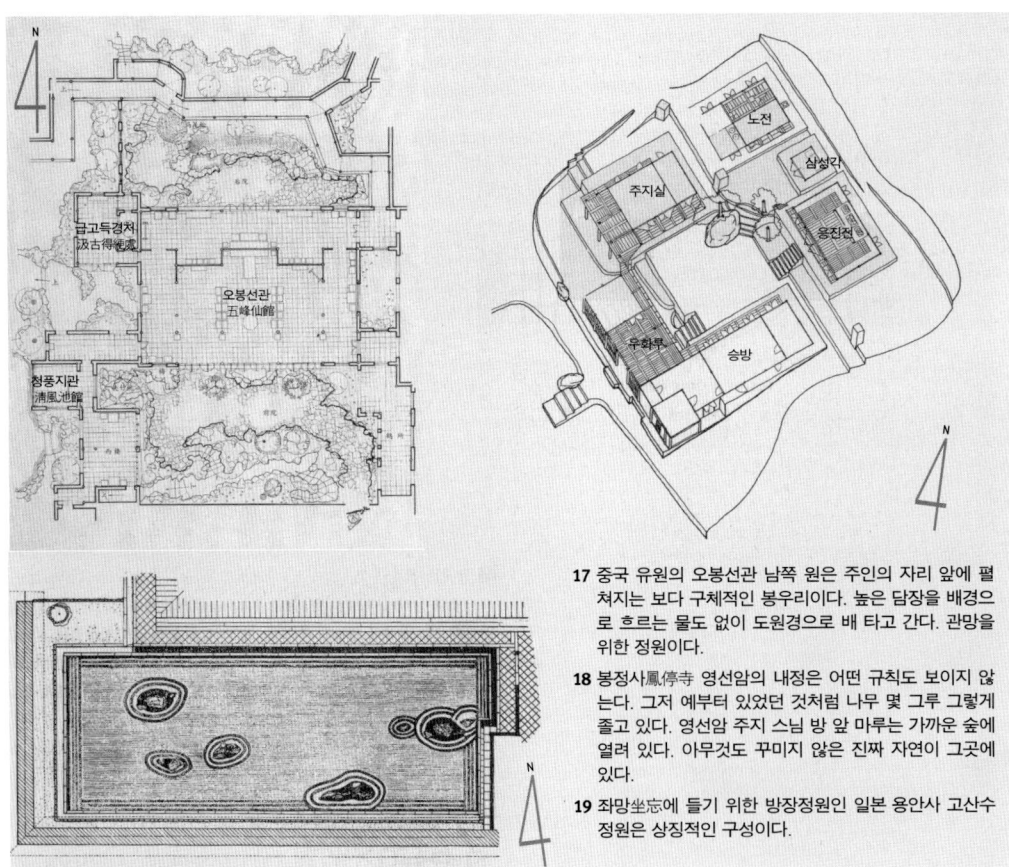

17 중국 유원의 오봉선관 남쪽 원은 주인의 자리 앞에 펼쳐지는 보다 구체적인 봉우리이다. 높은 담장을 배경으로 흐르는 물도 없이 도원경으로 배 타고 간다. 관망을 위한 정원이다.

18 봉정사鳳停寺 영선암의 내정은 어떤 규칙도 보이지 않는다. 그저 예부터 있었던 것처럼 나무 몇 그루 그렇게 졸고 있다. 영선암 주지 스님 방 앞 마루는 가까운 숲에 열려 있다. 아무것도 꾸미지 않은 진짜 자연이 그곳에 있다.

19 좌망坐忘에 들기 위한 방장정원인 일본 용안사 고산수 정원은 상징적인 구성이다.

영선암靈仙庵의 내정은 정리되지 않은 듯 흐트러져 있으나, 주 원은 누를 통해서 내다보이는 실제적인 바깥 자연이다. 그러므로 상징은 없다.

반면 일본 용안사龍安寺는 모두 상징으로 구성되어 있다. 적조한 분위기를 다루는 수법이 다르다. 모두 좌망에 들기를 원하지만 통하는 길이 다르다.

7) 청등서원, 다산초당, 불심암

중국 청등서원青藤書院의 앞뒤 소 정원은 구성요소가 다르지만 모두 단순하며 정갈하다. 장식적인 군더더기는 거의 없으며, 바람과 햇빛도 조용히 머물다 떠난다.

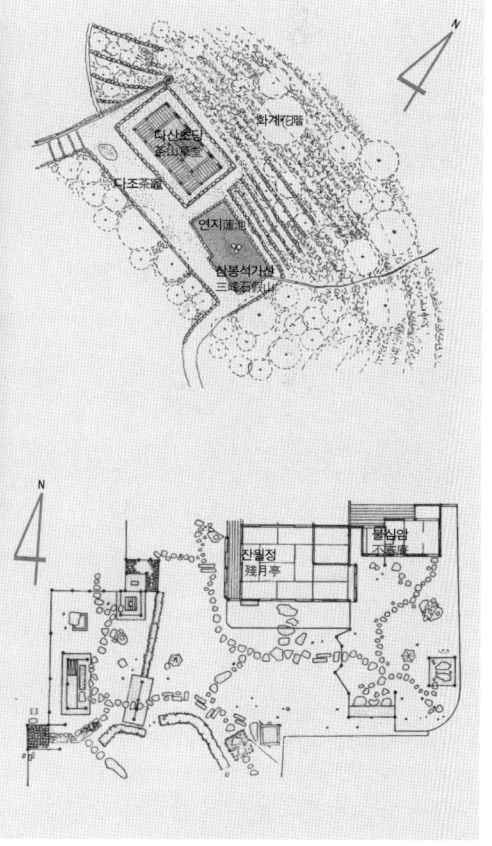

20 중국 청등서원의 작은 앞뒤 정원은 장식 없이 소박하다. 그도 그럴 것이 소슬한 바람과 맑은 햇살이 잠시 머물다 가면 그뿐이기 때문이다.

21 낙엽이 바람에 떨어지면 비질을 한다. 다산초당 방지에 이파리 떨어지면 수면은 파문을 일으킨다. 확 트인 산 아래 세찬 바람이 불어도 이곳은 색다른 정적이 유지된다.

22 일본의 불심암은 작은 규모에 비해서 복잡하다. 그러나 차실로서 소박한 공간은 약간의 인공적 냄새도 예쁘게 보인다. 그곳에는 알지 못할 여유가 있고 짙은 운치가 있다.

다산초당의 빈 흙마당과 단순한 연못은 앞 시야가 트여 있음에도 정제되어 있다. 빛이 가득 들어오고 바람이 풍부하더라도 조용한 기운은 변치 않는다. 낙엽이 지면 비질하는 정도가 인공적인 조작의 전부이다.

일본 불심암不審庵 정원은 규모에 비해서 세세하게 복잡하지만 일정한 기운이 통일되어 있어 기침소리조차 부담스럽다. 정밀한 인공적인 조작으로 그것이 유지된다.

8) 해당춘오, 명옥헌, 고봉암

중국 졸정원 내의 원 중 원인 해당춘오의 공간구성은 졸정원의 전체 분위기와 대조적으로 매우 단순하다. 몇 그루 나무가 작은 바위들과 함께 벽

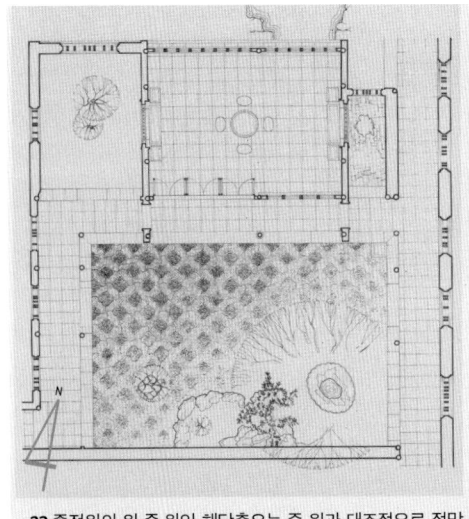

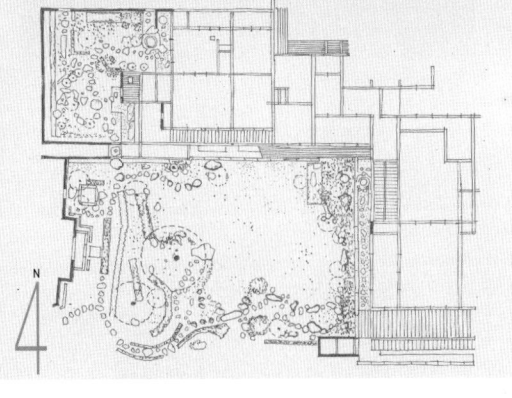

23 졸정원의 원 중 원인 해당춘오는 주 원과 대조적으로 적막을 유도한다. 최소한의 자연과 최소한의 공간조합이 그곳에 있다. 그 작은 공간들은 스스로 조용히 유희하다가 먼 우주로 기를 발산한다.

24 담양 명옥헌은 열려 있지만 늘 고요하다. 연못도 고요하고 연못 속에 잠긴 꽃나무도 고요하다. 언덕에 걸린 멋들어진 정자도 고요하다.

25 깊은 심호흡이 없으면 들어갈 수 없는 정원, 고봉암은 역시 방장정원이다. 고독할 정도로 밀폐된 정원을 마주하면 모든 것을 잊을 수 있을 것이다.

에 기대어 있는 풍경이 주 경이지만, 따로 구획되어 더욱 단순한 보조공간 둘은 주 경을 더욱 풍부하게 만들며 여유로움을 만든다.

명옥헌鳴玉軒은 길고 단순한 형태의 연못과 정자가 이루는 풍경이다. 정자는 원경을 바라보기도 하고, 연못 둘레의 배롱나무에 꽃이 한창일 때는 그로부터 눈을 뗄 수 없을 정도로 아름답다. 정자가 열려 있으므로 주변 환경이 모두 들어오지만 단순하고 편안하다.

일본 고봉암孤蓬庵의 인공적으로 정제된 정원은 그릇 안에 담겨 있는 듯 주변을 거부한다. 시각도 조정된 틀에 맞추어 열리며 심호흡을 해야 할 만큼 긴장감을 유발한다.

9) 서석지瑞石池와 일본 불보살석, 일본 대덕사 대선원

원림은 일종의 불국이므로 바위들은 제불의 화신이다. 이러한 사상의 구체적인 실천으로 고대 일본에서는 이미 일종의 불교원림으로서 보살원이 등장하였다. 이 불교원림 중에는 배치한 모든 돌에 불보살의 이름을 붙인 경우도 있다. 『축산정조전築山庭造傳』, 「전편前編」에 그런 원림에 대해서 도

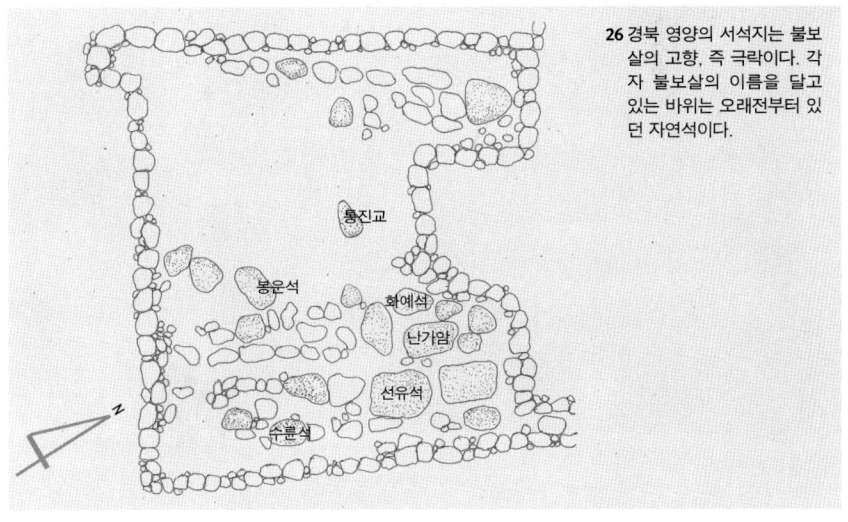

26 경북 영양의 서석지는 불보살의 고향, 즉 극락이다. 각자 불보살의 이름을 달고 있는 바위는 오래전부터 있던 자연석이다.

면으로 잘 설명되어 있다. 한국의 서석지도 그처럼 불보살로 구성된 것이다.

대덕사大德寺 대선원大仙院은 초자연적인 산수의 형태를 축경의 기법으로 표현하는데, 백색의 작은 자갈로 물을 대신하고 바위들로 산, 섬, 절벽, 다리 등의 자연 및 인공물의 상징으로 삼았다. 서석지가 원래 자연바위를 이용하여 연못을 만들고 그것을 불, 선의 상징적 의미로 삼은 것과 개념이 유사한데, 옮겨온 바위와 자연의 원래 바위, 상징적인 모래 바다와 축소된 물 바다가 다르다.

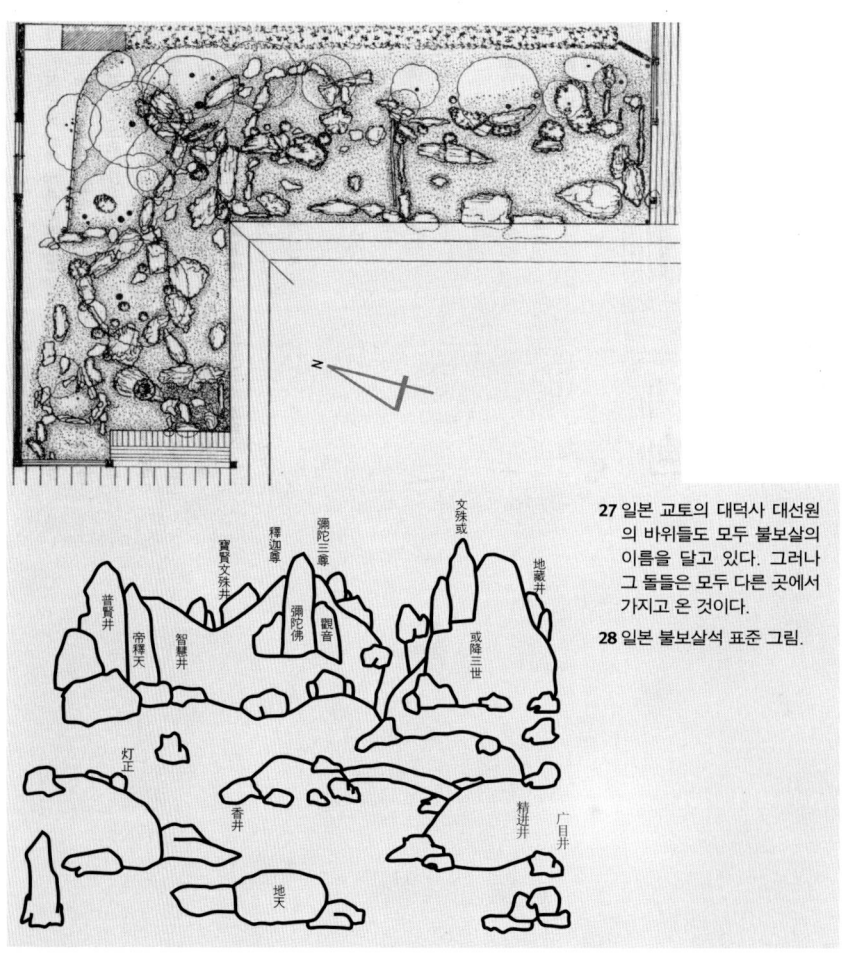

27 일본 교토의 대덕사 대선원의 바위들도 모두 불보살의 이름을 달고 있다. 그러나 그 돌들은 모두 다른 곳에서 가지고 온 것이다.

28 일본 불보살석 표준 그림.

배치도 및 자료 출처

1: 강태호 사진 제공

2, 4: 田中哲雄 監修, 『庭園の 茶室』, 東京: 山川出版社, 2001, 9쪽.

8, 9: 周維權, 『中國古典園林史』, 北京: 淸華大学出版社 , 1999, 393쪽, 414쪽.

11, 14: 潘谷西, 『江南理景藝術』, 南京: 東南大學出版社 , 2001, 130쪽, 181쪽.(필자 다시 그림)

12, 22, 24, 26: 박정욱, 『풍경을 담은 그릇 정원』, 서울: 도서출판 서해문집, 2001, 62쪽, 219쪽, 253쪽, 371쪽.(필자 다시 그림)

13: 정동오, 『동양조경문화사』, 광주: 전남대학출판사 , 1996, 242쪽.(필자 다시 그림)

15, 17: 윤장섭, 『일본의 건축』, 서울: 서울대학출판부 , 2000, 136쪽, 292쪽.

18, 23: 潘谷西, 『江南理景藝術』, 南京: 東南大學出版社 , 2001, 76쪽, 58쪽.

19: 김봉렬, 『이 땅에 새겨진 정신』, 서울: 이상건축 , 2000, 248쪽.(필자 다시 그림)

21: 윤장섭, 『일본의 건축』, 서울: 서울대학출판부 , 2000, 371쪽.(필자 다시 그림)

27: 윤장섭, 『일본의 건축』, 서울: 서울대학출판부 , 2000, 291쪽.

28: 劉庭風, 『中日古典園林比較』, 天津: 天津大学出版社 , 2003, 63쪽.(필자 다시 그림)

인명 해설

계성計成(1582~?)의 『원야園冶』: 계성은 어릴 적 그림을 잘 그렸으며, 관동關同과 형호荊浩의 그림을 좋아하여 그들의 필법을 따랐던 화가로, 정원의 첩석 일을 하였고, 그림을 팔기도 하였다. 그는 지금은 남아 있지 않은 몇 곳의 유명한 원림을 조성하는 데 주도적으로 참여했으므로 『원야』에는 철학이 있는 문인의 조원 개념과 장인으로서의 구체적인 조원 방법이 함께한다. 『원야』에는 '천인합일'의 사상이 담겨 있으며, 중국원림건축의 주요한 특징은 "수유인작雖由人作, 완자천개宛自天開", 즉 인공이면서도 마치 자연과 같이 만드는 것이라 하였다.

구영仇英: 태창太倉 사람으로 소주에서 살았으며 장인 출신이다. 회화에 뜻을 두었고, 주신이周臣異로부터 배웠으며, 문징명으로부터 칭찬을 받았다. 인물 특히 여인을 잘 그렸으며 수묵도 훌륭했는데, 서로 다른 대상을 다양한 필법으로 잘 묘사하였고, 산수화에는 청록을 많이 사용하였으며, 그림을 팔아서 생계를 유지했다. 말년에는 수장가 항원변項元汴의 객이 되어 역대 명화를 모사하였다. 후에 심주沈周, 문징명, 당인唐寅과 더불어 '명明 사대가'로 불렸다.

류여시柳如是(1618~64): 청대 여류시인, 화가. 명 말 명기 서불徐佛의 제자.

문징명文徵明(1470~1559): 선조가 형산衡山 출신이므로 형산거사라 불렸다. 시서화에 능했으며 명 사대가 중 한 사람이다. 1513~42년까지 5차에 걸쳐 왕헌신을 위하여 〈졸정원도〉를 그리는데 곧 〈졸정원 삼십일경도〉이다. 또한 『졸정원 도영圖詠』, 『왕씨졸정원기』를 쓰는데 하나의 대상에 시서화가 결합된 종합예술작품으로 남았다. 그는 54세에야 잠시 벼슬을 하였으나 벼슬보다 원림 생활이 좋아 다시 소주로 내려와 오문화파의 주도 인물로서 원림에서 소요하며 말년을 보낸다.

반악潘岳(247~300): 서진西晉에서 산기시랑散騎侍郎의 벼슬을 하였다. 《한거부》는 벼슬을 그만둔 후 감회를 쓴 것이다. '拙'은 '巧'와 반대되는 뜻이다. 반악은 스스로 교묘한 지혜가 부족하여 서투르지만 충성을 다했음을 자부한다. 그러나 반악은 그처럼 고상한 인물이 못 되었고 이利를 따르는 쪽이었다 한다.

사사표查士標(1615~98): 청대 서화가. 신안新安 해양海陽(현 안휘 휴녕休寧)인. 산수를 좋아했으며, 초기에는 예찬倪瓚을 따랐고, 후에는 동기창董其昌을 따랐다. 홍인, 손일孫逸, 왕지서汪之瑞와 함께 신안파 사대가이다.

석도石濤(1642/6~1715): 청대 서화가, 시인, 회화이론가 및 승려. 명 말의 왕족 출신. 초기에는 산을 좋아하여 노산, 황산 등을 유람하면서, 매청梅淸, 매경梅庚, 대본효戴本孝와 어울려 서로 영향을 주고받았으며, 함께 '황산파'라 불렸다. 중기에는 남경과 북경에 거주하였고, 말년에는 양주에 거주하면서 화과난죽花果蘭竹, 인물, 산수를 주로 그렸으며, 명성이 높았다. 그의 그림에는 자신만의 기개와 독특한 화풍이 있고, 기세호방하면서도 정적인 분위기가 담겨 있다. 시문을 즐겨 지었으며, 거의 모든 그림에는 제목을 붙여서 나라 잃은 슬픔을 노래했다. 홍인弘仁, 곤잔髡殘, 주대朱耷과 함께 '청 초淸初 사고승四高僧'으로 불렸다. 후대의 양주화파와 근대 화풍에 심대한 영향을 미쳤다.

염립덕閻立德(?~656): 당대 화가. 부친 및 동생 입본立本과 함께 회화, 공예, 건축 등에 두루 능했으며, 공부상서를 역임하였고, 인물고사, 수목금수樹木禽獸에 능했다. 양계주楊契舟, 전자건展子虔 등을 스승으로 삼았으며, 사혁謝赫의 필법을 발전시켰다.

염립본閻立本(?~673): 당대 화가. 형 입덕이 죽은 후 공부상서를 이어받았고, 중서령中書令을 지냈다. 인물, 수레와 마차, 건축물 등을 잘 그렸고, 장승요張僧繇, 정법사鄭法士, 양계주楊契舟, 전자건展子虔 등을 스승으로 삼았으며, '단청신화丹靑神化', '관절고금冠絶古今'으로 불리는 영예를 얻는다.

육윤상陸潤庠(1841~1915): 청 마지막 황제 부의溥儀의 스승.

용어 해설

가경假景: 자연 경관이 아닌 인공으로 자연처럼 만든 경관.

각閣: 누와 같이 사용되어 누각으로 부르기도 한다. 그러나 원래는 누가 사람이 사용하는 것임에 비해서 각은 물건 저장용이었다. 또한 현재의 원림 중에는 단층 형식의 각도 적지 않다.

경물추구景物追求: 구체적인 조경물을 주 관망대상으로 하는 것을 말한다.

고산수정원枯山水庭園: 일본 무로마치[室町]시대에 나타나는 선종정원禪宗庭園으로서 바위와 모래 등을 이용하여 자연산수를 상징적으로 표현하였다. 대표적인 것이 용안사龍安寺의 방장정원이다.

《귀원전거歸園田居》: 도연명이 지은 전원생활을 노래한 다섯 수의 시 제목.

낭廊: 낭은 건축과 건축을 연결하는 복도로 기능하며, 기둥과 지붕만 있는 형식과 벽을 따라 원을 향하는 쪽만 트이는 형식이 일반적이나, 그 외에도 매우 다양한 형식이 있다. 낭은 중국원림건축에서 매우 중요한 요소이다. 주로 구불거리며 이어지는 낭을 통해서 전체 원을 회유하므로 원의 외곽 경계가 되며 원의 풍부한 변화를 이끌어낸다.

누樓: 이층 이상의 건축을 말한다.

당堂: 청廳과 같이 원림의 주 건축으로서, 건축 형식이 청과 특별히 구분되는 것은 아니다. 그러므로 청당이라 부르기도 한다. 중국에서는 청은 방형 단면의 보를 사용하고, 당은 원형 단면의 보를 사용하는 것으로 알려져 있다.

민국혁명民國革命: 신해혁명. 중국에서 청나라를 무너뜨리고 중화민국을 세우는 과정에서 일어난 혁명. 1911년: 신해혁명, 1913년: 국민당이 일으킨 제이 혁명, 1913~16년: 제삼 혁명.

별서형 정원別墅型 庭園: 주택에 붙어 있는 정원이 아닌 별장에 부설한 정원.

사榭: 높은 노대 위의 개방된 건축이다. 원림에서는 화원 중 물가나 혹은 연못 중에 위치하는 경우가 많으며, 물가의 '사'는 수사水榭라 부른다.

서원조 건축書院造 建築: 일본 에도 시대에 발달한 무가武家의 전형적 주택형식으로 접객공간인 서원을 가장 중요시하였으므로 서원조라 불린다.

안행형雁行型: 서원조 주택에서 많이 채용한 주택의 배치형식으로 마치 기러기 떼가 날아가는 모양처럼 구성되었으므로 안행형이라 한다. 모든 방들이 더 많이 외기와 접할 수 있는 방법이다.

열하행궁熱河行宮: 베이징의 북쪽 승덕承德에 있는 청대 강희, 건륭 연간의 여름행궁으로서 통상 피서산장으로 불린다. 산과 호수를 포함하는 현존하는 최대 규모의 황실원림이며, 다민족의 화합을 위해서 조성된 여러 종교건축군들이 함께 있다. 문원사자림처럼 강남 개인원림건축의 모사들도 있고, 나름대로 당대의 가치로 승화시킨 당대 최고의 원림건축군이다. 1703년(강희 42)에 시작하였으며, 이후 5년간 주요 시설들이 조성된다. 원래 목적은 매년 시행되는 수렵을 위한 북쪽 지방의 장소와 북경 왕성 중간 지역에 행궁을 만드는 것이었지만, 여름에는 황실의 피서지로 사용되었고, 늘상 마음을 놓을 수 없었던 북방 민족들을 회유하기 위한 공간으로도 이용되었다. 1711년 강희가 원했던 만큼 원림조성이 끝나자, 이궁과 원림을 명확히 구분하면서, 원에서 아름다운 경관들 36곳을 정하고, 직접 각 건축물의 이름을 정하는 것은 물론 편액을 쓰기도 하였다. 이후 건륭시대(1741~90)에 50여 년 동안 원은 확장되었고 오늘날의 모습이 되었다.

오문화파吳門畵派: 소주의 옛 명칭인 오현吳縣에서 따서, 주로 소주 지역에서 활동했던 심주沈周와 문징명文徵明 및 이후의 제자들을 일컫는 것으로, 북송과 원대의 산수화를 숭상하였다. 대체로 재야에서 활동하고 고도의 문화수양을 쌓은 문인들이지만, 비교적 세속화된 편이었다.

원명삼원園明三園: 장춘원長春園, 원명원園明園, 기춘원綺春園을 말하며, 서양 고전 양식의 건축과 정원을 모방한 장춘원은 이탈리아 화가 주세페 카스틸리오네F. Giuseppe Castiglone와 프랑스인 아티레Attiret의 주도로 만들어졌다.

의경산수意境山水: 산수화를 그릴 때 실경을 그리기보다 그림 속에 있는 의미를 중시하는 것을 말한다. 원림의 인공적 산수도 그 속의 의미를 중시한다.

정亭: 원림 중에 가장 다양한 형식으로 산재하는 건축이다. 기둥만 있고 사방이 열린 구조가 일반적이다. 벽에 기대어 한쪽으로만 열린 경우도 있다.

차실정원茶室庭園: 일본 에도[江戶] 시대에 발달한 소박한 차실의 정원으로 작은 공간 안에 자연의 운치를 잘 연상시키는 방향으로 표현하였다.

첩석가산疊石假山: 여러 모양의 바위를 겹겹이 쌓아 산 모양을 만드는 것으로 중국 정원의 대표적인 요소이다.

청廳: 원림의 주 건축으로서, 규모가 크고 주 원을 향해서 자리한다. 주택에서의 청은 주인의 거실이며, 주요 모임, 손님 접대, 연회 등을 치루는 곳이다.

태호석太湖石: 강소성江蘇省 소주시蘇州市 오현吳縣 서남쪽에 동, 서 두 개의 봉우리가 있는 동정산洞庭山에서 채취한 마치 제주도 화산석처럼 구멍이 숭숭 뚫린 바위.

헌軒: 원림에서 비교적 소규모 건축이며, 부속 건축이다. 강남원림에서는 주 청당 전면에 돌출하여 부가된 부분이 주 청당과 별도로 '헌'이 되기도 한다.

『홍루몽紅樓夢**』과 대관원**大觀園: 『홍루몽』은 청 말 권력가의 대저택에서 일어나는 일들을 소설 형식으로 꾸민 것인데, 주로 여인들에 얽힌 얘기들이며, 청대의 대표적인 작품으로서 수많은 중국인들에게 읽혔고, 『홍루몽』을 연구하는 분야가 '홍학紅學'으로 분류될 정도로 여러 방면의 연구 대상이 되었다. 대관원은 『홍루몽』의 주요 활동무대가 되는 대규모 원림건축군들이며, 북경과 상해 교외에는 홍루몽 속의 대관원을 모사한 건물들이 근년에 새로 조성되었다. 대관원의 원형에 대해서는 아직까지 북경, 남경, 소주 등의 의견이 분분하다. 그러나 홍학의 대가인 유평백兪平伯의 말처럼 기억과 이상과 현실이 결합된 소설 속의 무대이므로 딱 맞는 원형은 있을 수 없다. 조설근曺雪芹은 자신이 많이 접했던 남방의 문인적 풍모의 사가원림들과 화려했던 당시의 황실원림들을 조합하여 예술적으로 재창조했다.

휴한철학休閑哲學: 휴한철학의 핵심은 생명의 자각이며 역사의 흐름에 따라 그 추구 방향은 조금씩 다르다. 휴한休閑 때의 고요함과 담백함은 사람을 가장 이상적으로 사유하게 만든다. 동양의 주요 사상인 유도선儒道禪 모두 휴한철학의 개념이 그 중심을 차지한다. 휴한철학의 특징은 초월성, 주체성, 일상성, 체험성이다. 유가 휴한철학은 성현聖賢을 목표로 한다. 그 과정은 자주성이 특성이며, 정감情感 원칙을 기초로 하고, 자신을 떠나서 사회 및 하늘과의 약속 중에 체험하는 생명의 의의와 인생의 즐거움을 깨우치는 것이다. 유가는 원칙적으로 사회를 휴한화하고자 한다. 그러므로 자아를 실현하고 즐거운 사회환경을 만들고자 한다. 유가 휴한철학의 중심개념을 '仁'이라 하면, 도가는 '도道', 선종은 '선禪'이라 할 수 있다.

참고문헌

金學智,『中國園林美學』, 北京: 中國建築工業出版社, 2005.
潘谷西,『江南理景藝術』, 南京: 東南大學出版社, 2001.
蘇州園林設計院,『蘇州園林』, 北京: 中國建築工業出版社, 1999.
魏嘉瓚,『蘇州古典園林史』, 上海: 上海三聯書店, 2005.
劉庭風,『中國古園林之旅』, 北京: 中國建築工業出版社, 2004.
張家驥,『園冶全釋』, 太原: 山西古籍出版社, 2002.
張家驥,『中國造園論』, 太原: 山西人民出版社, 2003.
曹林娣,『蘇州園林扁額楹聯鑑賞』, 北京: 華夏出版社, 2004.
周蘇寧,『園趣』, 上海: 學林出版社, 2005.
朱宇暉,『江南名园指南』(上, 下), 上海: 上海科學技術出版社, 2002.
周維權,『中國古典園林史』, 北京: 清華大學出版社, 1999.
陳從周,『中國園林鑑賞辭典』, 上海: 華東師范大學出版社, 2001.
彭一剛,『中國古典園林分析』, 北京: 中國建築工業出版社, 1999.
馮鐘平,『中國園林建築』, 北京: 清華大學出版社, 2000.
許少飛,『揚州園林』, 蘇州: 蘇州大學出版社, 2001.
김성우,「입자와 장: 동서양 건축에서의 단위개념」,『建築歷史研究』, 第14卷 1號

인명 색인

강기姜夔(1155~1221)
　《염노교념노교念奴嬌》 140
강영과江盈科(1553~1605) 53, 121
강채姜埰(1607~77) 111
강희康熙황제(성조聖祖, 1662~
　1722) 18, 53, 155, 201, 301
계성計成(1582~?)
　『원야園冶』 18, 319
건륭乾隆황제(고종高宗, 1735~95)
　18, 53, 59, 92, 145, 148, 155,
　201
고계高啓(1336~74)
　《지백헌指柏軒》 58
고대신顧大申(1662년경) 251
고명세顧名世 229
고사조顧思照 251
고운顧澐(1835~96) 66
공종원龔宗元 211
공홍龔弘(1502년경) 211
과유량戈裕良(1764~1830) 103,
　183
곽견인郭堅忍 179
곽사림郭堅忍 279
구양수歐陽修(1007~72) 93, 145,
　191, 300
구영仇英
　〈춘야연도리원春夜宴桃李園〉 17
구원촌瞿遠村(1741~1809) 79
구천勾踐(약 BC 520~BC 465) 295
굴원屈原(?BC 343~?BC 277) 111

《초사》 77
금송잠金松岑(1874~1947) 69
노자老子 310
달계達桂(1860~?) 79
당시승唐時升(1551~1636) 213
대복고戴復古(1167~?)
　《초하유장원初夏遊張園》 66
도연명陶淵明(365~427)
　《귀거래혜사歸去來兮辭》 65, 169
　《귀원전거歸園田居》 33
도주陶澍(1779~1839) 92, 94, 179
동기창董其昌(1555~1636) 251
동준童寯(1900~83) 105
두경杜瓊(1396~1474) 103
두보杜甫(712~770)
　《남린南隣》 126
　《회금수거지懷錦水居止》 96
루건婁堅(1567~1631) 213
루스, 아돌프Adolf Loos(1870~
　1933) 310
류아자柳亞子(1887~1958) 135
류여시柳如是(1618~64) 32
마사영馬士英(1591~1646) 111
목영沐英(1345~1392) 155
무제武帝(BC 156~87/86) 18
문영文瑛(明) 91
문왕文王(BC 1152~BC 1056) 17,
　20
문원발文元发(明) 111
문진맹文震孟(1574~1636) 111

문진형文震亨(1585~1645) 111
문징명文徵明(1470~1559) 29, 48,
　106, 111
〈난정수계도蘭亭修禊圖〉 303
〈졸정원도〉 31, 33
〈졸정원도삼십일경도拙政園圖
　三十一景圖〉 17
『왕씨졸정원기王氏拙政園記』 31
문천상文天祥(1236~82)
《매화시》 60
민사적閔士籍(明) 221
반악潘岳(247~300)
《한거부閑居賦》 29
반원소潘元紹(元) 29
반윤단潘允端(1526~1601) 229,
　231
반은潘恩 229
백거이白居易(772~846) 257
『장경집長慶集』 20
「지상편池上篇」 251, 254
사사표査士標(1615~98)
〈사자림도경獅子林圖景〉 17
사안謝安(東晋) 295
사정지史正志(1174~89년경) 77
서가徐佳 31
서달徐達(1332~85) 145
서붕거徐鵬擧 145
서용徐溶 121
서유문徐幼文 53
서유지徐維志 145

서이상徐履祥 121
서조徐潮(1647~1715) 289
서태시徐泰時 31, 103, 121
서태후西太后(1835~1908) 18, 135
석도石濤(1641~1720) 17, 163, 185
성강盛康 123, 130
성선회盛宣懷(1844~1916) 130
소동파蘇東坡(본명 소식蘇軾, 1036~1101) 41, 191
  『등주해시병서登州海詩幷序』 173
소만수蘇曼殊(1884~1918) 69
소소소蘇小小(南齊) 287
소순흠蘇舜欽(1008~48) 79, 89, 91, 93
  『창랑정기』 97
  《창랑회관지창랑회관지滄浪懷貫之》 40, 98
손균孫均(1641~1719) 103
손문孫文(1866~1925) 130
손사의孫士毅(1723~96) 103
손작孫綽(314~371) 295
송단보宋端甫(淸) 279
송락宋犖(1634~1713) 91
송애령宋藹齡(1889~1973) 130
송종원宋宗元(1710~79) 77
신시행申時行(1535~1614) 103
신욱암申勗庵 103
심덕잠沈德潛(1673~1769)
  『난설당원기蘭雪堂園記』 32
심린사沈驎士 72
심병성沈秉成(1822~95) 66, 69, 72, 73
심서림沈瑞林 69
안문량顏文樑(1893~1988) 92
양계초梁啓超(1873~1929) 135
양동병楊東屛 241

양음유楊蔭楡(1884~1938) 69
양장거梁章鉅 92, 93
양제煬帝(569~618) 175
엄영화嚴永華(淸) 66, 69, 72, 73
《도중견도화억우원途中見桃花憶耦園》65
염립덕閻立德(?~656) 15
염립본閻立本(?~673) 15
엽공작葉恭綽(1881~1968) 79
엽금葉錦(淸) 221
엽명葉銘(淸) 289
엽사관葉士寬 32
예원진倪元鎭(1301~74) 53
오가룡吳家龍(1940~) 163, 169
오은吳隱(1867~1922) 289
오휘막吳輝漠 165
왕성백汪星伯(1903~65) 105
왕세정王世貞(1526~90) 231
왕심일王心一(1572~1645) 32
왕유王維(699~759)
  《잡시雜詩》 60
왕옹조汪應潮 105
왕의이王宜伊 241
왕조汪藻(1079~1154) 105
왕추재王秋齋 79
왕헌신王獻臣(1473~1543년경) 29, 31
왕희지王羲之(303~361) 295, 297, 301, 303
《난정시蘭亭詩》 200
「난정집서蘭亭集序」 295
『답허연답허연答許掾』 200
원굉도袁宏道(1568~1610) 121
원대월阮大鋮 111
원룡袁龍 135
원매袁枚(1716~1797)
《부계주부不系舟賦》 157

《상산자가商山子歌》 32
《제부서원소수강화유후부정관보제부西園小修工華游后賦呈官保》 155
원조경袁祖庚(1519~90) 111
위충현魏忠賢(1568~1627) 32
유국균劉國鈞(1887~1978) 69
유돈정劉敦楨(1897~1968) 148
유서劉恕(1032~78) 123, 124
유승劉承 267
유신庾信(513~581)
  《고수부枯樹賦》 84
유용劉鏞 261, 267
유운방劉云房(淸) 241
유월兪樾(淸)
  『유원기留園記』 123
유임천劉臨川(1859~1932) 53
유종원柳宗元(773~819) 293
유칙惟則(751~830) 51
육구몽陸龜夢(唐) 29
육금陸錦(1644~1911) 65, 66
육유陸游(1125~1210) 129
육윤상陸潤庠(1841~1915) 42
육적陸績(187~219) 29, 65
윤계선尹繼善(淸) 155
이격비李格非(1045?~1106)
  『낙양명원기洛陽名園記』 47
이덕유李德裕(787~850?) 304
이류방李流芳(1575~1629) 213, 221
이백李白(701~762)
  《망오로봉望五老峰》 131
이상은李商隱(812~858)
  《숙락씨정기회최옹최곤宿駱氏亭奇懷崔雍崔袞》 42
이오 밍 페이 Leoh Ming Pei 43, 56
이운정李韻亭(淸) 179

이의지李宜之(1591~?) 221
이하李賀(790~816)
　《석성효石城曉》 73
이홍예李鴻裔(1831~85) 66, 79
이홍장李鴻章(1823~1901) 130
임란생任蘭生(1837~88) 135
임전신任傳薪(淸) 135, 137
임화정林和靖(967~1028)
　《산원소매山園小梅》 60
장개석蔣介石(1887~1975) 130
장계蔣棨(淸) 32
장대천張大千(1899~1983) 79, 83
장돈章惇(1035~1105) 91
장련張漣(淸) 201, 203
장문취張文萃(淸) 53
장사성張士誠(1321~67) 29
장사준張士俊(淸) 53
장사황張師黃(淸) 79
장석란張錫鑾(1843~1922) 79
장선자張善孖(1882~1940) 79
장수성張樹聲(1824~84) 92
장이겸張履謙(1873~1946) 32
장익양蔣益洋(淸) 289
장자莊子(BC 369~BC 289?) 310
장작림張作霖(1875~1928) 79
장적張適(1904~46) 103
장조림張肇林(明) 231
장즙蔣楫(淸) 103
장지방張之方 32
장학군張學群 103
전겸익錢謙益(1582~1664) 32
전기박錢基博(1887~1957) 137
전원요錢元瑤 103
정가수程嘉燧(1565~1643) 213
정문탁鄭文焯(1856~1918) 69
정이丁二 289
조맹부趙孟頫(?~1322) 261

《귀거래혜사歸去來兮辭》 141
조설근曹雪芹(1715~63)
　『홍루몽紅樓夢』 17, 32
조원선趙元善 53
조인曹寅 32
주고후朱高煦(1385~1426) 155
주덕윤朱德潤(1294~1365) 53
주병충周秉忠(明) 183
주수견周瘦鵑 105
주시신周時臣(周秉忠) 121, 124
주언오朱言吳(1882~1936) 179
주우휘朱宇暉 173, 306
주이존朱彝尊(1602~1722) 271
　『폭서정집曝書亭集』 145
주장문朱長文(1038~98?) 103
주조모朱祖謀(1857~1931) 69
주체朱棣(영락제永樂帝, 1360~
　　 1424) 155
주치정朱稚征(明) 221, 223
주희朱熹(1130~1200) 126, 289
　《관서유감觀書有感》 213, 284
　《유백장산기遊百丈山記》 58
증국번曾國藩(1811~72) 79
증삼曾參(BC 505~?BC436) 203
진금秦金(1467~1544) 199, 200
진덕조秦德藻(1617~1701) 201
진량秦梁 200
진리陳理 155
진사운陳似云(明) 33
진소온陳所蘊 229
진요秦燿(1544~1604) 200, 201
진지린陳之遴(1605~66) 31, 32
진한秦瀚 200
초퇴암肖退庵 69
패인원貝仁元 53
팽소현彭紹賢 271
팽옥린彭玉麟(1816~90) 141

풍찬재馮纘齋(1840?~87) 271, 273
필원畢沅(1730~97) 103
하소기何紹基(1799~1873) 84
하지도何芷舠 165, 169
하징何澄(1880~1946) 79
한기韓琦(1008~75) 251
한담韓菼(1637~1704) 123
한세충韓世忠(1088~1151) 91
한유韓愈(768~824) 293
한치韓治(1905~83) 123
호역胡嶧(1639?~1718) 29
호직언胡稷言 29
홍균洪鈞(1839~93) 42
홍수전洪秀全(1814~64) 157
황경산黃耕山
　《의청루칠종곡倚晴樓七種曲》
　　 273
황등달黃騰達 53
황섭청黃燮淸(1736~95)
　《의청루위겁화소훼倚晴樓爲劫火
　　所毁》 271
황수黃琇 273
황종희黃宗羲(1610~95) 271
황지균黃至筠(?~1838) 179
황헌黃軒 53, 59
황흥조黃興祖 53
휘종徽宗(1082~1135) 20

사항 색인

(**진한 글씨**는 사진이 있는 페이지)

가경假景 15
가산假山(정의) 19
각閣(정의) 25
강남 지역(설명) 9, 10, 11, 15, 20, 21
개구부 22, 25, 39, 58, 63, 101, 120, 125, 127, 128, 132, 195, 258-260, 266
개원個園 106, 140, **178-189**, 273
건축공간유기론建築空間流氣論 12, 306, 309-315
건축미 310, 311, 312
격수면산隔水面山 53, 70, 115, 124, 147, 148
경물추구景物追求 20
경복궁景福宮(서울) 318
계리궁桂離宮 원림(일본) **322**, 323
고란사皐蘭寺(충남 부여) 318
고봉암孤蓬庵(일본) 328, 329
고산수정원枯山水庭園(일본) 317, 320, 321, 326
고의원高義園 205, 293
고의원古猗園 219, **220-227**
곡수원曲水園 **240-249**
곽장郭莊 **278-285**
관망처 15, 21, 22, 41, 64, 87, 105, 116, 117, 123, 126, 139, 140, 149, 150, 153, 160, 165, 176, 189, 196, 263, 293
기소산장寄嘯山莊 166, **168-177**
기원綺園 **270-277**
기창원寄暢園 11, 145, 150, 157, **198-209**, 219, 293
난정蘭亭 **294-303**
난정수계蘭亭修禊 200, 241, 303
낭랑廊(정의) 25
누樓(정의) 25
누창漏窓 22, 24, 58, 83, 85, 87, 93, 94, 97, 114, 175, 187, 253, 256, 257, 259
다산초당茶山草堂(전남 강진) 327, 328
당堂(정의) 25
대덕사 대선원大德寺 大仙院(일본) 329, 330, 329
도교道教 181, 297, 310
도시형 원림都市型 園林 231, 325
도화창圖畵窓 22, 23
동아시아건축 22, 118, 188, 310, 312, 314
망사원網師園 29, 71, **76-87**, 203, 281, 324
명옥헌鳴玉軒(전남 담양) **328**, 329
문인원文人園 53, 56, 79, 91, 114, 157, 173, 213, 229, 231, 243, 271, 279, 284
문화혁명文化革命 221
민국혁명民國革命(신해혁명辛亥革命) 79, 114, 130, 335
바닥포장 15, 16, 85, 116, 128, 138, 172, 175, 185, 205, 211, 218, 219
방장정원方丈庭苑 259, 317, 326, 328
방형方形 연못 158, 245, 299, 303, 318, 325
별서형 정원別墅型 庭園 318, 325
보길도 세연정甫吉島 洗然亭 323, 324, **325**, 326
복랑複廊 63, 88, 96, 173
봉정사 영선암鳳停寺 靈仙庵(경북 안동) 326
불보살석(일본) 329
불심암 정원不審庵 庭園(일본) 327, 328
사가원림私家園林(개인원림個人園林) 10, 21, 51, 53, 169, 171, 261, 304, 305, 336, 337
사묘원림寺廟園林 231, 247
사榭(정의) 25
사실寫實 114, 203
사의寫意 114, 203, 275
사자림獅子林 9, 17, 29, **50-63**, 71, 106, 145, 273
사찰원림寺刹園林 51, 53, 63, 317, 318
사합원四合院 형식 66, 253, 254, 258, 266, 281, 284
산동山洞 19, 20, 105
상가원림商家園林 185
서령인사西泠印社 **286-293**, 318
서석지瑞石池(경북 영양) 329
서원조 건축書院造 建築 323
석방石舫 52, 61, 155, 157
선형線形의 전환 247
성황묘城隍廟 211, 213, 231, 241,

244, 248
소련장小蓮莊 260-269
소쇄원瀟灑園 39, 318, 321, 324, 325
소유천원小有天園 145
소주蘇州 지역(설명) 11, 17, 18
수랑水廊 36, 44, 118, 205, 282
수사水榭 25, 117, 335
아스카 시대의 원지[飛鳥園池] 321
안란원安瀾園 145
안행형雁行型 97, 322
연원燕園 183
열하행궁熱河行宮 18, 335
영선암靈仙庵 326, 327
예원豫園 55, 228-239
예포藝圃 29, 110-119, 203
오문화파吳門畫派 31, 66, 333, 336
옹취산장擁翠山莊 205, 293
용안사龍安寺(일본) 326, 327
우원耦園 29, 64-75, 106
원림건축園林建築(정의) 13, 317
원림의 역사 17-18
원명삼원園明三園 336
월대月臺 34, 72, 107, 141, 149, 175, 245
월량문月亮門 23, 25, 39, 40, 41, 45, 67, 95, 110, 112, 115-119, 140, 154, 165, 171, 186, 233, 236, 238, 249, 252, 256, 258, 259, 278, 283, 289, 308
유기공간流氣空間 312, 314, 315
유랑遊廊 44, 56, 132, 234
유원留園 14, 29, 31, 56, 71, 103, 120-133, 137, 174, 326
은각銀閣(일본) 325, 326
의경산수意境山水 15
이원怡園 53, 71, 91
이화원頤和園 18, 23, 155, 208, 322, 323

임해전臨海殿 318, 321
자연미自然美 312, 320
절강성浙江省의 풍미 45
정원庭苑(정의) 317
정정(정의) 25
제호사醍醐寺 삼보원三寶園(일본) 324, 325
졸정원拙政園 17, 28-49, 51, 56, 66, 71, 77, 91, 106, 129, 150, 157, 169, 174, 186, 200, 203, 216, 219, 269, 273, 328, 332
중국원림건축 설계의 순서 15-17
지당형池塘型 수면 282
차경借景(설명) 22
차실정원茶室庭苑 321
창덕궁昌德宮(서울) 41, 318, 321, 322
창랑정滄浪亭 29, 71, 79, 88-101, 211
첨원瞻園 144-153
첩석가산疊石假山 10, 45, 48, 105, 284, 304, 317, 336
청등서원靑藤書院 327
청청廳(정의) 25
추하포秋霞圃 91, 210-219, 308
축선築線의 호응 247
취백지醉白池 250-259
태평천국운동太平天國運動 32, 66, 148, 155, 157, 201, 231, 273, 289
태호석太湖石 8, 20, 45, 55, 59, 63, 84, 121, 130, 181, 182, 185, 261, 337
퇴사원退思園 29, 66, 134-143
편석산방片石山房 17, 162-167, 169, 214
평산당서원平山堂西園 190-197
포석정鮑石亭址(경북 경주) 300
피서산장避暑山庄 11, 18, 53, 320, 323, 336

한·중·일 원림 비교 317-331
한방旱舫 127, 140, 275
한원수작旱園水作 172, 219
항일전쟁 92, 201, 221
해당춘오海棠春塢(졸정원 내) 39, 48, 49, 129, 328
해파원림海派園林 53, 232, 234, 243, 279
헌軒(정의) 25
혜음원蕙蔭園 183
호복형濠濮型 연못 64, 69, 129, 226, 234, 258, 264
호석가산湖石假山 58, 72, 103, 106, 163
환수산장環秀山莊 29, 102-109, 203, 325
황가원림건축皇家園林建築 10, 11, 20, 23, 159, 304, 305, 320, 336, 337
황석가산黃石假山 40, 45, 55, 66, 69, 70, 81, 82, 106, 145, 182, 183, 185, 193, 194, 217, 219, 223, 234
회유식 원림回遊式 園林 20, 21, 160, 196, 305, 318, 321, 323, 324, 325
후원煦園 154-161
휘파건축徽派建築 175, 259
휴한철학休閑哲學 310

중국역사 연대표

신석기시대 기원전 약 6000년 이상	
하夏 기원전 약 2100~1600	
상商 기원전 약 1600~1100	
주周	
서주西周 기원전 약 1100~771	
동주東周	
춘추春秋 기원전 770~476	
전국戰國 기원전 475~221	
진秦 기원전 221~206	
한漢	
서한西漢 기원전 206~기원후 25	
동한東漢 기원후 25~220	
삼국三國	
위魏 220~265	
촉한蜀漢 221~263	
오吳 222~280	
진晉	
동진東晉 265~316	
서진西晉 317~420	
남북조南北朝	
남조南朝	
송宋 420~479	
제齊 479~502	
양梁 502~557	
진陳 557~589	
북조北朝	
북위北魏 386~534	
동위東魏 534~550	
북제北齊 550~577	
서위西魏 535~556	
북주北周 557~581	
수隋 581~618	
당唐 618~907	
오대五代	
후양後梁 907~923	
후당後唐 923~936	
후진後晉 936~946	
후한後漢 947~950	

후주後周 951~960	
송宋	
북송北宋 960~1127	
남송南宋 1127~1279	
요遼 916~1125	
금金 1115~1234	
원元 1271~1368	
명明 1368~1644	
홍무시기洪武(太祖) 1368~1398	
건문시기建文(惠帝) 1399~1402	
영락시기永樂(成祖) 1403~1424	
홍희시기洪熙(仁宗) 1425	
신덕시기宣德(宣宗) 1426~1435	
정통시기正統(英宗) 1457~1464	
경태시기景泰(代宗) 1450~1456	
천순시기天順(英宗) 1457~1464	
성화시기成化(憲宗) 1465~1487	
홍치시기弘治(孝宗) 1488~1505	
정덕시기正德(武宗) 1506~1521	
가정시기嘉靖(世宗) 1522~1566	
융경시기隆慶(穆宗) 1567~1572	
만력시기萬曆(神宗) 1573~1619	
태창시기泰昌(光宗) 1620	
천계시기天啓(熹宗) 1621~1627	
숭정시기崇禎(毅宗) 1628~1644	
청淸	
순치시기順治(世祖) 1644~1661	
강희시기康熙(聖祖) 1662~1722	
옹정시기雍正(世宗) 1723~1735	
건륭시기乾隆(高宗) 1736~1795	
가경시기嘉慶(仁宗) 1796~1820	
도광시기道光(宣宗) 1821~1850	
함풍시기咸豊(文宗) 1851~1861	
동치시기同治(穆宗) 1862~1874	
광서시기光緒(德宗) 1875~1908	
선통시기宣統(溥儀) 1909~1911	
중화민국中華民國 1912~	
중화인민공화국中華人民共和國 1949~